装备测试性增长试验建模理论与方法

李天梅　赵晨旭　杨宗浩　著

国防工業出版社

·北京·

内 容 简 介

随着我国装备研制及测试性工程的推进,国内经过系统性开展测试性工程的设备正面临设计与定型,测试性增长试验已成为测试性工程领域需要重点解决的问题。它对于提早发现装备测试性存在的不足,进而通过测试性的改进设计提高设备的测试性水平具有重要意义,因此,急需开展测试性增长试验理论与关键技术研究。可以预计,在设备研制阶段开展测试性增长试验是“一本万利”的事。

通过回顾和对比现有研究成果,本书旨在面向设备测试性增长的实际需求,探讨测试性增长试验建模的理论与方法,拓展多体理论方法的研究领域。本书即对部分研究过的问题提出新颖的解决方案,也对一些尚未提出研究或未解决的问题给出有效的解决方法,涉及测试性增长及增长试验概念体系、测试性增长试验建模基本理论、测试性增长效果跟踪和预计模型建模、测试性增长综合评估模型建模以及测试性设计改进具体实施方法5个方面的深入研究。

本书适合于从事测试性工程、可靠性工程、状态监测与故障诊断、剩余寿命预测、试验鉴定相关研究的科研工作者学习参考。

图书在版编目(CIP)数据

装备测试性增长试验建模理论与方法 / 李天梅, 赵晨旭, 杨宗浩著. —北京 : 国防工业出版社, 2024. 6.

ISBN 978-7-118-13383-7

Ⅰ. TJ06

中国国家版本馆 CIP 数据核字第 2024PK4786 号

※

国防工業出版社 出版发行

(北京市海淀区紫竹院南路 23 号 邮政编码 100048)

三河市天利华印刷装订有限公司印刷

新华书店经售

*

开本 710×1000 1/16 **印张** 13½ **字数** 238 千字

2024 年 6 月第 1 版第 1 次印刷 **印数** 1—1500 册 **定价** 128.00 元

(本书如有印装错误,我社负责调换)

国防书店:(010)88540777 书店传真:(010)88540776

发行业务:(010)88540717 发行传真:(010)88540762

前　言

测试性是指“设备能及时准确地确定其状态(可工作、不可工作或性能下降),并有效隔离其内部故障的一种设计特性”。良好的测试性设计对于提高设备的维修保障性和战备完好性水平,降低全寿命周期费用等具有重要的作用。测试性指标是新型设备使用、维修保障性能的重要总体指标之一,并且是设备采办必须考虑的指标,越来越受到研究设计、试验、使用部门的重视。

本书从测试性的特点入手,直接面向设备研制过程,研究并突破测试性增长试验技术中的理论问题,打通关键技术环节,从而在研制阶段提高设备测试性水平,促进设备测试性的“优生”,同时使设备研制方对装备测试性水平做到“心中有数”。测试性增长试验建模理论与方法研究直接影响设备定型,但目前还没有一本专门的著作系统介绍测试性增长建模理论、方法及其应用情况。因此,探讨和研究测试性增长试验建模理论与方法研究顺应国家需要,符合时代要求,对设备研制具有重大意义。

作者在吸收国内外测试性研究最新成果的基础上,结合自身多年科研、教学经验编著成书,借以全面阐述测试性增长内涵、研究现状、工作流程、主要研究内容和关键技术。书中重点阐述了测试性增长模型建模、测试性增长跟踪与预计模型、测试性增长评估模型的建模理论与方法,并以通用设备为背景对书中所述技术进行了应用示范。

本书在撰写过程中得到了国防科技大学邱静教授、刘冠军教授的悉心指导。各章作者如下:第 1 章李天梅、赵晨旭,第 2 章李天梅、赵晨旭、杨宗浩,第 3 章李天梅,第 4 章李天梅、杨宗浩,第 5 章赵晨旭,第 6 章李天梅,第 7 章李天梅、杨宗浩、第 8 章赵晨旭。火箭军工程大学司小胜教授、张正新老师等参与了全书内容的整理与校对以及部分内容的编撰工作。

测试性增长试验是一门系统工程,其优化试验的规划、增长跟踪与预计模型的建立、综合评估模型建模以及增长试验的优化实施策略涉及到数学、信息学、计算机等多学科交叉融合,特别是将测试性增长试验建模理论与方法研究成果贯穿应用于装备的论证、设计、鉴定、定型及使用的全寿命过程中,还有许多问题待进一步研究和探索。由于作者水平有限,书中难免存在疏漏或者不足之处,恳请读者批评指正。

作者

2023 年 12 月于西安火箭军工程大学

目　　录

第1章 绪 论

1.1 引言

测试性是指“设备能及时准确地确定其状态(可工作、不可工作或性能下降),并有效隔离其内部故障的一种设计特性”。良好的测试性设计对于提高设备的维修保障性和战备完好性水平,降低全寿命周期费用等具有重要的作用。测试性指标是新型设备使用、维修保障性能的重要总体指标之一,并且是设备采办必须考虑的指标,越来越受到研究设计、试验、使用部门的重视。

1976年,美国海军首先开始涉足测试性设计领域,在近40年的发展历程里,测试性设计作为现代设计技术中的一项重要支撑技术,在设备制造领域得到了广泛重视,相关技术也得到了飞速发展,并取得了一批有价值的研究成果。研究统计数据表明,美国ITT Giltillan公司生产的新一代SPS-48E型警戒和控制雷达采用测试性/自检测(Built in Test,BIT)技术,使得系统试验时间从16周缩短到8周,设备安装检验时间缩短了50%,同时人员培训的训练课时减少了25%,单就设备前期的设计、试验成本而言,这种雷达与早期没有测试性的SPS-48C雷达相比,每套系统可节约10万美元。美国海军对飞机的调查研究表明,若对F/A-18、F-14、A-6E、S-3A四个机种的239项关键产品的测试性、可靠性、维修性(包括测试性、BIT和诊断技术)进行改进,维修费用将减少30%。除此之外,测试性/BIT技术在美军F-22战斗机上也得到了成功应用,成为改善设备维修性的重要手段之一。在美军新一代战斗机JSF中,测试性/BIT技术更是得到广泛应用,以智能BIT为主要支撑技术之一建立的自主维修保障系统,将三级维修体制转化为二级,预计JSF飞机可减少维修人力20%~40%,后勤规模缩小50%,出动架次率提高25%,使用寿命延长至8000飞行小时,大大提高维修保障效率和自动化、智能化程度。再有,LST-1179舰推进系统非电子设备的测试性/BIT研究表明:应用测试性/BIT可使每条舰每年维修费用减少7万美元。

我国开展设备测试性设计工作起步较晚,部分单位较为深入系统地开展了电子设备的测试性分析、设计、验证与评估工作。设备订购方对不少新研设备明确提出了测试性指标要求,并且将测试性指标列为设备采办必须考虑的指标。

测试性试验是有效检验设备的测试性设计水平是否满足合同规定要求的重

要一环,是设备采办管理和科学决策的基础。为了有效检验设备的测试性设计水平是否满足合同规定的要求,在研制周期、研制费用以及测试性指标检验精度、置信水平的双重约束下,国内外学者开展了大量的测试性验证试验与评估技术研究,属评估类试验研究范畴,取得了一定的成果,但研究工作主要侧重于试验结果的评定,方法研究多侧重于试验数据的统计分析。尽管测试性验证与评估技术取得了一定进展,但还没有将测试性试验真正贯穿于设备论证、设计、研制、试验和使用全过程,没有渗透到设备研制的全流程。具体表现为:在设计师提交的测试性验证与评估报告上,计算得到的故障检测率(Fault Detection Rate,FDR)和故障隔离率(Fault Isolation Rate,FIR)一般都达标,但从联试、试用、交付使用的实际情况看,离指标都有距离,造成验证结论置信水平低,如表 1-1所示。

表 1-1　美军装备故障注入验证试验结果与外场使用结果对比

测试性指标	F-16 战斗机						F-18 战斗机		
	APG-66 雷达			飞行控制系统			APG-65 雷达		
	目标值	试验值	使用值	目标值	试验值	使用值	目标值	试验值	使用值
FDR	0.95	0.94	0.24-0.40	0.95	1.00	0.83	0.95	0.97	0.47
FIR	0.95	0.98	0.73-0.85	0.95	0.92	0.73	0.95	0.99	0.73

分析其原因发现:受研制进度和研制经费限制,当前研制试验做得还不够细,试验不够充分,设备的测试性指标难以经济有效地达到较高的设计水平,即当前开展的试验尚不能充分暴露设备测试性设计薄弱环节,反映出设备测试性增长试验等方面存在严重问题。因此,急需在设备论证、设计、制造和使用过程中系统地开展一系列的测试性增长活动。国外经验表明,纠正设备设计缺陷的费用往往使设备费用增加 10%到 30%。如果能在设备采办早期认真规划和开展试验与评价,而不是最后验证试验算总账,及早发现在论证、方案、设计中的缺陷,并加以纠正,就可以减少费用、节省时间和避免资源消耗,降低各种风险。

1.2　测试性增长试验建模技术研究进展

为了达到设备的测试性设计要求,通常需要进行一系列与测试性相关的设计、研制、生产和试验工作,统称为测试性工程。一般地,按照设备研制过程,测试性工程分为测试性要求与指标分配、方案设计、详细设计和验证与评估四个阶段(图 1-1)。

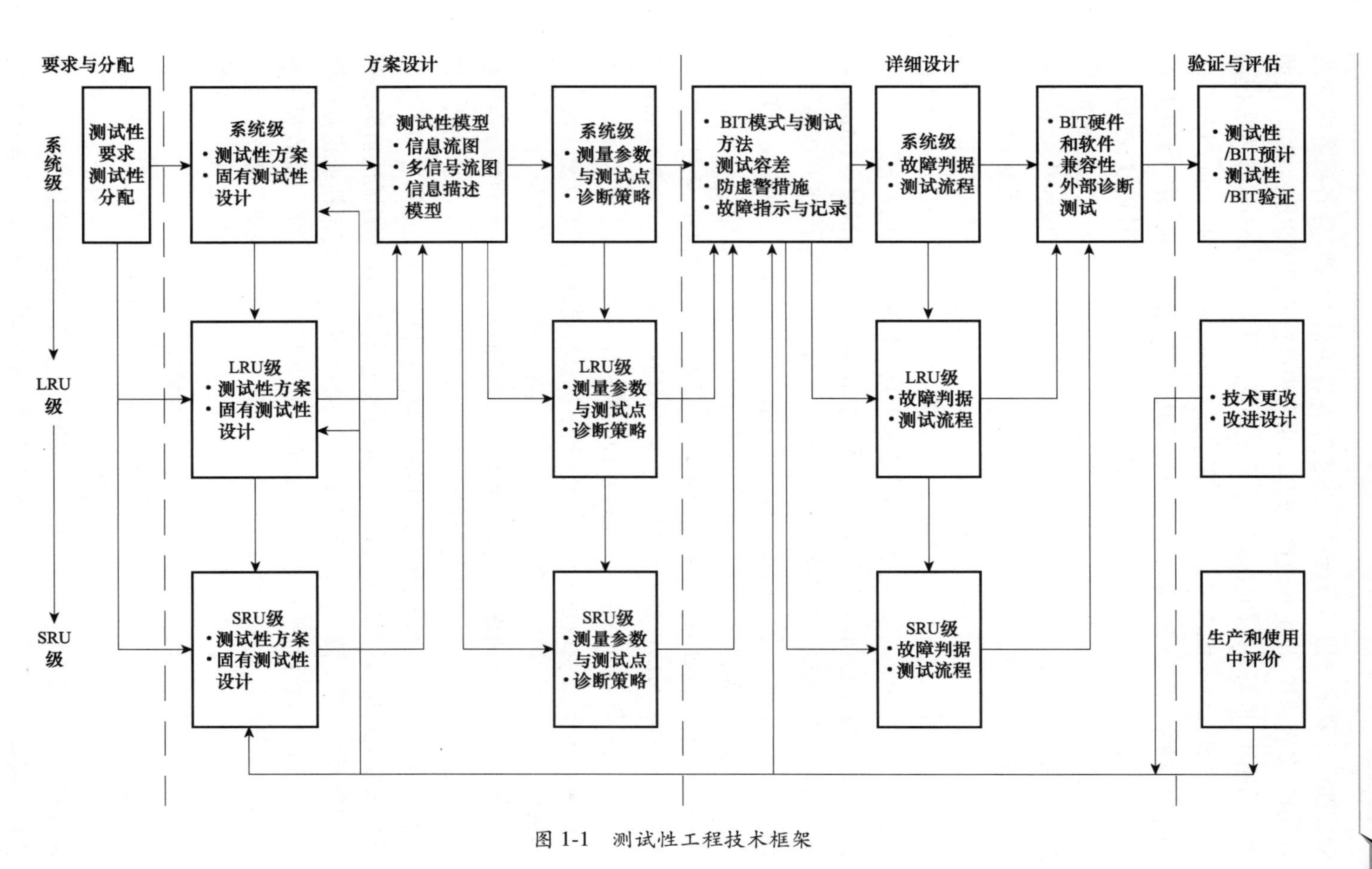

图 1-1 测试性工程技术框架

测试性设计要求与指标分配阶段主要综合设备的“四性”等各项要求和约束条件，通过多次迭代、权衡和改进，逐步提出合理可行的测试性定性要求，按照从上到下的顺序，根据系统的故障率、重要度等信息利用层次分析法等方法把测试性指标逐级分配到系统级、现场可更换单元（Line Replaceable Unit, LRU）级和车间可更换单元（Shop Replaceable Unit, SRU）级等各个层级，并对系统固有测试性进行分析，制定测试性设计准则。在方案设计和详细设计阶段，按照总-分-总的关系，在系统级、LRU级和SRU级三个层级逐渐实现测试与诊断要求，LRU和SRU的测试性设计需要在系统级测试性设计要求与目标的约束下统筹开展，并及时将设计结果反馈至系统级。测试性建模分析是方案设计阶段的基础工作，首先根据测试性要求设计测试性方案，确定故障-测试之间的相互对应关系，建立设备的测试性模型，对测试性指标进行预计；然后在满足设计要求的前提下根据故障的发生概率、测试成本等因素开展诊断策略优化设计。

详细设计阶段是对初步设计结果进行细化，在BIT/自动测试设备（Auto-test Equipment, ATE）权衡选择、传感器优化选择、测试信号容差设定，以及防虚警措施设计等工作的基础上，进行故障诊断和测试顺序的具体设计，并实现BIT软/硬件、外部测试设备等，同时对测试兼容性进行分析。此外，无论诊断系统设计的多么仔细，总会出现各种各样的设计缺陷，包括未预料故障模式、测试缺失、容差阀值设置不合理、故障诊断方法不完善等。要使设备的测试性水平达到设计要求，就需要在样机制造完成之后通过各种测试性试验与评估手段去鉴别缺陷并进行纠正，从而优化与改进测试性设计，通过试验与设计改进的反复迭代实现测试性增长。

测试性增长是以合同规定的测试性指标为目标而开展的一系列测试性工程活动。测试性增长是指：在产品研制和使用过程中，通过逐步纠正产品测试性缺陷，不断提高产品测试性水平，从而达到预期目标的过程。从上述阐述中不难发现测试性试验与评价，以及测试性设计优化与改进是促使设备测试性指标得到增长的两个重要环节。测试性试验与评价的目的有两个：一是定性或定量的评价设备现有测试性设计水平，为测试性设计定型，以及为设备鉴定与验收提供依据；二是发现并分析设备测试性设计缺陷，为实现测试性设计改进和测试性增长提供建议。测试性设计优化与改进则是对在测试性试验与评价中暴露出来的测试性设计缺陷开展具体设计改进，提高设备的测试性指标。

测试性工程经过几十年的发展，测试性试验与评价，以及测试性设计优化与改进均取得了丰硕的研究成果，为测试性增长试验的实施与开展打下了坚实的技术基础，在相关设备上的应用也表明了理论研究的有效性。但目前测试性增长工作的开展并不是系统有序的，设备测试性水平的提高并不是科学有效的。

具体表现为测试性试验与测试性设计改进之间缺乏有效的结合,即没有从系统工程的角度出发,对测试性增长中的试验与设计改进进行统筹规划,对于测试性增长管理理论的研究尚处于起步与探索阶段。

与测试性增长研究状态形成鲜明对比的是,自从 20 世纪 50 年代开始,国外就开始了可靠性增长的相关研究,而国内从 20 世纪 70 年代中期开始,也在吸收消化国外经验的基础上逐渐开始了可靠性增长的研究。半个多世纪以来,大量成功的应用案例使可靠性增长工作得到了越来越多的重视,成为产品研制周期中不可缺少的一环,针对可靠性增长的理论研究已经发展成为系统科学,对测试性增长的研究具有重要的借鉴意义。

本书接下来将对测试性试验与评价,测试性设计优化与改进,以及可靠性增长试验与管理三个方面进行综述。

1.2.1　测试性试验与评价

在研制阶段,设备需要开展大量与测试性设计相关的试验与评价工作,发现测试性设计缺陷,促进测试性增长。根据评价内容和手段的不同,目前主要实施的测试性试验与评价可以分为基于模型的预计与评价、基于实物的试验与评价以及基于多源数据的试验与评价。

1.2.1.1　基于模型的试验与评价

基于相关性模型的测试性预计基本思路是对系统测试性模型(如多信号模型、信息流模型等)进行可达性分析,获得故障-测试相关性矩阵,然后利用该矩阵,并综合故障模式故障率数据来预计设备的 FDR 和 FIR。国外对此方法的研究最早可追溯到 20 世纪 60 年代,由美国 DSI 公司的创始人 De Paul 提出的一种逻辑模型,以及基于该逻辑模型的测试性分析方法。此后,测试性建模与预计方法得到了广泛重视和发展,研究人员开发了大量的测试性分析软件。这些分析软件一般需要首先构建测试性模型,然后基于该模型开展测试性分析、设计和评估。其中最为成功的是 DSI 国际公司开发的 eXpress 和 QSI 公司开发的 TEAMS。这两款软件不仅广泛应用于军用产品,而且在民用产品方面也有不少成功应用的案例。近年来,国内外在测试性建模技术方面取得的其他一些成果包括:DSI 公司的研究人员提出的新型混合诊断模型,将功能与故障在一个模型中进行统一描述,从而降低建模难度和提高模型准确度;国防科技大学在对测试性预计技术进行系统研究的基础上,开发了测试性分析与设计软件,并在多型设备上得到了应用和检验。应用结果表明:测试性预计对研制过程中指导测试性改进设计具有重要意义。但是,由于多信号模型、信息流、混合诊断模型等相关测试性模型均属于定性模型,采用这类模型的预计结果准确性与实际值偏差较

大,难以满足产品鉴定和验收对置信水平的要求。

随着相关技术的发展,虚拟试验技术逐渐成熟,并发展成为设备试验与评价的重要组成部分。虽然基于虚拟样机的试验在设备功能与性能评价、维修性与可靠性评价中得到了大量研究和应用成果,但是在测试性领域,相关研究还没有形成系统和严密的技术体系。基于仿真的测试性虚拟试验通过建立产品虚拟样机,实现仿真故障注入,模拟故障检测/隔离过程,从而获得试验数据。从理论上讲,如果建立的产品虚拟样机模型较为精确,其验证结果将较为准确。由于建模难度和技术经验的限制,目前测试性虚拟试验应用比较成功的案例主要集中在电子产品,主要是依托 OrCAD、PSPICE、Saber、Multisim 等 EDA 仿真软件进行故障注入以及故障 Monte Carlo 仿真。在技术体系研究方面,邱静和连光耀均指出虚拟试验是测试性验证试验发展的方向之一,并且研究了开展测试性虚拟验证试验的关键技术及流程。张勇在测试性虚拟验证方面做了一些研究,深入研究了融合 Function-fault-behavior-test-environment 的一体化建模技术和基于故障统计模型的故障样本模拟生成技术。

测试性虚拟试验可以解决实物试验故障注入受限、费用高、周期长、风险大等问题,但是目前针对基于虚拟样机的测试性虚拟试验的研究仍处于起步阶段,尤其对于含有故障仿真、测试仿真的虚拟样机建模以及试验数据可信度方面仍有很大的发展空间。

1.2.1.2 基于实物的试验与评价

基于实物的试验与评价主要根据故障检测/隔离是否成功的成败型数据定量衡量设备的测试性指标。图 1-2 是美军保障性实物试验的组织规划内容,其中测试性试验一般是作为维修性项目之一,或者与维修性项目同时开展的。按照开展时机和数据来源的不同,基于实物的测试性试验又分为两类:一是基于故障注入的实验室验证,二是基于外场使用数据的使用评价。

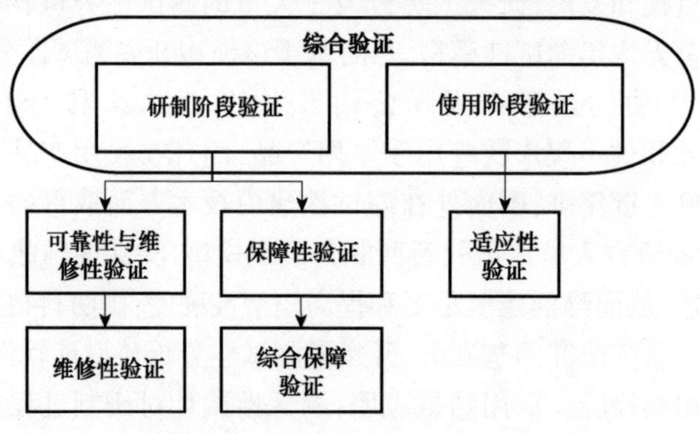

图 1-2 设备保障性试验与评估内容

(1)基于故障注入的测试性验证试验。

在美军 Rome 航空中心 2001 年公布的可靠性与维修性任务优先级中,验证性试验只是设备研制阶段的可选试验之一。但美军在随后的若干年中发现,可靠性、可用性和维修性(Reliability Availability and Maintainability, RAM)设计缺陷是外场试验与评估失败的主要原因。2001—2005 财年由于 RAM 设计问题导致试验失败的项目多达 8 项,占所有项目的 8/22,严重影响设备定型与验收进度,于是在研制阶段对 RAM 的试验与评估工作重新得到重视。

开展测试性验证试验主要包含以下三个关键技术:一是确定测试性验证试验方案;二是测试性验证试验实施;三是测试性指标验证评估。针对上述三方面内容,国内外学者开展了大量的研究,并取得了丰富的成果。在工程应用领域,国内外也出台了一系列标准和手册规范,对测试性验证试验开展流程以及方法均进行了详细规定。另外,中国航空工业集团有限公司、国防科技大学、北京航空航天大学、海军工程大学等科研院所针对测试性验证试验工作中出现的实际问题,不断完善现有测试性验证试验技术体系,并推出了相关标准。

在工程应用领域,国内外也出台了一系列标准和手册规范,对测试性验证试验开展流程以及方法均进行了详细规定,其中应用最广的是 MIL-STD-2165A《Military Standard Testability Program for Systems and Equipments》, GJB2547-95《装备测试性大纲》和 GJB2547A-2012《装备测试性工作通用要求》。由于故障注入试验往往是有损性试验,甚至是破坏性试验,受试验费用的限制,在实物样机上注入大量的形式和大小各异的故障往往比较困难。同时由于试验环境条件的约束,包括受试品与其他系统的相互关系和影响等,测试性验证试验不可能与实际工作条件完全相同,因而限制了验证评估结论的置信水平。

(2)基于外场使用数据的测试性评价试验。

外场使用试验一般是系统性试验,并且是在设备实际使用环境或接近真实使用环境中进行的试验,因此能够加载各种在实验室无法模拟的工作环境和负载,并且有可能发生实验室无法注入和验证的故障。基于外场使用数据的测试性试验与评价一度成为美军装备测试性试验的主要途径。与实验室阶段开展的基于故障注入的测试性试验与评价相比,基于外场使用数据的测试性试验与评价更具有真实性和准确性。欧美等西方发达国家针对飞机等设备主要采用使用/试飞方式获得故障检测/隔离失败数据进而评价设备测试性水平,并指导测试性设计改进。

对于新研设备,必定不可能投入大量样机进行外场使用试验,并且现代设备对于可靠性和容错性往往有较高的要求,因此,要在较短的外场使用试验周期内获得大量测试性试验数据是不现实的。于是为了获得高置信水平的评估结果和

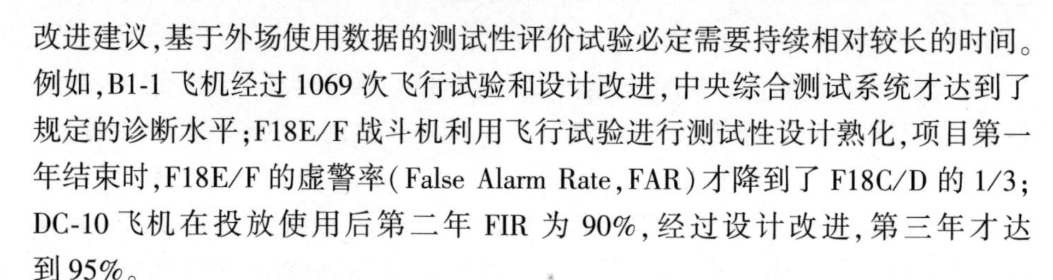

改进建议,基于外场使用数据的测试性评价试验必定需要持续相对较长的时间。例如,B1-1 飞机经过 1069 次飞行试验和设计改进,中央综合测试系统才达到了规定的诊断水平;F18E/F 战斗机利用飞行试验进行测试性设计熟化,项目第一年结束时,F18E/F 的虚警率(False Alarm Rate,FAR)才降到了 F18C/D 的 1/3;DC-10 飞机在投放使用后第二年 FIR 为 90%,经过设计改进,第三年才达到 95%。

1.2.1.3 基于多源数据的试验与评价

目前的测试性试验主要是根据单一阶段的任务制定该阶段的测试性试验方案,开展试验与评估。这些方案必须是在大样本或较大样本前提下进行的,然而在工程实践中,受研制经费限制,在研制阶段投入试验的样机数量相对较少,试验数据不可能是大样本,影响了评估置信水平。实际上,在设备设计、研制等各个环节,均存在可用于提高评估置信水平的有用信息。如开展测试性验证试验时,前期研制过程中的测试性预计、测试性摸底试验、测试性虚拟试验等都可以提供丰富的信息与数据,用来辅助分析,从而减少试验的故障注入样本量,进而减小试验实施难度,提高评估置信水平,降低风险。

(1)基于全寿命周期数据的测试性试验技术流程。

基于仿真数据的测试性评估、基于故障注入数据的测试性评估和基于外场使用数据的测试性评估技术研究针对的是设备开发的不同阶段,受评估费用和周期的限制,仅靠一个阶段的评估分析难以给出较高置信水平的评估结论。受技术和管理体制的限制,测试性验证评估工作仍缺乏总体规划与统筹安排,导致在设计定型阶段所能得到的测试诊断验证信息样本量有限,或已开展部分设备的测试性验证评估结论置信水平低。同时由于测试性信息系统不完善,运行不畅,信息丢失多、准确性差,而且对信息收集没有规划,从而直接影响评估结论的精度。然而在设备设计、研制、生产和使用等各个环节,均存在用于测试性评估的有用信息,在实际工程应用中,由于缺乏相应理论支持,无法高效利用这些代价昂贵的试验信息,造成严重浪费。因此,非常有必要研究测试性综合评估的系统解决方案,使在设备投入使用较短的时间内,能对设备的测试性设计水平有一个正确的认识。

针对上述问题,本书构建了基于全寿命周期数据的测试性试验技术流程,其特点是“分段试验、全面考核、综合评估”,整个技术流程分为三个阶段:研制阶段、定型阶段和使用阶段(图 1-3)。

在研制阶段,为了使设备的测试性水平得到基本保证,提出的技术解决方案如下:首先,需要对设备各个单元进行基于故障-测试概率信息的测试性预计和核查,基于虚拟样机的测试性虚拟试验,以初步估计每个单元的测试性设计水平。然后,需要对关键的分系统,以及这些分系统的组合进行一定的基于故障注入的测试性摸底试验、测试性增长试验,以确保各单元之间工作的协调性。最后,需要对整个设备进行基于故障注入的测试性摸底试验、测试性增长试验,以确保设备在研制阶段的测试性水平满足设计要求。

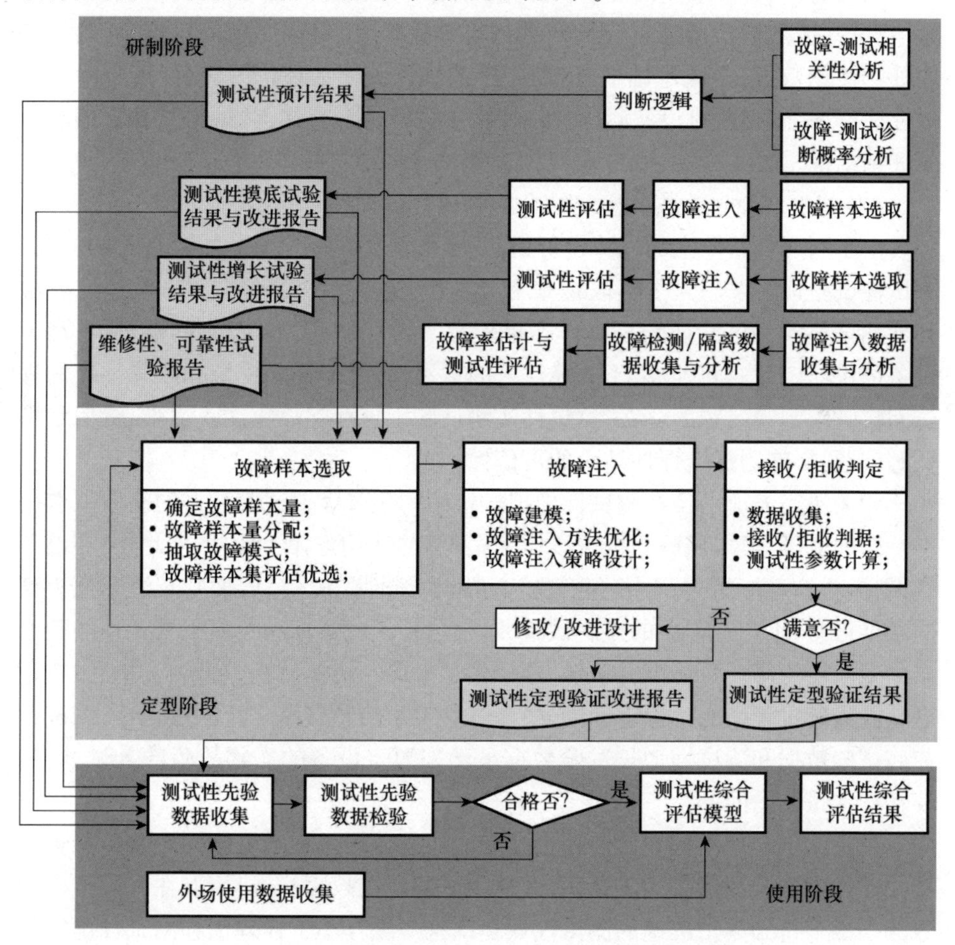

图1-3 基于全寿命周期数据的测试性试验技术流程图

在定型阶段,为了确保在承制方、使用方风险足够小的情况下,降低试验费用,保证定型阶段测试性验证试验的顺利有效开展,本书提出的解决方案如下:首先,利用研制阶段的各种试验信息(包括测试性预计信息、测试性虚拟试验数据、测试性摸底试验数据、测试性增长试验、故障率先验信息以及丰富的专家经验信息等)对设备的测试性进行深入分析和综合评估,以确保定型设备的FDR/FIR等基本测试性指标已经达到了一定水平;然后,需要研究先进的故障样本选取技术、适合设备测试性试验验证的故障注入技术,以及接收/拒收判据等,在此

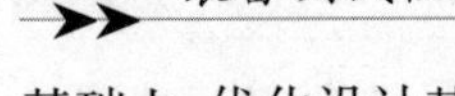

基础上,优化设计基于故障注入的测试性验证试验流程并付诸实施,以确保设备定型后的测试性水平达到使用要求,为设备能否投入外场使用提供科学依据。

在使用阶段,为了能在较短的外场使用周期内对设备的测试性设计水平有一个正确的认识,本书提出的解决方案如下:首先融合一切可用的测试性相关先验信息,并作数据检验、数据融合、数据等效处理等,保证先验信息质量;然后获取外场使用数据,在此基础上,借助先进的统计及评估理论,建立使用阶段的测试性综合评估模型,对设备测试性设计水平进行综合评估,并得出较高置信水平的评估结论。

(2)基于多源先验数据虚实结合的测试性试验技术流程。

由于利用自然发生的故障进行检测/隔离开展测试性试验需要较长的周期,测试性试验往往采用人工模拟故障注入的方法进行。采用经典样本量确定方法开展测试性实物试验所需故障样本量较大,导致试验成本较高、周期长,不利于设备的快速定型。此外,由于故障注入的危害性、故障无法模拟和故障注入物理访问位置限制等问题的存在,测试性实物试验中也存在故障注入困难、置信水平低等问题,影响测试性评估结论的可信性。

相关研究人员已经在测试性虚拟样机的构建和虚拟试验数据的获取上取得了一定的成果,虚拟试验数据可以作为先验数据用于测试性评估。此外,在设备的设计、生产和制造过程中,还存在大量的测试性先验信息,如基于测试性模型的预计信息、生产过程中的摸底试验数据、增长试验数据和专家根据工程经验给出的专家信息等。总体上,测试性预计信息来源于对测试性模型的分析,没有考虑检测隔离过程中的不确定性因素;测试性专家信息具有一定的主观性;测试性摸底试验数据和测试性增长试验数据虽然来源于设备的实物故障注入试验,但存在样本量小的问题。

基于小子样理论的测试性评估技术能够充分利用各类测试性先验信息来弥补小子样实物验证信息的不足,有效减少试验所需故障样本量,能在有限试验次数的条件下得到尽量准确的测试性评估结论。综合小子样理论和测试性虚拟试验的优势,张勇建立了基于小子样理论和虚拟验证试验相结合的测试性综合验证总体方案,并对其中的虚拟验证试验技术进行了研究。基于以上认识,本书从测试性试验开展方式的角度来讨论,建立了另一种基于多源数据虚实结合的测试性试验技术流程(图 1-4)。

首先根据当前测试性虚拟试验技术水平,选取设备中可以建立虚拟样机的 LRU、SRU 或模块,建立面向测试性的虚拟样机,并对虚拟样机开展校核、验证与确认,开展测试性虚拟试验,获得测试性虚拟试验数据;然后以测试性虚拟试验数据为先验信息,综合考虑测试性增长试验数据、测试性摸底试验数据等先验信

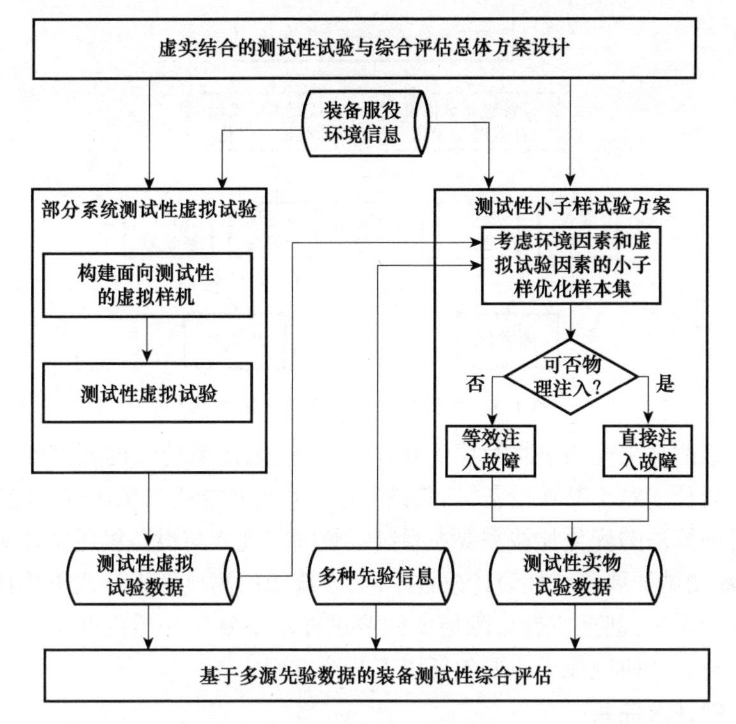

图1-4 基于多源数据虚实结合的测试性试验技术流程

息,制定测试性小子样试验方案,确定考虑设备服役环境因素和虚拟试验可信度的故障注入样本集,进行测试性试验并收集试验结果,得到测试性实物试验数据;最后综合测试性外场使用(试用)数据,开展基于多源先验数据虚实结合的设备测试性综合评估。

1.2.2 测试性设计优化与改进

测试性设计所指的故障检测与故障隔离是建立在故障诊断设计基础之上的。故障诊断通常包括三个阶段的信息处理过程:信号采集,特征提取以及诊断决策,分别对应于传感层、特征层和决策层三个层次。根据设备物理层级的不同,测试性设计优化与改进可以分为两类:设备级(包括LUR级和SRU级)改进和系统级改进。改进方式与改进层级之间的相互关系如图1-5所示。

设备级改进主要通过传感层和特征层改进实现,具体方法包括完善故障模式与影响分析(Failure Modes and Effects Analysis,FMEA)、增加和改善测点等,为硬增长。这些改进措施往往针对某个具体故障/测试的测试性设计缺陷进行,采取的纠正措施不会影响到其他故障模式的测试诊断能力。对于某些复杂设备,其子系统通常也会具有一定的诊断决策能力。对于这些设备的设备级测试性设计改进往往也会涉及到优化特征选取、优化诊断算法等软增长措施。

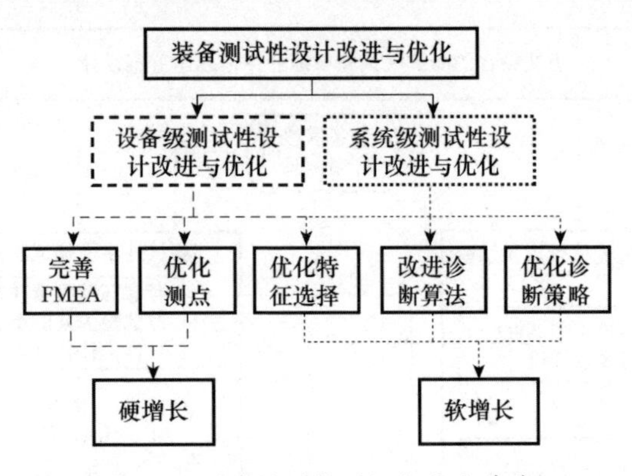

图 1-5 测试性增长层级与方法关系

系统级改进主要通过决策层优化设计实现,因此系统级的测试性增长主要表现为软增长。对于某些设备,当其设备级信息处理能力有限时,故障特征选择和故障诊断算法的优化往往需要在系统级统一实现。与设备级通常针对某个具体的故障/测试开展测试性设计改进不同,系统级的测试性设计改进往往会导致整个系统中多个,甚至所有故障模式的测试性水平发生一定的变化。各种测试性设计改进方法研究成果主要包括以下几个方面。

1.2.2.1 FMEA 完善

FMEA 是设备设计过程中及时发现和弥补可靠性设计缺陷的技术手段之一,为设备测试性设计中故障-测试关联关系分析,以及测试性建模提供最根本的保障。对于复杂设备而言,目前 FMEA 主要以经验归纳总结为主开展的方式难免造成遗漏和错误。针对该问题,国内外进行了大量研究来改善 FMEA 的效果,并且研制了一批 FMEA 自动生成软件。另外,随着测试性工程的应用和发展,传统的 FMEA 已经很难满足测试性设计的需要。根据工程实践的需要,某机载设备"四性"工程根据分析层级的不同,提出了不同的 FMEA 分析要求。Kumar S.、杨述明针对面向设备健康管理的可测性技术分别引入基于失效物理的故障模式、机理和影响分析,增加了故障机理及其相关故障模型的分析;谭晓栋扩展了传统 FMEA 的内容,提出了故障模式、演化机制、影响及危害度分析;张勇针对测试性虚拟样机建模问题,提出了故障模式、机理、环境应力分析法,增加了对环境与故障模式关联关系的定性分析。这些对传统 FMEA 的补充和发展,为测试性优化设计提供了更加丰富和全面的故障模式信息。

1.2.2.2 测试性方案优化设计

设备测试性方案设计从设备全寿命周期出发,根据测试任务剖面的不同,提出"测什么""用什么测""怎么测"的总体设计方案。目前,国内外相关标准中,对于测试性方案设计的研究及阐述大部分仅仅停留在相关概念、技术流程、定性分析方面,无法有效指导工程设计的开展,仅有少量论文专门研究具体的技术方案和实施方法。陈希祥、钱彦岭、连光耀等都从各自角度研究了测试性方案优化设计技术,包括测试性方案信息模型构建,测试优化选择,测试资源配置与调度等。测试优化选择问题是方案优化设计研究最为广泛的问题之一。相关研究普遍以系统要求的FDR、FIR等指标为约束,以测试费用、安装采购费用为优化目标,考虑传感器失效、噪声干扰、信号延迟、信号丢失等非完美测试情形,通过启发式方法等各种优化算法解决BIT、ATE等测试的选择问题。

1.2.2.3　故障判定方法优化技术

现有的故障诊断方法大致可以分为三种,分别为基于模型的方法、基于信号处理的方法和基于知识的方法。在实际应用过程中,由于系统运行噪声、测量噪声的影响,即使是正常工作的时候,系统期望输出与系统实际输出之间也存在一定的误差,从而导致虚警和漏检的情况时有发生。因此,无论采用哪种故障诊断方法,都必定涉及故障判定的问题。故障判定主要包括故障阈值选择和故障决策两方面。故障阈值选择是决定设备的特征信号恶劣到什么程度才能判定设备有可能发生了故障;故障判决是决定设备的特征信号超过故障阈值达到什么程度才能输出设备发生故障的故障指示。故障阈值选择方面,研究内容涵盖单/双阈值及自适应阈值,研究时通常会尽量考虑系统测量噪声,环境对系统信号的影响,系统不确定输入等问题,进而尽量减少FAR,提高FDR。在故障判决方面,研究方法主要包括极限值和趋势检验、二元假设决策、多元假设测试以及序贯概率比测试等。前三种决策方式既可以针对某个时间点的测试数据进行判断,又可以根据一段时间内的所有测试量进行判断,而序贯概率比测试则仅仅是根据一段时间内的测试量进行判断。利用一段时间内的测试量进行故障判决虽然减小了误判的概率,但是牺牲了故障诊断的实时性。

1.2.2.4　系统级故障推理算法

通常情况下,装备中设置的测试项目与故障模式不是一一对应的关系。一个测试项目可能与多个故障模式相关;同时一个故障模式的发生也会导致多个测试项目输出异常。因此,对于复杂设备的测试性设计,系统级故障诊断推理算法也是重要的研究内容,目前主要包括序贯诊断和动态故障推理两个方向。序贯诊断主要面向事后维修,康涅狄格大学的K.R.Pattipati教授团队为该方向的起步和发展奠定了基础,但是他的研究中做了大量假设:单故障假设、系统测试结果完全可靠、故障模式故障率恒定、故障模式的发生相互独立等。针对这些问题,国内外学者开展了大量研究,并取得了一定成果。动态故障推理是在设备运行期间,实时采集测试数据推断系统当前状态的过程。目前该研究主要集中在两个方面:一是针对完美测试假设存在的问题,研究如何在不可靠测试条件下的

诊断推理、间歇故障和多故障推理问题;二是研究快速的诊断推理计算方法,以满足动态故障推理的高实时性要求。

1.2.3 可靠性增长试验与管理

1.2.3.1 可靠性增长管理

以 MIL-HDBK-189《Reliability Growth Management》为标志,可靠性增长管理的研究日益受到重视。可靠性增长管理通常包括以下三方面内容:①确定可靠性增长目标;②制定可靠性增长计划;③可靠性增长过程跟踪与控制。为保证可靠性增长试验的顺利开展,GB/T15174-94《可靠性增长大纲》从试验控制与管理的角度给出了可靠性增长大纲总体图,如图 1-6 所示。图 1-6 从试验前期准备,到试验开展,再到试验后期报告生成详细规定了各环节的工作内容。

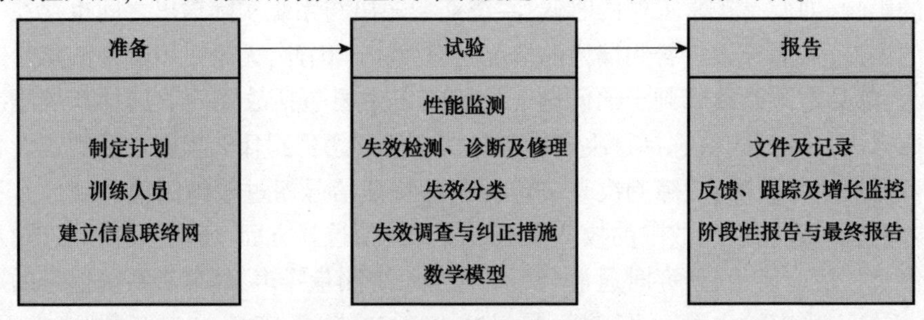

图 1-6 可靠性增长大纲总体图

国防科技大学王华伟将可靠性增长管理的基本流程进行了概括,如图 1-7 所示,该流程图系统地描述了可靠性增长管理的组织,以及可靠性增长管理的实施内容。

1.2.3.2 可靠性增长试验规划

可靠性增长试验的目的是使设备运行于真实或者模拟的应力环境中,从而诱发出设计或工艺不成熟导致的潜在的可靠性设计缺陷,分析试验失败原因并在设计上加以纠正,通过一系列的“试验-分析-改进-试验”(Test-Analysis-Fix-Test, TAFT)过程,提高设备的可靠性水平。对于该类过程中充满不确定因素的试验,对试验资源进行规划管理是十分必要的。可靠性增长试验规划就是将试验资源,包括人力、时间、经费等,纳入科学管理,合理分配和利用资源,定量控制可靠性增长过程,保证在规定的时间内达到设备可靠性指标要求。可靠性增长试验规划包括两个部分:一是试验前制定可靠性增长试验方案规划;二是通过对增长试验结果的跟踪及时优化调整试验规划方案。

按照增长规划内容的详细程度,可靠性增长试验规划可以分为定性规划和定量规划两种。虽然定性的试验规划与定量试验规划相比显得粗糙,但是在没有合理有效的可靠性增长定量规划方法之前,定性规划仍然能起到重要作用,并

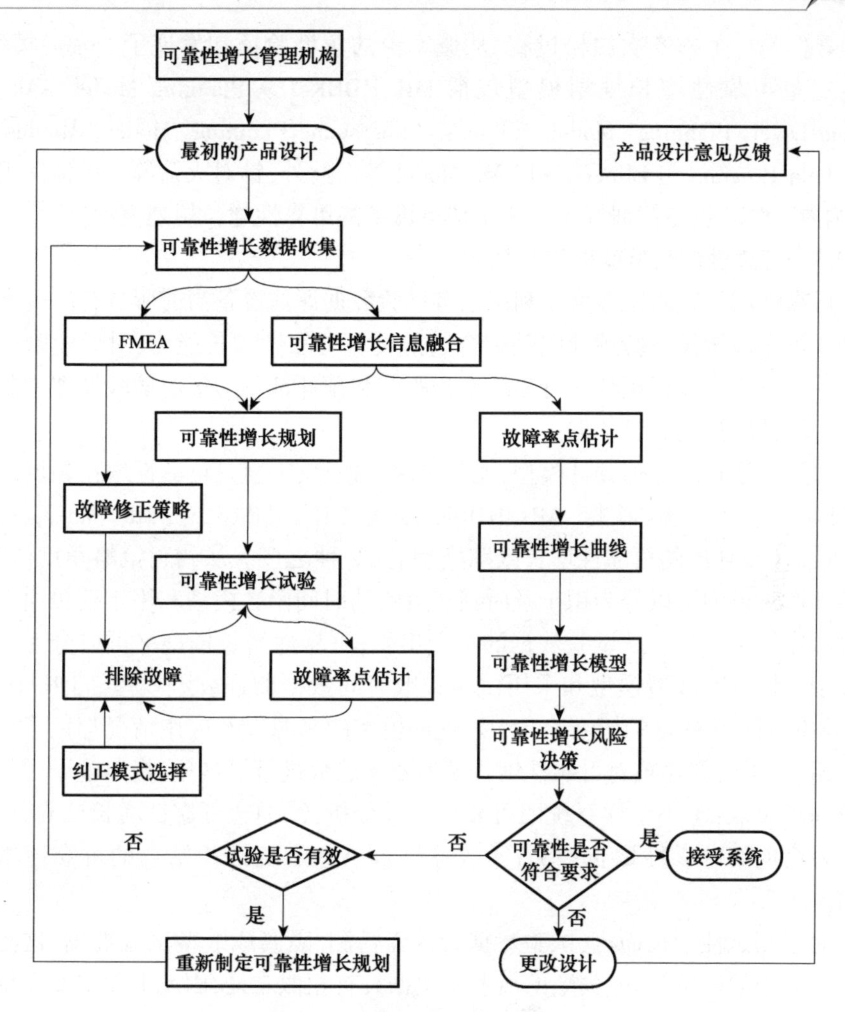

图 1-7 可靠性增长管理流程图

且可以为定量可靠性增长规划方法提供指导建议。

可靠性增长试验定量规划可以通过理想的可靠性增长规划曲线反应,这条曲线反映了试验时长与增长目标之间的理想关系。在试验前制定定量试验方案时要考虑的主要内容包括:试验开始时机、纠正策略选择和纠正能力。在试验过程中调整试验规划时要做出的决定主要包括:是否追加试验时长?是否追加试验经费?以及是否调整资源分配?可靠性增长试验定量规划是建立在可靠性增长模型基础之上的。其中最著名的模型就是 Duane 模型和 AMSAA 模型。Duane 模型由 Duane 根据工程数据拟合得到,该模型可以方便地描述试验时长和增长目标之间的关系,但该模型仅适用于采用及时纠正策略的可靠性增长过程,不允许增长过程中,设备可靠性有明显阶跃现象。Crow L.H. 将可靠性增长

过程看作是一个非齐次泊松过程,从概率论的角度验证和发展了 Duane 模型。其他定量可靠性增长规划模型包括 MIL-HDBK-189 Planning Model、AMSAA System-Level Planning Model、Ellner's Subsystem Planning Model、Mioduski's Threshold Program 与 Ellner-Hall PM2 Model 等。此外,针对火箭等一次性使用产品,国内外学者也专门研究了适用于该类设备的可靠性增长规划模型。

1.2.3.3 可靠性增长试验跟踪与预计

可靠性增长试验跟踪就是利用已有试验数据评估设备当前所具有的可靠性水平。可靠性增长试验预计则是综合当前设备可靠性增长能力,对后续阶段的可靠性增长潜力进行预计。可靠性增长跟踪和预计都是为了向试验管理者制定后续阶段试验计划提供依据。

可靠性增长跟踪与预计模型,尤其是跟踪模型,一直是可靠性增长领域的研究热点之一。美军标 MIL-HDBK-189A《Reliability Growth Management Handbook》中列出的可靠性增长跟踪模型有 22 种之多。从纠正策略角度区分,可靠性增长模型可以分为用于及时纠正策略的时间函数模型和用于延缓纠正策略的顺序约束模型。从试验数据的特点出发,可靠性增长模型又可以分为采用成败型数据的离散型模型和采用试验失败时间数据的连续型模型。J.B. Hall、Martin Wayne 在各自的博士论文中对这些模型的来源以及应用情况都做了全面的介绍。另外,郭建英对可靠性增长模型发展趋势进行了展望,指出了今后的研究方向与重点:①小子样系统的可靠性增长分析;②加速可靠性增长试验分析;③全寿命期的可靠性增长预测;④故障解析与数学统计相结合的可靠性增长分析。

对于测试性增长而言,试验数据为故障检测/隔离成败型试验数据,这与可靠性试验中的试验成功/失败的离散型数据具有相似之处,因此下面主要介绍离散型可靠性增长模型的发展现状。A.Fries 于 1996 年专门刊文对现有的离散型可靠性增长模型进行了总结和梳理,分析了各种模型的适用范围以及发展方向。离散型增长模型可分为:参数型、非参数型和混合型三种。参数型模型可以分为一般性模型和学习曲线型模型。一般性模型的共同特点是模型形式相对简单,可以用初始可靠性、最终可靠性以及增长率三个参数来刻画产品的可靠性增长过程,模型之间的区别仅体现参数系数和辅助参数的不同。学习曲线型模型主要是在 Duane 模型和离散 AMSAA 模型的基础上发展而来,主要针对不可修产品的可靠性增长过程。参数型模型具有如下优点:①除了可以对系统当前可靠性指标进行估计,还可方便地估计试验结束时设备的可靠性水平,即也就是说该参数型模型可以直接用于可靠性增长预计;②通过对不同参数取值的仿真和理论研究,可以对可靠性增长影响因素进行定量分析。非参数型模型可以分为四类:一阶模型、失效折合模型、三项式模型和 Bayes 模型。这些模型仅仅假设试验过程中各增长试验阶段之间存在着增长序化约束关系,但对约束关系并不事先指定定量关系,如参数模型中的增长率参数。因此,非参数模型不能直接用于可靠性增长预计研究。混合型可靠性增长模型可以分为时间序列模型、平滑模型和回归模型三种。由于混合型模型是建立在数据分析理论基础之上的,因此 A.Fries 认为,从某种意义上讲,混合型模型并不是真正的可靠性增长模型。

1.2.3.4 测试性增长试验与可靠性增长试验的异同

实践表明,已有测试性试验理论研究与应用成果多是在借鉴可靠性研究成果的基础上发展起来的,包括测试性验证试验方案制定,测试性指标评估等。考虑到测试性增长与可靠增长在概念与实施上的共同点,在具体开展测试性增长试验理论研究时同样可以借鉴可靠性增长研究成果。图 1-8 所示为测试性增长试验与可靠性增长试验在具体实施上的比较。

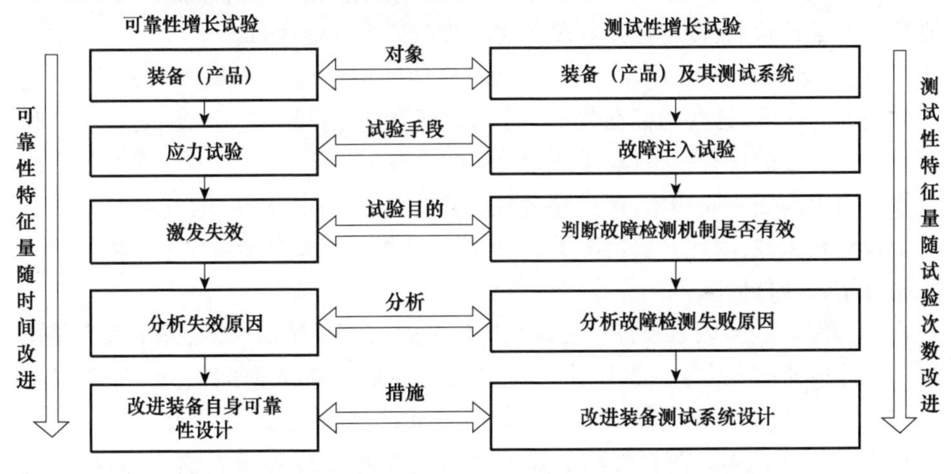

图 1-8 测试性增长过程与可靠性增长过程比较分析

通过比较可以发现,测试性增长试验与可靠性增长试验的共同点主要表现在。

(1)试验实施流程类似:两者均是“试验-分析-改进-试验”反复迭代的过程,首先通过试验激发设计中存在的缺陷,然后分析缺陷原因并实施设计改进,最后都需要利用试验手段验证改进措施的有效性。

(2)试验管理过程类似:在具体试验实施前均需要制定试验方案,在试验过程中需要及时进行试验跟踪与预计,根据试验实施具体效果决定是否更改试验方案。

(3)试验统计数据类似:对于火箭等一次性设备,可靠性增长试验统计的为试验成功与否,测试性增长试验无论设备类型如何,统计的试验过程数据均为故障检测/隔离成功与否,二者在数据类型上均为成败型数据。

测试性增长试验与可靠性增长试验的区别主要体现在试验统计对象、试验进程安排,以及设计缺陷改进等方面,具体如下。

(1)试验对象不同。可靠性增长试验激发和改进的缺陷为设备本身存在的可靠性设计缺陷,既包括 FMEA 分析中的故障模式,也包括未知故障模式,缺陷数理论上可以认为是无穷大;测试性增长试验发现和改进的缺陷主要为设备 FMEA 分析结果中确定的已有故障模式的测试性设计缺陷,并且测试性设计缺陷并不仅仅存在于设备本体,还可以存在于系统的 BITE/ATE 等测试设备,理论上测试性设计缺陷数是有限的。

(2)试验手段不同。可靠性增长试验通过自然负载/加速应力试验激发设备发生故障,从而发现可靠性设计缺陷,一旦发生故障就暂停试验;测试性增长试验需要人工注入/模拟故障,观察测试系统对所注入故障的检测/隔离结果,发现测试性设计缺陷,设备往往需要在故障状态运行一段时间。

(3)试验增长指标不同。衡量设备可靠性的指标包括故障率、可靠度、平均故障间隔时间等,这些指标在数学上是可以相互转化得到的。因此,可靠性增长试验的主要目的只有一个:对于连续使用的设备为降低故障率,对于火箭等一次性设备为提高任务成功率;衡量测试性的指标包括 FDR、FIR 等,这些指标在数学上没有相关性,因此一般情况下,一次测试性增长试验只能以一个具体的测试性指标增长为目标。

(4)单因素/多因素事件。可靠性增长试验仅统计试验失败,并不关心是由哪个故障模式的发生引起的试验失败,因此可看成是单因素事件,为了节约试验总时长,可靠性增长试验可以多台设备同时试验,然后通过数学方法折合为一台设备的试验样本。测试性增长试验统计的是单个故障模式检测/隔离成功次数,而故障模式种类繁多,因此测试性增长试验可看作多因素事件,如果同时注入多个故障模式,一旦试验失败,则会因为测试与故障之间的多对多关系无法准确统计试验失败次数,因此测试性增长试验中一般一次仅注入一个故障模式。

(5)改进效果不同。可靠性设计缺陷必须通过设计更改才能改善,故障模式的故障率并不会因为系统集成等原因自动降低,每次改进一般只针对某个故障模式,并且可靠性设计改进只能降低某个故障模式的发生概率,却不能完全消除故障,使其故障率降低为零。然而,对于测试性来说,由于测试与故障之间的多对多关系,每次测试性设计改进理论上可以提高若干个故障模式的测试水平,并且部分设备级的测试性设计缺陷在系统集成之后可由系统级测试性设计改善,同时测试性设计改进理论上讲可以完全消除故障模式的测试性设计缺陷,使之达到100%可检测并且100%准确隔离到指定的可更换单元。

综上所述,虽然测试性增长试验与可靠性增长试验在实施时存在共同点,但是两者由于上述诸多具体区别,可靠性增长试验研究成果并不能直接用于测试性增长试验。对于如何开展测试性增长试验,仍然需要根据测试性工程的具体特点,有针对性地开展系统分析与研究。

1.3 本书概况

测试性工程经过50年的发展,测试性试验与评价以及测试性设计优化均取得了丰硕的研究成果,为测试性增长的实施与开展打下了坚实的技术基础,在相关型号上的应用也表明了理论研究的有效性。但是我们必须看到目前测试性增长工作的开展并不是系统有序的,设备测试性水平的提高并不是科学有效的。具体表现为测试性试验与测试性设计改进之间缺乏有效的结合,即没有从系统工程的角度出发,对测试性增长中的试验与设计改进进行统筹规划,测试性增长试验研究仍处于借鉴“可靠性增长”“维修性增长”概念的前期探索及概念梳理阶段,尚无实质性的研究成果,国内外专家基本还没有系统开展相关理论及关键技术研究工作,对于测试性增长管理理论的研究尚处于起步与探索阶段。

目前研究文献中仅给出了测试性增长试验的内涵,但并没有开展具体的理论与方法研究。因此,测试性增长试验理论与关键技术研究属于创新性研究,相应的研究内容有自身的特点和难点。具体表现为:①测试性增长试验缺乏明确概念与定义,针对具体设备尤其是型号设备开展的测试性增长试验的报道更是少之又少,分析其原因是当前设备的测试性增长试验管理比较粗放,承制方对于测试性增长试验缺乏一套完整的理论与技术体系,无法科学有效地指导并规范测试性增长试验的开展。因此,分析设备测试性增长特点,理清测试性增长试验概念,建立测试性增长试验管理与技术体系是测试性增长试验理论与方法研究首先要解决的理论问题。②测试性增长数学模型是用于指导测试性增长试验方案制定,跟踪并预计设备测试性水平增长过程的数学模型,是设备测试性增长分析过程的核心要素。按照可靠性增长的研究经验,测试性增长数学模型是测试性增长试验理论研究的重中之重。而目前关于该类模型的相关研究还非常缺乏,如何针对测试性指标增长的特点和规律,选择合理的数学统计理论,建立能正确描述测试性增长的模型,给出准确的模型参数估计方法是测试性增长试验理论与方法研究的另一核心关键问题。

本书共分 8 章对设备测试性增长试验建模理论与方法进行论述,各章节内容和组织结构安排如图 1-9 所示。

第 1 章　绪论。首先综述了测试性工程的发展概况,指出了测试性增长在设备研制过程中的地位与作用;其次对测试性增长实施的两个关键环节:测试性试验与评价、测试性设计改进的研究现状进行了详细阐述,指出了当前研究中对于测试性增长理论研究的缺失,从而明确本书重点需要研究的问题,紧接着总结了可靠性增长试验与管理研究成果,并指出测试性增长试验与可靠性增长试验的异同点,最后介绍了全书的内容安排。

第 2 章　测试性增长试验建模基础理论。这一章内容是全书内容的基础,首先,给出了开展测试性增长试验建模需要的多源试验数据或先验信息的来源、多源数据等效折合处理方法,以保证多源试验数据具有等效一致性。其次,针对多源“小子样”先验试验数据相容性检验问题,分别提出了针对不同先验数据的小子样相容性检验方法,以保证用于测试性试验的多源“小子样”试验信息的相容一致性。然后,特别针对测试性增长试验相关概念与技术,给出了测试性增长试验概念,讨论在设计阶段、研制阶段以及使用阶段实施设备测试性增长的措施手段,并分析开展测试性增长试验的时效性,为在研制阶段开展测试性增长试验提供技术支撑。最后,阐述了测试性增长数学模型的功能作用,即测试性增长试验规划、测试性增长试验跟踪以及测试性增长试验预计的基本概念及内涵,为后续研究奠定了基础。

第 3 章　及时修正下测试性增长跟踪与预计模型建模技术。本章构建及时修正模式下的测试性增长跟踪与预计模型,针对测试性增长试验过程变化复杂,非参数类测试性增长模型无法预计测试性水平变化过程的实际,以非齐次泊松过程作为测试性设计缺陷发现和识别的计数工具,基于设备测试性增长试验寿命周期阶段时效性分析结果,研究得出测试性增长效能是影响测试性增长数学模型的关键量,综合考虑测试性增长试验人员对被测对象的认识水平、故障注入试验的消耗水平、收集到的设备自然发生故障受设备可靠性的约束等因素,经过深入机理分析,建立了测试性增长效能变化率函数具有先增后减的铃形变化趋势,并借鉴软件可靠性增长模型建模技术的经验积累,不失讨论问题的一般性,确定了几种常用的铃形测试性增长效能变化率函数形式;在此基础上,针对测试性设计缺陷的及时发现及时消除修正模式,建立了基于铃形测试性增长效能消耗率函数的测试性增长模型,并给出了测试性增长模型的评价指标,基于设备实际收集到的测试性增长试验数据,给出了基于铃形测试性增长效能消耗率函数的测试性增长跟踪与预计模型的跟踪与预计仿真分析效果。

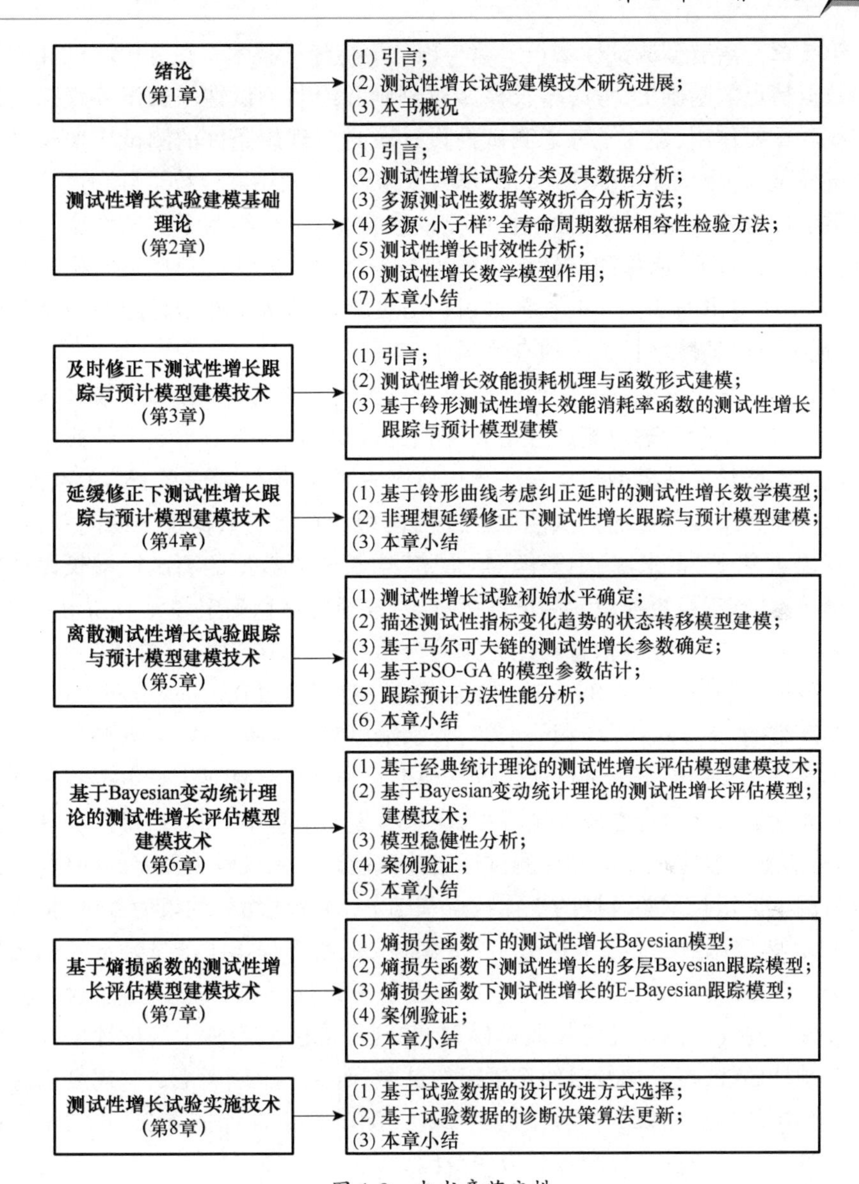

图 1-9 本书章节安排

第 4 章 延缓修正下测试性增长跟踪与预计模型建模技术。在第 3 章研究的基础上,针对延缓修正以及发现的测试性设计缺陷不能完全修正两种测试性增长模式,分别建立了基于铃形测试性增长效能消耗率函数的测试性增长模型,并给出了测试性增长模型的评价指标,基于设备实际收集到的测试性增长试验数据,给出了基于铃形测试性增长效能消耗率函数的测试性增长跟踪与预计模型的跟踪与预计仿真分析效果。

第5章　离散型测试性增长跟踪与预计模型建模技术。在分析测试性增长试验数据特点的基础上，考虑增长模型对刻画和绘制测试性增长试验跟踪与预计曲线的重要作用，建立了考虑测试性设计改进非理想条件的测试性增长马尔可夫链模型，将测试性指标评估结果作为模型输入，利用混合粒子群和遗传算法的参数估计方法得到了测试性增长模型的参数估计值，绘制了测试性增长跟踪与预计曲线，讨论了所提测试性增长模型与参数估计方法的稳健性。仿真结果表明，利用所提出的测试性增长模型可以方便地绘制测试性增长跟踪与预计曲线，实现了对测试性增长试验的有效预计。

第6章　基于Bayesian变动统计理论的测试性增长评估模型建模技术。针对测试性增长试验管理对测试性增长评估的需求，总结给出了基于经典统计理论的测试性增长评估模型建模方法及其与评估精度、评估置信水平的关系模型；针对基于经典统计理论的测试性增长评估模型所需试验数据量大的问题，本章研究提出了基于“多来源、小子样、异总体”增长试验数据的测试性增长评估模型建模技术，基于可更换单元测试性信息、专家经验信息确定多元Dirichlet先验分布参数的方法，将先验信息转化为先验分布；融合“小子样、异总体”测试性增长试验数据，建立FDR的Bayesian综合评估模型，求得FDR后验分布表达式，对于复杂高维的Bayesian后验积分求解，分别给出解析计算方法和MCMC方法。

第7章　熵损失下测试性增长评估模型建模技术。针对上述Bayesian理论在确定先验分布参数存在较大主观性，当试验规划信息不准确时，错误的规划信息、验前信息和专家经验会导致测试性增长试验跟踪出现较大偏差的问题，在深入分析测试性增长试验开展的规律特点基础上，以序化增长约束为条件，构建了关于FDR为增函数的多层先验分布，在熵损失函数下提出了测试性增长的多层Bayesian和E-Bayesian跟踪模型，并基于设备测试性增长试验数据检验了模型的有效性。建立了测试性增长概率模型，并利用该模型绘制了测试性增长试验跟踪与预计曲线，对采用及时纠正策略的试验，研究了分别考虑试验规划信息和考虑指标序化增长约束的两种不同的Bayes测试性指标评估方法，并利用数值仿真讨论了两种方法的优缺点和应用范围。

第8章　测试性增长试验实施技术。针对测试性增长过程中测试性设计改进具体实施问题，在总结已有研究成果的基础上，研究了基于试验数据的测试性设计改进方法初选规则，并重点对基于试验数据的故障诊断决策方法更新问题开展了研究。首先为能够较全面的对测试性设计缺陷进行统一描述，扩展了非完美测试的概念，给出了基于试验数据的测试性设计缺陷定量衡量方法，并根据缺陷的恶劣程度，指出了可能采取的测试性设计改进措施；然后提出了一种基于人工免疫的数据扩充、基于密度的数据压缩、基于代表样本点混合学习等三部分组成的故障诊断决策算法更新方法,解决了基于数据更新的一类故障诊断决策方法存在的分类器迭代学习、数据量不平衡、设备硬件支持限制等问题。研究表明,测试性增长试验数据为测试性诊断决策改进提供了有效的数据支持,本书所提方法能够较好的支持基于数据更新的诊断算法改进与更新,有效提高诊断准确度。

第2章　测试性增长试验建模基础理论

2.1　引言

建立测试性增长跟踪与预计模型的关键是能准确掌握测试性增长变化规律,进而选用合适的参数化模型,基于已有试验数据或先验信息对模型参数进行辨识,实现测试性增长跟踪与预计。除此之外,也可基于已有试验数据或先验信息,对已有试验数据或先验知识进行融合建模进而对测试性增长过程进行综合评估。基于以上分析,获取有效的试验数据与先验信息是准确建立测试性增长跟踪、预计与评估模型的关键。然而在设备全寿命周期测试性试验过程中,会开展不同阶段、不同环境、不同层次产品(系统、分系统、可更换单元)的各种各样的试验数据,所获取的试验数据存在差异也具有共性,许多从物理上或数学上具有相关性等。有效利用以上试验数据及先验信息的前提是这些数据必须满足相容性、等效性原则。

特殊地,设备测试性增长试验从方案设计阶段开始,经历研制生产阶段、定型阶段,最后到使用维护阶段,始终贯穿于设备全寿命周期过程。尽管在设备各个阶段都需要开展测试性增长试验,但每个阶段的试验方式不同,测试性增长试验的效果也不尽相同,从而导致各个阶段测试性水平的提升程度参差不齐。

基于以上讨论,本章首先归纳总结测试性试验分类并对其对应的试验数据进行定性分析,接下来针对设备在整个寿命周期内不同阶段、不同环境、不同层次产品(系统、分系统、可更换单元)的各种各样的试验差异、共性,以及许多从物理上或数学上具有相关性等问题,研究提出了基于权重因子的专家测试性数据等效折合方法、基于近似处理模型的测试性摸底试验数据等效折合方法、基于增长因子的测试性增长试验数据等效折合方法、基于结构函数的测试性可更换单元数据等效折合方法,并通过案例使用验证了本章提出的数据等效折合方法的可行性、有效性和合理性。然后针对多源“小子样”数据相容性检验问题,研究了基于 Bayes 置信区间估计的参数相容性检验方法、基于修正 Pearson 统计量的非参数相容性检验方法和基于 Fisher 检验统计量的“小子样”测试性增长试验数据相容性检验方法,并进一步研究了数据可信度计算方法。最后简单分析了在设备寿命周期的不同阶段开展测试性增长试验的时效性,并给出了测试性增长跟踪与预计模型、测试性增长评估模型的概念与内涵，为后续章节开展测试性增长试验建模理论与方法研究奠定数据和数学基础。

2.2　测试性试验分类及其数据分析

测试性试验，即是为提高产品的测试性水平，评价其是否满足测试性要求而进行的各种试验的总称。测试性试验是产品研制、生产和使用阶段对产品的测试性进行设计、增长、验证与评价的一种重要手段。其目的是有效地验证产品的测试性设计是否达到产品规范的要求，确认产品使用中的测试性是否满足规定的要求，及时发现产品在测试性设计方面的各种缺陷，使测试性不断增长。测试性试验的主要作用体现在两个方面，即暴露缺陷和考核指标。

一个产品无论经过多么精密的测试性设计，也不可完全避免测试性缺陷的存在。因此需要通过一系列的测试性试验，将缺陷尽可能地诱发出来，予以纠正改进，使测试性水平达到规定的要求。虽然测试性试验会增加产品的研制费用，但从费效比来权衡还是值得的。

2.2.1　测试性试验分类

测试性试验的分类方式可以有很多种，常见的有以下五种。

(1)根据试验手段和试验对象之间的关系分类。测试性试验可以分为测试性直接试验和测试性间接试验。直接试验，即直接在产品上进行试验。间接试验，即使用模型代替实物的试验，包括测试性模型试验、测试性仿真试验、测试性半实物仿真试验等。

(2)根据试验场所的不同分类。测试性试验可以分为测试性实验室(内场)试验和测试性外场试验。

(3)根据试验目的不同分类。测试性试验可以分为测试性增长类试验和测试性评价类试验。增长类试验的目的主要是通过试验和使用，识别测试性缺陷，采取改进措施，使故障诊断能力得到增长的一类试验，该类试验贯穿于系统寿命周期的各个阶段。评价类试验的目的是为了评价产品的测试性水平，而不是暴露产品的测试性缺陷的一类试验，特殊地，测试性增长评估是考核测试性增长试验效果的一类评价类试验。

(4)根据试验基于的理论进行分类。测试性试验可分为基于相似理论的测试性试验、基于概率论的测试性试验和基于确定论的测试性试验等。

(5)根据全寿命周期内试验开展的时机、目的和要求分类。测试性试验可以分为测试性设计试验、测试性测定试验、测试性验证试验以及测试性使用评价,特殊地,测试性增长试验贯穿于设备全寿命周期过程。

上述各种不同的分类方式之间并不是全无关联的,事实上,它们都是以测试性试验的目的和作用作为基础,从不同的方面在工程实际中贯彻测试性试验的思想。只有掌握了这种思想,才能够透过各种不同的分类方式,抓住测试性试验的本质。

我们对测试性试验工作进行了总结和归纳,以验证方式划分,将测试性验证分为分析验证、试验验证和使用验证三大类,并进一步将分析验证分为固有测试性分析、测试性预计和虚拟验证,将试验验证分为增长试验验证、测定试验验证和验收试验验证。其中,测试性分析验证是以仿真分析为主要手段进行的测试性验证,目前主要用于研制阶段进行测试性分析与预计。测试性试验验证是采用故障注入等方法而进行的验证,主要面向研制、定型和生产阶段。该阶段的设备测试性设计是一个反复迭代,测试性逐步递增的过程,这个过程中最关键的环节就是要进行测试性增长试验。测试性使用验证是通过设备实际自然使用或接近实际使用而进行的验证,由于目前我国经过系统性开展测试性工程的设备多数还处于研制和待定型阶段,尚未进入服役和使用阶段,所以开展测试性使用验证较少。接下来,本书将按这种分类方式对测试性试验的概念和内涵展开详细介绍。

2.2.2 测试性预计试验

最典型的基于概率信息的测试性评估方法是测试性预计技术。测试性预计是“根据测试性设计资料,通过工程分析与计算来估计测试性和诊断参数可能达到的量值,并与规定的指标要求值进行比较”。测试性预计结果的精度取决于故障-测试间的逻辑关系和测试检测/隔离故障的概率信息。

基于概率信息的测试性预计方法,首先建立描述故障-测试逻辑相关关系的布尔矩阵,然后通过经验确定测试检测/隔离故障的概率信息,形成故障-测试概率矩阵,据此通过一定的诊断逻辑得到 FDR/FIR 的预计值。然而,故障-测试间逻辑关系的简化使预计精确性大为降低,更为严重的是,仅通过假设和经验确定的概率信息使预计结果可能出现严重偏差。测试性预计试验得到的结果是 FDR/FIR 的点估计值和区间估计值。

2.2.3 测试性虚拟试验

随着计算机技术、建模与仿真技术的飞速发展,虚拟试验技术逐渐发展并成熟起来。它将实物样机模型化、数字化,组成计算机能够处理、计算的虚拟样机模型,借助计算机强大的计算能力和可视化技术,仿真并分析样机的各项功能、性能指标,辅助研制人员改进设计。还可以模拟真实试验环境等条件,在计算机上对试验过程及结果进行快速、高效的仿真和分析,从而减少研制成本、缩短研制周期。由于试验分析在计算机上进行,具有低成本、高效率、可重复、过程可控、零风险等优点,该项技术在汽车、航空、航天等领域得到了较广泛的应用。借鉴虚拟试验验证技术在产品性能、可靠性、维修性等验证领域取得的成功经验,测试性虚拟验证逐渐发展起来。

测试性虚拟验证的概念:以数字化模型代替部分或全部实物物理模型进行仿真试验,检验研制产品是否满足合同规定的测试性要求而进行的工作。顾名思义,测试性虚拟验证是指在产品虚拟样机(或称数字化模型)上进行的虚拟的测试性验证。

测试性虚拟验证是在设备研制后期或研制结束后,在虚拟样机上进行故障仿真注入与故障检测/隔离虚拟试验,统计试验结果并验证、评估测试性指标。面向测试性的设备虚拟样机建立后,可以解决测试性验证试验存在的故障注入限制等问题,可以根据需要进行多次的故障模拟、注入与测试试验,因此测试性虚拟验证具有故障注入限制少、成本低、效率高、可重复、过程可控、样本量大等优点。

由于测试性虚拟样机模型准确度难以保证,导致基于测试性虚拟试验得到的大样本故障检测/隔离数据可信度低,与可信度较高的外场使用试验数据相比,很容易导致大量虚拟试验数据淹没可信度高的外场使用数据或基于故障注入的测试性验证试验数据。

2.2.4　测试性测定试验

在设备研制过程中,承制方会在实验室进行一系列测试性摸底试验、测试性测定试验以便对设备的 FDR/FIR 有所了解。对于不能正确检测/隔离的故障,测试性设计人员识别并确定新的故障模式、测试空缺、模糊点、测试容差和阀值等缺陷,研究判断测试性设计以及人工测试方法等原因,改进测试性设计。

此类试验和测试性增长试验即有一定的相似性,又存在本质性的差异。相同的地方是,这两类试验都是一系列试验,试验是分阶段开展的,试验目的都是为了识别设计缺陷,测定测试性设计水平,且都是基于故障注入的方式,试验开展的最好时机都是在研制阶段。不同的是,测试性增长试验相比测试性摸底试验,具有很强的规划性,得到的成败型试验数据更具有统计意义。

2.2.5　测试性增长试验

测试性增长与可靠性、维修性增长概念类似,是通过试验和使用发现问题并采取改进措施,使故障诊断能力得到增长的过程。实际上,许多新系统刚开发研制完成时都不够成熟,存在这样或那样的不足和缺陷,其测试诊断分系统也同样存在着未预料的故障模式和测试容差定得不合适等问题。因此,需要有一个鉴别缺陷、实施纠正以达到规定测试性设计水平的时间周期。

假设设备进行了 m 个阶段的测试性增长试验,每次进行测试性增长试验的环境是相同的。在第 i 阶段,对出现的 n_i 次故障进行测试诊断,结果为正确检测/隔离到故障或没有正确检测/隔离故障。将第 i 阶段的测试性增长试验的结果简记为 (n_i, f_i, q_i), $i=1,2,m$, n_i 为每次试验注入的故障样本数, f_i 为每次试验故障检测/隔离失败的次数。综上所述,基于测试性增长试验得到的数据是一系列具有一定统计规律的成败型数据,在做数据等效折合分析时,需要考虑多阶段数据间的变总体统计特性,即随着测试性增长试验有效地开展,多阶段成败型数据所服从的分布是变化的。

2.2.6 测试性验证试验

基于故障注入的测试性验证试验是指"在设备设计定型、生产定型或有重大设计更改时,即在实验室或实际使用环境下,对设备注入一定数量的故障,用测试性设计规定的方法进行故障检测与隔离,按其结果来估计设备的测试性水平,判断是否达到规定的测试性要求,决定接收或者拒收"。这种验证试验是以试验数据来检验设备实现测试性设计要求的程度,是设备全寿命周期过程中一个非常重要的环节。

国外相关文献中,无论是对机内测试(Built in Test,BIT)验证,还是对自动测试设备(Automatic Test Equipment,ATE)验证,多重点强调和主要采用基于故障注入的验证试验方法。国外在装备测试性验证试验方面已有很多成功的案例,如 APG-66 雷达系统初步评估有效性时注入 1248 个故障,正式试验时注入 150 个故障;APG-65 雷达系统初始评估有效性时注入 302 个故障,正式试验时要求至少注入 95 个故障。我国测试性验证工作起步较晚,只有少数的几家研究机构系统深入地开展过测试性验证研究,针对的对象主要为电子产品。

开展基于故障注入的测试性验证存在以下困难:①故障注入试验是有损性甚至破坏性试验,受试验费用的限制,在设备上注入大量的形式和大小各异的故障是比较困难的。另外,进行测试性验证试验的设备一般是装配完整,性能合格并准备定型的设备,由于封装造成的物理位置限制,导致许多故障模式不能模拟注入。由于达不到规定故障样本量和故障形式的要求,降低了验证结论置信水平。②故障模式很多,不可能都模拟注入,必须进行抽样选取一定数量的故障样本,然而故障率数据不准确,故障样本代表性差等,影响了抽样模拟故障的随机性和遍历性,进而降低了验证结论置信水平。③试验的环境条件,包括受试品与其他系统的相互关系和影响等,不可能与实际工作条件完全相同,因而降低了验证结论置信水平。

其试验数据存在形式为成败型,不需要进行数据的折合等效分析,虽然因为费用、破坏性、环境等因素导致试验数据为"小子样",但在设备全寿命周期过程中,却是至关重要的试验环节,其数据可信度较高。

2.2.7 测试性外场使用试验

外场统计验证试验是"在指定试验单位,按照批准的试验大纲,在实际使用环境或接近实际使用环境下,通过设备进行的各种试验,获取足够的设备自然发生的故障及其检测/隔离数据,用规定的统计分析方法评估设备的测试性水平,判断是否满足规定的测试性要求"。测试性外场使用数据是设备在真实环境下对故障检测/隔离情况的综合表现。一方面,它比模拟试验环境更为真实,且花费的费用较少;另一方面,可对无法在实验室进行试验的大型设备进行考核和验证。外场统计验证统计设备在外场使用中自然发生的故障及其检测/隔离信息,因而适用于所有的设备类型。

开展测试性外场统计验证主要存在两个方面的困难:一方面,对于新研制的设备,开始研制的数量少,且设备的采办对设备的高可靠性要求,同时高性能容错系统在设备中的应用,受外场使用周期的限制,要获得大量的故障及其检测/故障隔离数据是很困难的,也是不现实的;另一方面,虽然在《修复性维修作业记录表》《预防性维修作业记录表》和《测试性验证数据综合表》中均涉及到外场验证信息收集的有关内容,但由于它们各自牵涉到的填写人员较多,操作性又不强,使本来就少的故障检测/隔离数据更失去了统计意义。

此外,复杂设备系统级测试性试验需要各个可更换单元的协同、集成,共享设计中的模型和参数,并考虑环境的交互影响,而这些往往很难做到。因此,在设计研制阶段,一般缺少相应的试验手段评测整体设备的 FDR/FIR 水平,设备整体的测试性试验信息较少,而可更换单元级测试性试验信息相对较多,可采用一定的分析计算,将可更换单元测试性试验信息折合为设备系统测试性信息,得到系统测试性估计值。

针对以上六类试验、四类数据类型,在将这些数据用于数据相容性检验之前,需要将这些先验信息做等效分析处理,最终以成败型试验数据(n_0, f_0)表示。

2.3 多源测试性数据等效折合分析方法

当前测试性先验数据具有多阶段、多层级和多来源的特点,从时间阶段分为

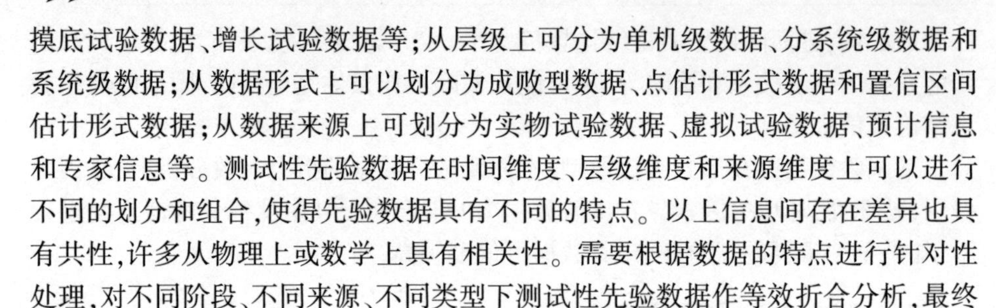

摸底试验数据、增长试验数据等；从层级上可分为单机级数据、分系统级数据和系统级数据；从数据形式上可以划分为成败型数据、点估计形式数据和置信区间估计形式数据；从数据来源上可划分为实物试验数据、虚拟试验数据、预计信息和专家信息等。测试性先验数据在时间维度、层级维度和来源维度上可以进行不同的划分和组合，使得先验数据具有不同的特点。以上信息间存在差异也具有共性，许多从物理上或数学上具有相关性。需要根据数据的特点进行针对性处理，对不同阶段、不同来源、不同类型下测试性先验数据作等效折合分析，最终以成败型试验数据表示。

2.3.1 基于权重因子的测试性专家数据等效折合方法

在设备测试性研制的不同阶段，专家对系统 FDR/FIR 的先验估计值通常以连续区间的形式给出。例如，可给出系统 FDR/FIR 估计值 $q\in[q_{\mathrm{L}},q_{\mathrm{H}}]$。不同的专家给出的 $q\in[q_{\mathrm{L}},q_{\mathrm{H}}]$ 区间大小不同，根据对专家经验的信任程度，赋予不同专家不同权重，表示对其提供信息的信任程度，依据此权重实现各位专家提供的系统 FDR/FIR 信息融合。

设共有 n 位专家，一共给出 n 个连续区间 $[q_{\mathrm{L}}^{i},q_{\mathrm{H}}^{i}]$ $(i=1,\cdots,n)$，专家权重为 ω_i，基于经典概率统计理论综合各位专家信息后的系统 FDR/FIR 估计结果为

$$\begin{cases}\hat{q}_{\mathrm{L}}=\dfrac{\sum\limits_{i=1}^{n}\omega_i q_{\mathrm{L}}^{i}}{n}\\[2ex]\hat{q}_{\mathrm{H}}=\dfrac{\sum\limits_{i=1}^{n}\omega_i q_{\mathrm{H}}^{i}}{n}\end{cases}\tag{2-1}$$

依据经典概率统计理论可求得将专家给出的设备 FDR/FIR 置信区间转化为等效成败型数据 (n_0,f_0) 的公式如下：

$$\begin{cases}\sum\limits_{d=0}^{f_0}C_{n_0}^{d}\hat{q}_{\mathrm{L}}^{\ (n_0-d)}\ (1-\hat{q}_{\mathrm{L}})^{d}=1-\dfrac{1+\vartheta}{2}\\[2ex]\sum\limits_{d=0}^{f_0-1}C_{n_0}^{d}\hat{q}_{\mathrm{H}}^{\ (n_0-d)}\ (1-\hat{q}_{\mathrm{H}})^{d}=\dfrac{1+\vartheta}{2}\end{cases}\tag{2-2}$$

式中，ϑ 为置信水平。

对于研制初期的设备来说，由于没有相关的试验数据，导致专家对设备的 FDR/FIR 到底为多少把握不大，给出的区间估计长度较大；随着试验的开展，专家给出的区间估计变得更为准确，区间长度逐渐减小。

专家对 FDR/FIR 的预计结果还可以表示为点估计 $\hat{q}$ 和相应的置信水平为 ϑ 的置信下限值 $q_{\mathrm{L},\vartheta}$。对于这种专家信息，同样假设共有 n 位专家，一共给出 n 个

点估计值 $q_i(i=1,\cdots,n)$ 和置信水平为 ϑ 的置信下限值 $q_{\mathrm{L},\vartheta,i}(i=1,\cdots,n)$，专家权重为 ω_i，基于经典概率统计理论综合各位专家信息后的系统 FDR/FIR 估计结果为

$$\begin{cases}\hat{q}=\dfrac{\sum\limits_{i=1}^{n}\omega_i q^i}{n}\\[2ex]\hat{q}_{\mathrm{L},\vartheta}=\dfrac{\sum\limits_{i=1}^{n}\omega_i q_{\mathrm{L},\vartheta,i}}{n}\end{cases} \tag{2-3}$$

第二种 FDR/FIR 预计结果数据的等效处理，依据经典概率论统计理论可按下式）进行求解：

$$\begin{cases}\hat{q}=\dfrac{n_0-f_0}{n_0}\\[2ex]\sum\limits_{k=0}^{f_0}C_{n_0}^{k}\,(1-\hat{q}_{\mathrm{L},\vartheta})^{k}\hat{q}_{\mathrm{L},\vartheta}{}^{(n_0-k)}=1-\vartheta\end{cases} \tag{2-4}$$

2.3.2　基于近似处理模型的测试性摸底试验数据等效折合方法

假设在设备研制阶段共进行了 k 次摸底试验，第 i 次试验注入 n_i 个故障，其中 f_i 个检测/隔离失败，对于这 f_i 个不能正确检测/隔离的故障，经测试性改进有 g_i 个故障可以正确检测/隔离 $(i=1,2,\cdots,k)$。本书提出将这 k 次摸底试验数据做近似等效处理的方法为

$$\begin{cases}n_0=\sum\limits_{i=1}^{k}n_i\\[2ex]f_0=\sum\limits_{i=1}^{k}(f_i-g_i)\end{cases} \tag{2-5}$$

2.3.3　基于增长因子的测试性增长试验数据等效折合方法

测试性增长与可靠性、维修性增长概念类似，是通过试验和使用发现问题并采取改进措施，使故障诊断能力得到增长的过程。实际上，许多新系统刚开发研制完成时都不够成熟，存在这样或那样的不足和缺陷，其测试诊断分系统也同样存在着未预料的故障模式和测试容差定得不合适等问题。因此，需要有一个鉴别缺陷、实施纠正以达到规定测试性设计水平的时间周期。

最早的测试性增长试验是通过收集分析设备使用数据来完成的。如美国 B1-1 飞机的中央综合测试系统计划用 468 次飞行进行诊断增长工作，实际上用了 1069 次飞行获得数据，采取必要的改进措施后才达到可接受的测试性设计水

平。该飞机1985年投入使用,用户反映直到1997年才达到完全成熟状态。而DC-10飞机则规定,投放航线使用后第二年FIR为90%,第三年达到95%。近年来研究指出测试性增长的最好时机在研制阶段。

2.3.3.1 测试性增长试验规划方式及基本假设

借鉴可靠性增长试验、维修性增长试验的增长规划模式,测试性增长试验也可以分为即时纠正模式、延缓纠正模式和含延缓纠正模式三种规划方式(图2-1)。

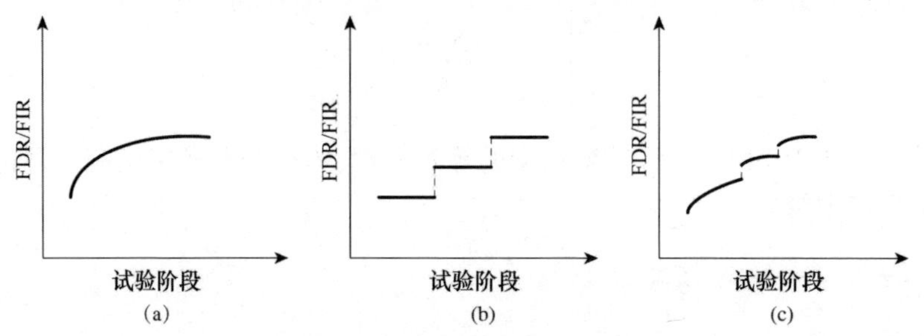

图2-1 测试性增长试验规划方式
(a)即时纠正模式　(b)延缓纠正模式　(c)含延缓纠正模式

(1)即时纠正模式。对设备在试验中所暴露的需要纠正的测试性设计缺陷立即纠正,是一个“试验-纠正-再试验”的过程。即时纠正使设备的测试性在试验过程中逐步增长,测试性增长曲线近似为平滑的曲线,如图2-1(a)所示。

(2)延缓纠正模式。对设备所暴露的不能正确检测/隔离的故障只做简单的修复或更换故障部件,等到试验阶段结束后,再进行统一的纠正,是一个“试验-发现问题-集中纠正-继续试验”的过程。延缓纠正使得设备测试性增长只在下一阶段开始时才出现,而在同一阶段内FDR/FIR为常值。因此,测试性增长曲线为阶梯形曲线,如图2-1(b)所示。

(3)含延缓纠正模式。对试验中出现的需要纠正的测试性设计缺陷,一部分测试性设计缺陷采取即时纠正模式,另一部分测试性设计缺陷则等到试验阶段结束后再进行统一的深度纠正,这是即时纠正和延缓纠正相结合的模式。在同一阶段内,设备的测试性参数呈渐变趋势,阶跃型测试性增长则在下一阶段开始时才出现。因此,测试性增长曲线为阶梯形的平滑曲线,如图2-1(c)所示。

对于价格昂贵的设备来说,开展测试性增长试验属于评价性质的试验,一般采取延缓纠正的方式,即发现有不能检测/隔离的故障,故障发生后只做简单修复,并不更改测试性设计,在该阶段试验结束后统一纠正。

假设设备进行了m个阶段的测试性增长试验,每次进行测试性增长试验的环境是相同的。在第i阶段,对出现的n_i次故障进行测试诊断,结果为正确检测/隔离到故障或没有正确检测/隔离故障。为简便起见,将第i阶段的测试性增长试验的结果简记为(n_i, f_i, q_i),$i=1,2,\cdots,m$,n_i为每次试验注入的故障样本数，f_i 为每次试验故障检测/隔离失败的次数，q_i 为每个研制阶段设备 FDR/FIR 真值。由于测试性增长过程的存在，则各阶段的 FDR/FIR 满足如下的序化关系：

$$0<q_1<q_2<\cdots<q_m<1 \tag{2-6}$$

2.3.3.2　多阶段增长试验数据等效分析

故障注入试验为有损性甚至破坏性试验，每一试验阶段得到的故障检测/隔离数据并不多，属于“小子样”情况。由于测试性增长过程的存在，每一试验阶段后的 FDR/FIR 分布参数不固定，属于“异总体”情况。为解决多阶段“小子样、异总体”增长试验数据的等效分析，在此引入增长因子方法。在可靠性工程领域，增长因子的思想广泛应用于不同阶段之间、不同环境之间进行信息传递或等效处理。目前，具有一定工程实用性的具体做法是：先利用 F 分布的分位点来估计确定增长因子，再用增长因子将前一阶段的试验结果折算成当前试验阶段的试验前结果，得到扩增后的试验结果（故障检测/隔离数据量增加），最后得到多阶段增长试验数据等效后的成败型数据（n_0，f_0）。

（1）基于 F 分布分位点求取增长因子值。

定义相邻两阶段间增长因子 ζ_k 等于两阶段中检测/隔离失败概率之比，即

$$\zeta_k=\frac{p_k}{p_{k+1}}=\frac{1-q_k}{1-q_{k+1}} \tag{2-7}$$

式中，$k=1,2,\cdots,m-1$，$1>q_{k+1}\geqslant q_k>0$，$\zeta_k\geqslant 1$。

ζ_k 的点估计为

$$\overline{\zeta_k}=\frac{1-\overline{q_k}}{1-\overline{q_{k+1}}} \tag{2-8}$$

若每个阶段内注入故障较多时，可以直接选用$\overline{\zeta_k}$（点估计值）来进行信息折合。但当每个阶段注入的故障较少时，则$\overline{\zeta_k}$点估计精度低。因此，引入 ζ_k 的置信水平为 ϑ 的置信下限值 $\zeta_k(L,\vartheta)$ 来进行信息折合，目的是不至于太冒进。一般情况下，置信水平 ϑ 在区间[0.5,0.7]内选取。

当对设备的 FDR/FIR 要求很高时，注意到成败型定数抽样的特点，并假设各阶段的测试性增长试验是相互独立的，于是有

$$\frac{\zeta_k n_k(f_{k+1}+1)}{n_{k+1}f_k}\sim F(2f_{k+1}+2,2f_k) \tag{2-9}$$

利用置信水平为 $1-\vartheta$ 的 F 分布分位点，可以得到 ζ_k 置信水平为 ϑ 的置信下限估计值为

$$\zeta_k(L,\vartheta)=\frac{n_{k+1}f_k}{n_k(f_{k+1}+1)}F^{-1}(2f_{k+1}+2,2f_k;1-\vartheta) \tag{2-10}$$

这样将第 k 阶段的试验信息(n_k, f_k)折合为第 $k+1$ 阶段的信息就是($n_k\zeta_k(L,\vartheta)$, f_k)。而 $\zeta_k(L,\vartheta)\geqslant 1$,故障数由 n_k 变为 $n_k\zeta_k(L,\vartheta)$ 时,增大了故障注入试验次数,但故障检测/隔离失败数仍为 f_k,说明第 $k+1$ 个阶段 FDR/FIR 的增长。下面通过算例来说明增长因子在增长试验数据等效分析中的应用。

算例 2-1:设某设备在研制阶段进行了三个阶段的测试性增长试验。每阶段试验结束后,对系统测试性设计上的缺陷进行了有效的改进。得到如下三组成败型试验数据(n_1, f_1) = (10,10),(n_2, f_2) = (38,9),(n_3, f_3) = (15,0),试求解一定置信水平下的增长因子估计值与折合后的成败型数据。

解:取增长因子计算置信水平为 ϑ = 0.7,利用已有数据,由式(2-10)计算得到 ζ_1 = 2.9959,ζ_2 = 1.5090,利用求得的增长因子置信下限值得到三个阶段测试性增长试验的最终等效成败型数据为(n_0, f_0) = (118,19)。

由此可见,通过引入增长因子,考虑研制阶段增长试验之间的 FDR/FIR 的序化关系模型(式(2-6)),可扩大用于评估 FDR/FIR 水平的试验数据量。表 2-1 给出在不同置信水平下,按基于 F 分布分位点方法求得的增长因子置信下限估计值及折合后的等效成败型数据。

表 2-1　不同置信水平下的增长因子值及折合后等效成败型数据

置信水平 ϑ	$\zeta_1(L,\vartheta)$	$(\hat{n}_2, \hat{f}_2)$	$\zeta_2(L,\vartheta)$	$(\hat{n}_3, \hat{f}_3)$
0.70	2.9959	(68,19)	1.5090	(118,19)
0.65	3.1912	(70,19)	1.8261	(143,19)
0.60	3.3880	(72,19)	2.1700	(171,19)
0.55	3.5898	(74,19)	2.5455	(203,19)
0.50	3.8000	(76,19)	2.9587	(240,19)

分析表 2-1 中的数据可以看出,在相同的多阶段测试性增长试验数据下,置信水平对最后等效成败型数据结果的影响较大,造成后续的基于等效成败型试验数据的 FDR/FIR 抽样特性函数的求取会引入不确定性因素。

(2)基于第二类极大似然法求取增长因子值。

为尽量克服不同的置信水平对评估结果的影响,也可以采用第二类极大似然法来估计增长因子,实现将前一阶段的试验信息折合到下一阶段,最后得到等效成败型数据(n_0, f_0)的目的。

设第 k 阶段的成败型试验数据为(n_k, f_k),第 $k+1$ 阶段的成败型试验信息为 n_{k+1}, f_{k+1}。引入增长因子 ζ_k,对于定数故障注入试验,将第 k 阶段的成败型试验数据折算成第 $k+1$ 阶段的成败型试验数据为($\zeta_k n_k$, f_k),$\zeta_k\geqslant 1$。则第 $k+1$ 阶段的先验分布为

$$\pi_{k+1}(q_{k+1})=\frac{1}{B(\zeta_k n_k-f_k,f_k+1)}q_{k+1}^{(\zeta_k n_k-f_k-1)}(1-q_{k+1})^{f_k} \tag{2-11}$$

第 $k+1$ 阶段试验(n_{k+1},f_{k+1})可看作其边缘分布所产生的子样，当第 $k+1$ 阶段的先验分布取为式(2-11)时，边缘分布的密度为

$$\begin{aligned}m(n_{k+1},f_{k+1}) &= \int_0^{q_k}\pi_{k+1}(q_{k+1})q_{k+1}^{(n_{k+1}-f_{k+1})}(1-q_{k+1})^{(f_{k+1})}\mathrm{d}q_{k+1}\\ &\propto \int_0^{q_k}q_{k+1}^{(\zeta_k\cdot n_k-f_k-1+n_{k+1}-f_{k+1})}(1-q_{k+1})^{(f_k+f_{k+1})}\mathrm{d}q_{k+1}\end{aligned} \tag{2-12}$$

通过多项式积分计算，得到式(2-12) 的解析表达式为

$$\begin{aligned}m(n_{k+1},f_{k+1}) = &\sum_{l=1}^{A_k-1}\frac{-A_k^l}{\prod\limits_{j=0}^{A_k}(A_k+B_k+1-l)}q_k^{\ A_k-l}(1-q_k)^{B_k+1}\\ &+\frac{1}{\prod\limits_{j=0}^{A_k}(A_k+B_k+1-j)}\left(\frac{(1-q_k)^{B_k+1}-1}{B_k+1}\right)\end{aligned} \tag{2-13}$$

式中，$A_k=\zeta_k\cdot n_k-f_k+n_{k+1}-f_{k+1}-1$；$B_k=f_k+f_{k+1}$。

q_k 由前 k 阶段试验结果估计出来，最直接的有

$$q_k=1-\frac{f_{k-1}+f_k}{\zeta_{k-1}n_{k-1}+n_k} \tag{2-14}$$

用第二类极大似然方法可通过下式求解增长因子的估计值：

$$\frac{\partial m}{\partial A_k}\cdot\frac{\partial A_k}{\partial\zeta_k}=\frac{\partial m}{\partial A_k}\cdot n_k=0 \tag{2-15}$$

使用迭代计算，可以得到满足精度要求的 $\hat{\zeta}_k$。

在求解得到 $\hat{\zeta}_k$ 的基础上，将第 k 阶段试验数据折合为第 $k+1$ 阶段的试验数据为$(\hat{\zeta}_k n_k,f_k)$。与上述类似，得到第 $k+1$ 阶段后的等效成败型试验数据为$(\hat{\zeta}_k n_k+n_{k+1},f_k+f_{k+1})$。依此原理进行计算，直到求得 $\hat{\zeta}_{m-1}$。

与利用 F 分布分位点的折合方法相比，这种修正的折合方法排除因置信水平选择导致的不确定性问题，是一种比较准确的数学方法。但是，这种计算方法引入了计算复杂度问题，当求得的 A_k 的值较大时，需要较长的运算时间，大大增长了计算复杂度，故此处不再给出算例。

2.3.4 基于结构函数的测试性可更换单元数据等效折合方法

复杂设备系统级测试性试验需要各个可更换单元的协同、集成，共享设计中的模型和参数，并考虑环境的交互影响，而这些往往很难做到。因此，在设计研制阶段，一般缺少相应的试验手段评测整体设备的 FDR/FIR 水平，设备整体的

测试性试验信息较少,而可更换单元级测试性试验信息相对较多,可采用一定的分析计算,将可更换单元测试性试验信息折合为设备系统测试性信息,得到系统测试性先验值。

复杂设备系统 FDR/FIR 函数可表示为可更换单元(可以为分系统、SRU、LRU 等)FDR/FIR 的结构函数,记为

$$T_S = G(T_1, T_2, \cdots, T_m) \tag{2-16}$$

式中,T_S 为系统 FDR/FIR 值;$T_i(i=1,\cdots,m)$ 为第 i 个可更换单元的 FDR/FIR 值;m 为可更换单元个数。

式(2-16)包含两个方面:①计算可更换单元 FDR/FIR 值;②推导系统 FDR/FIR 结构函数并计算系统 FDR/FIR 值。

2.3.4.1 计算可更换单元 FDR/FIR 值

1)经典点估计

若对可更换单元开展的故障注入试验较充分,则可以采用点估计作为可更换单元 FDR/FIR 值。即 n_i 为第 $i(i=1,\cdots,m)$ 个可更换单元的注入故障样本数,f_i 为检测/隔离失败次数,由经典概率统计理论可得

$$T_i = \frac{n_i - f_i}{n_i} \tag{2-17}$$

若注入的故障样本量比较小,则需要利用 Bayes 方法确定 FDR/FIR 值。

2)Bayes 方法

FDR/FIR 的先验信息通常以连续区间的形式给出。例如,根据专家经验可给出第 $i(i=1,\cdots,m)$ 个可更换单元 FDR/FIR 的 $T_i \in [T_{i,\mathrm{L}}, T_{i,\mathrm{H}}]$,则 T_i 先验均值和方差为

$$\begin{cases} \mu_i = \dfrac{T_{i,\mathrm{L}} + T_{i,\mathrm{H}}}{2} \\ V_i = \dfrac{(T_{i,\mathrm{H}} - T_{i,\mathrm{L}})^2}{12} \end{cases} \tag{2-18}$$

通常认为 FDR/FIR 的计算模型服从二项分布,因此以 Beta(a,b)分布作为 FDR/FIR 的先验分布,采用式(2-19)的最优化模型求解 Beta(a,b)中的参数。

$$\begin{cases} \min(V_i - V(a,b))^2 \\ \text{s.t.} \begin{cases} \mu(a,b) = \mu_i \\ a>0, b>0 \end{cases} \end{cases} \tag{2-19}$$

式中,$V(a,b)$为 Beta(a,b)分布的二阶矩值;$\mu(a,b)$为 Beta(a,b)分布均值。

Beta(a,b)表达式为

$$\mathrm{Beta}(x;a,b) = \frac{\Gamma(a+b)}{\Gamma(a)\Gamma(b)} x^{a-1}(1-x)^{b-1} \tag{2-20}$$

结合可更换单元少量的成败型试验数据(n_i, f_i)，利用 Bayes 公式计算得后验分布，即

$$T_i \in \mathrm{Beta}(a+n_i-f_i, b+f_i) \tag{2-21}$$

据此便可求得 T_i 的后验均值和方差。

即基于 Bayes 方法求得 T_i 的后验均值和方差分别为

$$\begin{cases} U_i = \dfrac{a+n_i-f_i}{a+b+n_i} \\ VAR_i = \dfrac{(a+n_i-f)(b+f_i)}{(a+b+n_i)^2(a+b+n_i+1)} \end{cases} \tag{2-22}$$

2.3.4.2　系统 FDR/FIR 结构函数

设系统故障检测率为 $\mathrm{FDR_S}$，故障隔离率为 $\mathrm{FIR_S}$，则由可更换单元 FDR_i/FIR_i/信息计算 $\mathrm{FDR_S}$/$\mathrm{FIR_S}$ 的公式如下：

$$\begin{cases} \mathrm{FDR_S} = \dfrac{\sum\limits_{i=1}^{m} \lambda_i \mathrm{FDR}_i}{\sum\limits_{i=1}^{m} \lambda_i} \\ \mathrm{FIR_S} = \dfrac{\sum\limits_{i=1}^{m} \lambda_i \mathrm{FIR}_i}{\sum\limits_{i=1}^{m} \lambda_i} \end{cases} \tag{2-23}$$

式中，λ_i 为第 i 个可更换单元的故障率值。

至此，利用可更换单元故障检测与隔离试验数据可求得系统故障检测率和故障隔离率值。

2.3.4.3　计算实例

以某稳定跟踪平台系统为应用对象，举例说明由可更换单元 FDR 试验信息求得系统 FDR 的过程。平台有九个 SRU 组成，首先根据专家对各个 SRU 给出的先验区间估计结果，利用式(2-9)所示的优化模型求得各个 SRU 的 FDR 所服从的先验 Beta 分布，在根据每个 SRU 的成败型试验数据(n_i, f_i)，$i=1,2,\cdots,9$，利用 Bayes 公式求得 FDR 所服从的后验 Beta 分布，基于后验 Beta 分布表达式利用式(2-22)求得 FDR 的后验均值和后验方差，如表 2-2 所列，最后一列为每个 SRU 故障率大小，单位为 $10^{-6}\mathrm{h}^{-1}$。

表 2-2　稳定跟踪平台各可更换单元 FDR 试验信息与故障率数据

SRU 名称	先验区间估计	先验分布	n_i	f_i	后验分布	后验均值	后验方差	故障率
运动控制器	[0.58,0.62]	Beta(172,115)	50	16	Beta(186,131)	0.59	7.56×10^{-4}	1.00
电机驱动器	[0.67,0.71]	Beta(43,19)	30	8	Beta(65,27)	0.71	0.0022	3.21
电机	[0.78,0.82]	Beta(152,38)	8	2	Beta(158,40)	0.80	8.39×10^{-4}	0.62
减速器	[0.88.0.92]	Beta(99,11)	7	0	Beta(106,11)	0.91	7.22×10^{-4}	1.00
速率陀螺	[0.73.0.77]	Beta(168,56)	16	4	Beta(180,60)	0.75	7.78×10^{-4}	1.21
数据采集板	[0.78,0.82]	Beta(152,38)	26	4	Beta(174,42)	0.81	7.22×10^{-4}	2.21
主控计算机	[0.64,0.68]	Beta(123,63)	10	4	Beta(129,67)	0.67	0.0011	0.91
控制电路板	[0.85,0.89]	Beta(120,18)	24	4	Beta(140,22)	0.86	7.20×10^{-4}	1.21
数字接收机	[0.48,0.52]	Beta(37,37)	8	4	Beta(41,41)	0.50	0.0030	6.51

将各个 SRU 的 FDR 后验均值和相应的故障率数据代入系统 FDR 结构函数式(2-23),得到稳定跟踪平台系统 FDR 估计值为 0.696。

至此,利用可更换单元 FDR/FIR 试验数据可求得系统 FDR/FIR 值,以此作为测试性综合评估值,有了这个估计值,再按第 2.3.1 节的方法可以得到折合等效处理后的成败型数据(n_0, f_0)。

2.4　多源“小子样”全寿命周期数据相容性检验技术

为确保多源先验信息下测试性指标跟踪、预计及评估结果的准确性,需要保证参与评估的先验数据和现场试验信息的一致性。因此,要通过相容性检验来验证每个来源的先验信息与现场试验数据的一致性。然而,在实际应用中,先验数据和现场试验数据不可能来自完全一致的总体。因此,相容性检验往往是验证在一定的置信水平约束下两个样本总体的重合情况。

相容性检验方法可以分为参数相容性检验方法和非参数相容性检验方法。参数相容性检验方法需要首先由先验数据和现场数据得到的待检参数的先验分布,然后根据一定的统计模型验证先验分布参数在一定置信水平下的相容性。非参数相容性检验方法主要包括针对大样本数据的 K-S 检验方法和针对小样本数据下的 Wilcoxon-Mann-Whitney 秩和检验方法。本小节分别给出了基于 Bayes 置信区间估计的参数相容性检验方法、基于修正 Pearson 统计量的非参数相容性检验方法,在此基础上,更进一步针对多阶段测试性增长试验数据,提出了基于 Fisher 检验统计量的“小子样”数据非参数相容性检验方法。

2.4.1　基于 Bayes 置信区间估计的参数相容性检验方法

测试性多源先验数据下的相容性检验，主要是检验各来源先验数据与测试性试验使用试验数据的一致性。常用的参数相容性检验模型包括参数假设检验方法、Bayes 置信区间估计方法等，其中 Bayes 置信区间估计方法应用最为普遍。

首先基于 Bayes 置信区间估计的参数相容性检验方法需要将各类先验数据转化为测试性指标的先验分布形式；然后利用参数相容性检验方法对先验数据和测试性使用试验数据的一致性进行检验。

2.4.1.1　基于经验 Bayes 方法的先验分布参数确定

由于测试性多源先验数据的表现形式各不相同，因此不能直接用于测试性指标评估，需要将其转化为测试性指标的先验分布形式。测试性试验数据类型为成败型数据，符合二项分布模型，由 2.3 节相关分析可知，Beta 分布作为二项分布的共轭分布，其参数物理意义明确、计算简便。

测试性先验数据中，成败型的先验数据主要是测试性摸底试验数据和测试性增长试验数据，这两类数据的表示形式为 (n, f)，n 为测试性试验（故障检测/隔离）的总次数，f 为在 n 次试验中检测/隔离失败的次数。

设某设备共开展了 m 批试验，试验数据表示为 (n_i, f_i)，$i=1,2,\cdots,m$，这些数据满足独立同分布，即该设备开展的测试性试验满足：①各批次试验的结果是相互独立的；②各批次试验得到的测试性指标点估计相互独立，是测试性指标真值在不同批次试验中的表现。

设第 i 批试验数据下测试性指标的点估计值为

$$p_i=\frac{n_i-f_i}{n_i} \tag{2-24}$$

可以利用经验 Bayes 方法来确定该先验数据源下测试性指标的先验分布参数，方法如下。

（1）当试验次数较多即 m 较大时，有

$$\begin{cases} \hat{n}=\dfrac{m^2\left(\sum\limits_{i=1}^{m}\hat{p}_i-\sum\limits_{i=1}^{m}\hat{p}_i^2\right)}{m\left(m\sum\limits_{i=1}^{m}\hat{p}_i^2-k\sum\limits_{i=1}^{m}\hat{p}_i\right)-(m-k)\left(\sum\limits_{i=1}^{m}\hat{p}_i\right)^2} \\ \hat{f}=\hat{n}-\dfrac{\hat{n}\sum\limits_{i=1}^{m}\hat{p}_i}{m} \end{cases} \tag{2-25}$$

式中，$k=\sum\limits_{i=1}^{m}n_i^{-1}$。

(2)当 m 较小时,利用式(2-25)会出现 $\hat{n}$ 为负值的情况。对此,可以利用下式进行修正:

$$\hat{n}=\frac{m-1}{m}\left(\frac{m\sum_{i=1}^{m}\hat{p}_i-\left(\sum_{i=1}^{m}\hat{p}_i\right)^2}{m\sum_{i=1}^{m}\hat{p}_i^2-\left(\sum_{i=1}^{m}\hat{p}_i\right)^2}\right)-1 \tag{2-26}$$

(3)当 $m=1$ 时,式(2-25)和式(2-26)都无法使用,此时

$$\begin{cases}\hat{n}=n\\ \hat{f}=f\end{cases} \tag{2-27}$$

完成测试性先验数据的等效折合后,则测试性指标先验分布参数为

$$\begin{cases}a=\hat{n}-\hat{f}\\ b=\hat{f}\end{cases} \tag{2-28}$$

先验分布可表示为

$$\pi(p)=\mathrm{Beta}(p;a,b)=\frac{1}{B(a,b)}\int_0^1 p^{a-1}(1-p)^{b-1}\mathrm{d}p \tag{2-29}$$

以某型系统多批次试验数据的折合说明上述方法的求解过程。系统共开展了10次故障注入试验,对应的故障注入次数和失败次数数据如表2-3所示。

表2-3 成败型试验数据表

序号	1	2	3	4	5	6	7	8	9	10
故障注入次数	95	112	107	80	44	121	152	105	66	100
失败次数	5	5	4	3	0	5	5	4	3	3

将故障注入次数和对应的失败次数代入式(2-25),可得 $\hat{n}=-162.7678<0$,因此利用式(2-26)进行计算,得到的 $\hat{n}=170.1622$,折合后的先验分布参数为 $a=164.51$,$b=6.14$。

2.4.1.2 基于最大熵方法的先验分布参数确定

在测试性先验数据中,测试性专家信息和测试性预计信息通常以下面两种形式给出:①测试性指标的点估计 p_0;②置信水平 ϑ 下测试性指标的区间估计 $[p_1,p_2]$。

测试性指标 p 的先验分布的形式进行了分析,通常选用Beta分布来表示,即

$$\pi(p)=\mathrm{Beta}(p;a,b)=\frac{1}{B(a,b)}\int_0^1 p^{a-1}(1-p)^{b-1}\mathrm{d}p \tag{2-30}$$

对于上述两种形式的测试性先验信息,通常采用最大熵方法来求解先验分布的参数。根据最大熵理论,测试性指标先验分布 $\pi(p)$ 的Shannon-Jaynes熵可

表示为

$$H(\pi) = -\int_0^1 \pi(p)\ln(\pi(p))\,\mathrm{d}p \tag{2-31}$$

因此,先验分布参数的求解过程即可转化为求解参数 a、b,使得 $H(\pi)$ 最大。

(1) 点估计形式先验数据先验分布参数计算。

对于以点估计形式给出的测试性先验信息,已知测试性指标的点估计值 p_0,则测试性指标 p 的先验分布 $\pi(p)$ 满足

$$\int_0^1 p\pi(p)\,\mathrm{d}p = p_0 \tag{2-32}$$

将式(2-31) 展开,可得

$$\begin{aligned} H(\pi) &= H(\mathrm{Beta}(p;a,b)) = -\int_0^1 \mathrm{Beta}(p;a,b)\ln(\mathrm{Beta}(p;a,b))\,\mathrm{d}p \\ &= \ln B(a,b) - \int_0^1 \frac{1}{B(a,b)} p^{a-1}(1-p)^{b-1}[(a-1)\ln p + (b-1)\ln(1-p)]\,\mathrm{d}p \end{aligned} \tag{2-33}$$

已知

$$B(a,b) = \int_0^1 p^{a-1}(1-p)^{b-1}\,\mathrm{d}p \tag{2-34}$$

令

$$B_1 = \frac{\partial B(a,b)}{\partial a} = \int_0^1 p^{a-1}(1-p)^{b-1}\ln p\,\mathrm{d}p \tag{2-35}$$

$$B_2 = \frac{\partial B(a,b)}{\partial b} = \int_0^1 p^{a-1}(1-p)^{b-1}\ln(1-p)\,\mathrm{d}p \tag{2-36}$$

则式(2-33) 可转化为

$$H(\pi) = H(\mathrm{Beta}(p;a,b)) = \ln(B(a,b)) - a_1B_1 - b_1B_2 \tag{2-37}$$

其中

$$\begin{cases} a_1 = (a-1)/B(a,b) \\ b_1 = (b-1)/B(a,b) \end{cases} \tag{2-38}$$

将式(2-30) 代入式(2-32) 中,由几何分布结果可得

$$p_0 = a/(a+b) \tag{2-39}$$

设超参数 a、b 的最优解为 a^*、b^*,则参数的求解过程可转化为

$$H(\mathrm{Beta}(p;a^*,b^*)) = \max H(\mathrm{Beta}(p;a,b)) \tag{2-40}$$

约束条件为

$$\begin{cases} a \geqslant 0, b \geqslant 0 \\ bp_0 - a(1-p_0) = 0 \end{cases} \tag{2-41}$$

实际上,由式(2-41)可以看出,测试性指标先验分布参数 a、b 之间存在一定的比例关系,因此式(2-40)的求解可以转化为单参数寻优问题,只需找到一个最优值 a^* 或 b^*,问题即可解决。

表2-4给出了先验数据为点估计类型时,若干取值下对应的利用最大熵方法得到的先验参数计算结果。

表 2-4 点估计类型先验数据在若干取值下对应的先验分布参数计算结果

点估计 p_0	a^*	b^*	熵值 $H(\pi)$
0.7	1.965	0.842	−0.266
0.8	3.478	0.896	−0.630
0.9	8.345	0.927	−1.306
0.95	18.28	0.962	−3.605
0.99	98.27	0.993	−3.605

(2) 区间估计形式先验数据先验分布参数计算。

对于以置信区间形式给出的测试性先验信息,已知置信水平为 ϑ 时对应的估计区间为 $[p_1,p_2]$,测试性指标先验分布 $\pi(p)$ 满足

$$\int_{p_1}^{p_2}\pi(p)\,\mathrm{d}p = \vartheta \tag{2-42}$$

则先验分布参数最优解 a^* 和 b^* 的求解过程可转化为

$$H(\mathrm{Beta}(p;a^*,b^*)) = \max H(\mathrm{Beta}(p;a,b)) \tag{2-43}$$

约束条件为

$$\begin{cases} a \geqslant 0, b \geqslant 0 \\ \displaystyle\int_{p_1}^{p_2} p^{a-1}(1-p)^{b-1}\mathrm{d}p - \vartheta B(a,b) = 0 \end{cases} \tag{2-44}$$

对于在式(2-44)约束下的式(2-43)的求解,通常采用梯度法,求解的具体步骤如下。

(1) 设定初始点 (a_0,b_0) 或上一轮搜索结束位置 (a,b) 开始,利用梯度法搜索得到点,(a_1,b_1) 使得该点在由式(2-43)所确定的曲线 ζ 上。通常情况下,(a_1,b_1) 需要经过多次搜索才能得到。

设

$$F(p_1,p_2,a,b) = \frac{1}{B(a,b)}\int_{p_1}^{p_2}\pi(p)\,\mathrm{d}p \tag{2-45}$$

令

$$B_3 = \int_{p_1}^{p_2} p^{a-1}(1-p)^{b-1}\mathrm{d}p \tag{2-46}$$

$$B_4=\int_{p_1}^{p_2} p^{a-1}(1-p)^{b-1}\ln p\mathrm{d}p \tag{2-47}$$

$$B_5=\int_{p_1}^{p_2} p^{a-1}(1-p)^{b-1}\ln(1-p)\mathrm{d}p \tag{2-48}$$

假设搜索的起点为(a,b),代表搜索方向的单位向量为

$$\boldsymbol{m}=\frac{\nabla F}{|\nabla F|}=m_1\boldsymbol{i}+m_2,\boldsymbol{j}=\frac{\dfrac{\partial F}{\partial a}\boldsymbol{i}+\dfrac{\partial F}{\partial b}\boldsymbol{j}}{\sqrt{\left(\dfrac{\partial F}{\partial a}\right)^2+\left(\dfrac{\partial F}{\partial b}\right)^2}} \tag{2-49}$$

式中,$\boldsymbol{i}$为代表a方向上的单位向量;$\boldsymbol{j}$为代表b方向上的单位向量。

且有

$$\frac{\partial F}{\partial a}=-\frac{B_1B_3}{(B(a,b))^2}+\frac{B_4}{B(a,b)} \tag{2-50}$$

$$\frac{\partial F}{\partial b}=-\frac{B_2B_3}{(B(a,b))^2}+\frac{B_5}{B(a,b)} \tag{2-51}$$

则在a和b方向上的搜索步长为

$$\begin{cases}\Delta a=R_1m_1(\vartheta-F(p_1,p_2,a,b))\\ \Delta b=\hat{R}_1m_2(\vartheta-F(p_1,p_2,a,b))\end{cases} \tag{2-52}$$

(2) 在(a_1,b_1)找到曲线ζ上的切线方向,使得信息熵沿着该方向是增加的。设定步长并在切线上得到新点(a,b),即该轮搜索的终点和下轮的起点。

在点(a_1,b_1)处$F(p_1,p_2,a,b)$的梯度方向的单位向量为

$$\boldsymbol{n}_1=\frac{\nabla F}{|\nabla F|}=n_{11}\boldsymbol{i}+n_{12}\boldsymbol{j}=\frac{\dfrac{\partial F}{\partial a}\boldsymbol{i}+\dfrac{\partial F}{\partial b}\boldsymbol{j}}{\sqrt{\left(\dfrac{\partial F}{\partial a}\right)^2+\left(\dfrac{\partial F}{\partial b}\right)^2}} \tag{2-53}$$

在曲线ζ上,过点(a_1,b_1)的切线垂直于$\boldsymbol{n}_1$,平行于该切线的单位向量为

$$\boldsymbol{n}_2=n_{12}\boldsymbol{i}-n_{11}\boldsymbol{j} \tag{2-54}$$

在点(a_1,b_1)上代表熵的梯度方向的单位向量为

$$\boldsymbol{n}_3=\frac{\nabla H}{|\nabla H|}=n_{31}\boldsymbol{i}+n_{32}\boldsymbol{j}=\frac{\dfrac{\partial H}{\partial a}\boldsymbol{i}+\dfrac{\partial H}{\partial b}\boldsymbol{j}}{\sqrt{\left(\dfrac{\partial H}{\partial a}\right)^2+\left(\dfrac{\partial H}{\partial b}\right)^2}} \tag{2-55}$$

在a和b方向上的搜索步长为

$$\begin{cases}\Delta a=R_2n_{12}(n_{12}n_{31}-n_{11}n_{32})\\ \Delta b=-R_2n_{11}(n_{12}n_{31}-n_{11}n_{32})\end{cases} \tag{2-56}$$

重复步骤(1)和(2),$\boldsymbol{n}_2$ 和 $\boldsymbol{n}_3$ 将逐渐趋于垂直,搜索步长也会趋近于0,此时可得到目标点(a^*,b^*),搜索过程结束。

表2-5给出了先验数据为置信区间估计类型时,若干取值组合下对应的利用最大熵方法得到的先验参数计算结果。

表 2-5　区间估计形式先验数据在若干取值组合下的先验参数计算结果

区间下限 p_1	区间上限 p_2	置信水平 μ	参数 a^*	参数 b^*	熵值 $H(\pi)$
0.80	0.90	0.80	69.614	12.653	-1.827
		0.85	114.493	20.280	-2.075
		0.95	162.461	28.437	-2.249
0.85	0.95	0.80	50.317	5.951	-1.826
		0.85	82.807	9.288	-2.075
		0.95	116.098	12.454	-2.251
0.90	0.99	0.80	31.037	2.041	-1.925
		0.85	49.998	2.737	-2.194
		0.95	74.497	4.000	-2.359
0.95	0.99	0.80	98.989	3.246	-2.741
		0.85	162.995	4.845	-3.000
		0.95	296.100	9.706	-3.217

2.4.1.3　相容性检验

多源先验数据下的相容性检验,主要用于检验各来源先验数据与测试性试验数据的一致性。常用的参数相容性检验模型包括参数假设检验方法、Bayes置信区间估计方法等。项目采用Bayes置信区间估计方法。设由先验数据确定的测试性指标的先验分布为 $\pi(p)$,由 $\pi(p)$ 可以得到显著性检验的Bayes验前置信区间,设置信水平为 $1-\alpha$ 下的置信区间 $C=[p_L,p_U]$,由下式确定:

$$\begin{cases}\int_0^{p_L}\pi(p)\mathrm{d}p=\dfrac{\alpha}{2}\\ \int_{p_U}^{1}\pi(p)\mathrm{d}p=\dfrac{\alpha}{2}\end{cases}\tag{2-57}$$

对于成败型的测试性现场试验数据,同样采用经验Bayes方法求取先验分布 $\pi_0(p)$。选取平方误差损失函数后,可由现场试验数据得到测试性指标的点估计值为 p,若 p 满足 $p_L<p<p_U$,则认为先验数据与现场试验数据在显著性水平为 α 下是一致的。如果 $p<p_L$ 或者 $p>p_U$,则认定在显著性水平为 α 时先验数据和现场试验数据是不相容的,不采用该来源先验数据。

2.4.1.4　案例应用

对于某设备飞行控制系统的 FDR 综合评估而言，已有测试性先验信息如下：

(1) 测试性预计信息：FDR 的估计值为 $p_1 = 0.95$；

(2) 测试性专家信息 1：专家 1 对 FDR 置信水平为 0.95 的估计区间为 [0.95,0.99]；

(3) 测试性专家信息 2：专家 2 对 FDR 置信水平为 0.90 的估计区间为 [0.90,0.95]；

(4) 测试性虚拟试验数据：通过虚拟样机得到的成败型虚拟试验数据四组，分别为(64,3)、(100,6)、(80,3)、(124,8)。

测试性实物试验数据为(43,2)。根据经典指标估计方法可以得到 FDR 的点估计、0.90 和 0.95 置信水平下的置信下限估计和区间估计结果分别如表 2-6 所示。

表 2-6　利用经典指标估计方法得到的 FDR 估计结果

点估计		置信下限估计		0.90 置信水平下区间估计		0.95 置信水平下区间估计	
估计值	标准差	0.90 置信水平下估计值	0.95 置信水平下估计值	估计区间	区间长度	估计区间	区间长度
0.9535	0.0321	0.8809	0.8607	[0.8607,0.9917]	0.1310	[0.8419,0.9943]	0.1524

按照 2.4.1.1 节和 2.4.1.2 节的方法，根据各来源的先验数据的类型选择对应的先验分布参数求解方法，得到四个来源的先验数据对应的先验分布参数分别为

(1) 测试性预计信息：$(a_1^*, b_1^*) = [18.278, 0.962]$；

(2) 测试性专家信息 1：$(a_2^*, b_2^*) = [296.100, 9.706]$；

(3) 测试性专家信息 2：$(a_3^*, b_3^*) = [305.000, 22.540]$；

(4) 测试性虚拟试验数据：$(a_4^*, b_4^*) = [307.020, 16.920]$。

设定参数相容性检验的置信水平为 0.90，由 2.4.1.3 节中给出的方法对各来源先验数据进行相容性检验。通过计算，各组先验数据在 0.90 置信水平下对应的相容性检验区间为

(1) $[p_L, p_U]_1 = [0.8521, 0.9976]$；

(2) $[p_L, p_U]_2 = [0.9502, 0.9828]$；

(3) $[p_L, p_U]_3 = [0.9068, 0.9526]$；

(4) $[p_L, p_U]_4 = [0.8260, 0.9664]$。

在平方损失函数下，利用现场试验数据得到的 FDR 点估计值为 $\hat{p} = 0.9535$。

与各组先验数据的相容性检验区间进行对比可以看出,第(1)、(2) 和(4) 组数据通过了相容性检验,第(3) 组先验数据未能通过一致性检验。因此,在进行 *FDR* 评估时不考虑第(3) 组先验数据。

2.4.2 基于修正 Pearson 统计量的非参数相容性检验方法

如果未知参数总体分布的类型未知,则使用非参数方法进行相容性检验。针对数据类型和样本容量的不同,要考虑不同的检验方法。此处我们只给出针对成败型数据的非参数相容性检验方法。

成败型试验的离散型数据的信息量是比较小的,但是利用 2 × 2 列联表可以对两个样本的相容性进行检验。设现场样本(n, f) 和验前样本(n', f') 所来自总体分别为 X 和 X',其中 n 和 n' 表示试验的次数, f 和 f' 表示试验中失败的次数。要求检验统计假设 H_0:X 和 X' 为同一总体。首先将(n, f) 和(n', f') 排成如表 2-7 所示的 2 × 2 列联表。

表 2-7 现场样本与先验样本的 2 × 2 列联表

样本	总体	成功次数	失败次数	和
	X	$n-f$	f	n
	X'	$n'-f'$	f'	n'
	和	$n+n'-f-f'$	$f+f'$	$n+n'$

令

$$K = \frac{(n+n')[(n-f)f' - (n'-f)f]^2}{nn'(f+f')(n+n'-f-f')} \tag{2-58}$$

Pearson 统计量 K 近似服从自由度为 1 的卡方分布,从而给定显著性水平 α 有检验准则:

$$K \leqslant \chi_1^2(\alpha) \tag{2-59}$$

当 K 满足上式时接受 H_0,反之拒绝。但是本检验是一个大样本检验,要求 f, f', $n-f$, $n'-f'$ 都要大于5,当次条件无法得到满足时,Yates 提出了一个修正,它包括取平方之前将正偏差(观测值 - 期望值) 减 0.5,负偏差时加 0.5,此修正可直接并入下式:

$$K = \frac{(n+n')[\,|(n-f)f' - (n'-f')|-0.5(n+n')]^2}{nn'(f+f')(n+n'-f-f')} \tag{2-60}$$

下面举个简单的例子说明它们在工程中的实际应用。为方便起见统一取显著性水平 $\alpha = 0.05$,问历史样本和现场样本是否相容。某稳定跟踪平台积累了试验信息如表 2-8 所示。

(1) 历史数据纪录(671,19);

(2) 现场数据(59,2)。

首先将两个样本列成下面的列联表(表 2-8)。

表 2-8　某稳定跟踪伺服平台试验数据 2 × 2 列联表

	成功次数	失败次数	和
历史样本	652	19	671
现场样本	57	2	59
和	709	21	730

现场样本中失败次数小于 5,故应使用修正的卡方统 0324 计量,将表 2-8 中数据代入式(2-60),求的 $K = 0.0257 < \chi_1^2(0.05) = 3.84$,由式(2-60) 得到结论:两组数据来自同一总体,是相容的。

2.4.3　基于 Fisher 检验统计量的“小子样”测试性增长试验数据相容性检验

2.4.3.1　数据分析

在设备的全寿命周期阶段,会开展多个阶段的测试性增长试验(见图 2-2),每一阶段的增长试验分为两部分:一是通过注入一定数量的故障识别测试性设计缺陷,当发现有不能正确检测/隔离的故障时,只对故障部件做简单的维修,以保证设备能正常运行,并不更改测试性设计;二是测试性增长,对于不能正确检测/隔离的故障,识别并确定新的故障模式、测试空缺、模糊点、测试容差或阀值等缺陷,改进故障检测/隔离方法,使系统的故障检测/隔离能力不断增长。这种测试性增长试验规划方式即为 2.2.4 小节提到的延缓纠正模式。

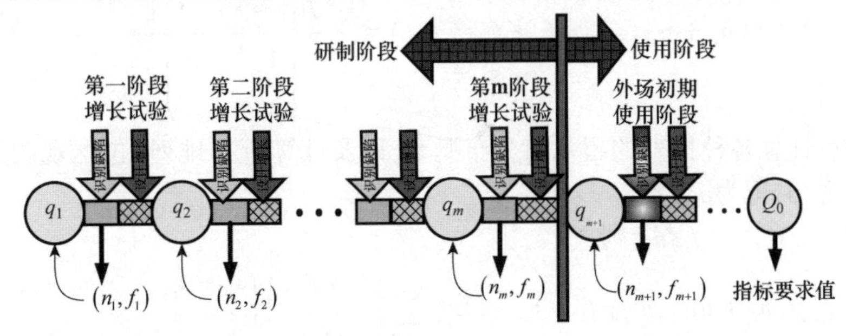

图 2-2　全寿命周期不同阶段测试性增长试验过程示意图

设备在研制阶段共进行了 m 个阶段的测试性增长试验,增长试验的环境和设备的实际工作环境基本相同。设第 i 阶段共注入 n_i 个故障,有 $f_i(0 \leqslant f_i \leqslant n_i)$, $i = 1,2,\cdots,m$ 个故障没有被成功检测/隔离,(n_i, f_i) 最能真实地反映出设备第 i 阶段增长试验前的 FDR/FIR 水平,记为 q_i,其中第 m 个阶段的增长试验是定型阶段的测试性验证试验。m 阶段测试性增长试验后设备投入外场使用(试用),外场统计到的故障检测/隔离成败型数据记为(n_{m+1}, f_{m+1}),其 FDR/FIR 水平统一记为 q_{m+1}。假设测试性增长试验的效果是良好的,存在如下序化关系:

$$0 \leqslant q_1 \leqslant q_2 \leqslant \cdots \leqslant q_m \leqslant q_{m+1} \leqslant 1 \tag{2-61}$$

式(2-61) 称为顺序约束模型。

2.4.3.2 Fisher 检验

要想正确利用研制阶段增长试验数据,必须对得到的不同阶段增长试验的成败型数据进行趋势检验,检验增长试验数据是否符合序化关系式(2-61)。对相邻阶段的 q_i 和 q_{i+1},建立如下统计对立假设:

$$H_0: q_i = q_{i+1} \leftrightarrow H_1: q_i \neq q_{i+1}$$

首先采用 Fisher 检验方法,检验两阶段试验数据是否存在连带关系,在存在连带关系的基础上,确定是否存在增长趋势。将两阶段试验结果排成 2 × 2 列联表,如表 2-9 所示。

表 2-9　相邻两阶段 FDR/FIR 成败型数据的 2 × 2 列联表

	阶段 i	阶段 $i+1$	总计
检测/隔离失败次数	f_i	f_{i+1}	$f_i + f_{i+1}$
检测/隔离成功次数	s_i	s_{i+1}	$s_i + s_{i+1}$
总计	n_i	n_{i+1}	$n_i + n_{i+1}$

在 $f_i + f_{i+1}, s_i + s_{i+1}, n_i + n_{i+1}, n_i, n_{i+1}$ 均不变的前提下,先计算列联表的超几何分布概率

$$p(n_i + n_{i+1}, n_{i+1}; f_i + f_{i+1}, f_{i+1}) = \frac{\dbinom{f_i + f_{i+1}}{f_{i+1}}\dbinom{s_i + s_{i+1}}{s_{i+1}}}{\dbinom{n_i + n_{i+1}}{n_{i+1}}} \tag{2-62}$$

然后计算各种排列的超几何分布概率,以及计算所有排列(包括观测结果)的概率之和,记为 P。

若 $f_{i+1}/n_{i+1} < f_i/n_i$,则

$$P = \sum_{x=0}^{f_{i+1}} p(n_i + n_{i+1}, n_{i+1}; f_i + f_{i+1}, x) = \sum_{x=0}^{f_{i+1}} \binom{f_i + f_{i+1}}{x}\binom{s_i + s_{i+1}}{n_{i+1} - x} \bigg/ \binom{n_i + n_{i+1}}{n_{i+1}} \tag{2-63}$$

若 $f_{i+1}/n_{i+1} > f_i/n_i$,则

$$P = \sum_{x=0}^{f_i} p(n_i + n_{i+1}, n_i; f_i + f_{i+1}, x) = \sum_{x=0}^{f_i} \binom{f_i + f_{i+1}}{x}\binom{s_i + s_{i+1}}{n_i - x} \bigg/ \binom{n_i + n_{i+1}}{n_i} \tag{2-64}$$

对给定的显著性水平 α（工程上一般取 $\alpha \leqslant 0.2$，若在工程上已经表明设备 FDR/FIR 确有增长，则 α 可取 0.3、0.4 甚至更高）。若 $P > \alpha$，则两阶段 FDR/FIR 不存在变量间任何连带的证据，即接受 H_0；若 $P \leqslant \alpha$，则拒绝 H_0，认为两阶段 FDR/FIR 间存在显著的连带关系。在存在显著连带关系的基础上，若 $f_{i+1}/n_{i+1} < f_i/n_i$，认为从阶段 i 到阶段 $i+1$FDR/FIR 有显著增长，准备将其用于 FDR/FIR 的 Bayes 综合评估；若 $f_{i+1}/n_{i+1} > f_i/n_i$，则认为从阶段 i 到阶段 $i+1$FDR/FIR 有显著退化。

2.4.3.3　案例应用

以 FDR 的综合评估为例。假设对某设备在研制阶段共进行了三个阶段的测试性增长试验，各试验阶段的成败型数据分别为：(5,5)、(7,4) 和 (10,2)。外场使用初期共统计到 12 次报警，经维修确认共发生 12 次故障，即 $(n_4, f_4) = (12,0)$。

利用 Fisher 检验对阶段间 FDR 进行增长检验。取显著性水平 $\alpha_0 = 0.2$，由式 (2-62) 得第一阶段试验到第二阶段试验的检验量 $P_1 \approx 0.156 < 0.2$，第二阶段试验到第三阶段试验的检验量 $P_2 = 0.145 < 0.2$，第三阶段试验到外场统计试验的检验量 $P_3 = 0.195 < 0.2$，表明在研制阶段存在 FDR 增长，满足顺序约束模型，可利用增长试验数据进行 q_4 的综合评估，进而给出评估结论。

2.5　测试性增长时效性分析

测试性增长的目的是使装备的测试性指标达到设计要求值。按照田仲研究员给出的测试性增长概念[1,2]，只要对发现的测试性设计缺陷进行了设计改进，并验证了改进手段的有效性，装备的测试性就得到了提高，就实现了测试性增长。从理论上讲，测试性增长贯穿于装备设计、生产与使用全过程的各个阶段。但是由于测试性设计缺陷的多样性，各阶段所进行的测试性增长在时效性方面又有所不同。

装备设计、生产与使用全过程包括方案设计阶段、样机研制阶段、整机生产阶段、整机使用阶段。虽然从字面上看这些阶段是相互割裂，具有明确先后顺序的，但是从装备缺陷发现和识别的角度出发，这些阶段却是相互联系，甚至反复迭代的。例如装备在样机研制过程中发现了方案设计上的缺陷，就必须对设计方案进行修改；再例如装备在使用过程中发现了致命性设计缺陷，则需要对装备进行有针对性的重新设计与研制。为了阐述的方便，后面仍然按照上述方式对装备设计、生产与使用全过程进行划分，不同的是，由于生产阶段存在的影响因素可以尽量在研制阶段消除，本章将样机研制阶段和整机生产阶段合称为研制生产阶段。测试性增长试验要经历“试验 → 分析 → 改进 → 再试验” 不断往复的过程,图 2-3 所示为增长试验流程图。

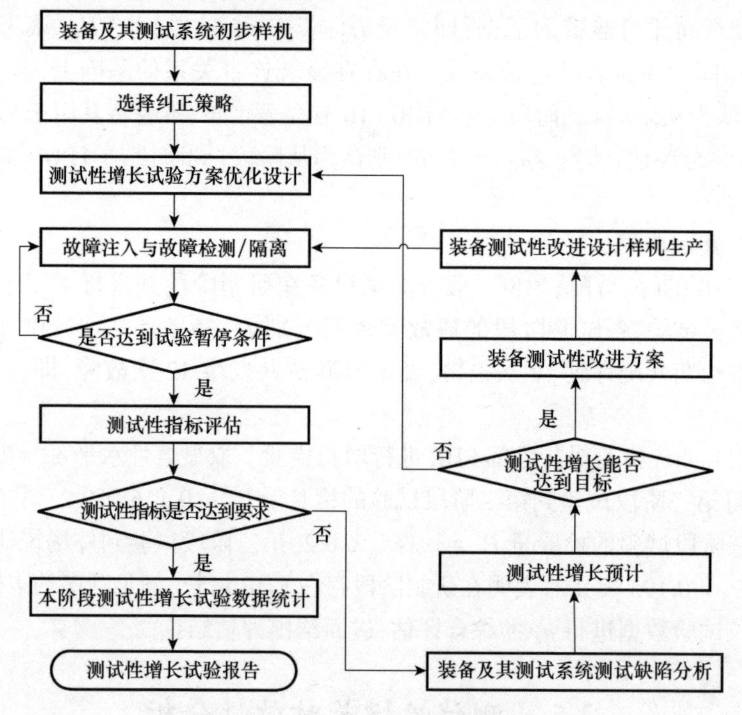

图 2-3　测试性增长试验详细流程

设备在全寿命周期各个阶段测试性增长试验开展的时效性不同,测试性水平在不同阶段的提高程度也不一样。下面进行详细论述。

2.5.1　方案设计阶段

测试性方案设计主要是制定符合设备实际的测试性设计和故障检测诊断方案,能够有针对性的指导试验的开展,从而实现预定的测试性水平设计要求。合适的方案计划需要得到仔细的论证。论证一般分为两个步骤:一是考虑设备整体设计,提出系统级的目标和方案;二是从优化目标考虑,以各类约束为条件,合理配置各类资源,从而达到最优试验结果。由于设计人员水平限制和外部复杂环境影响,致使设计方案中存在较多未知因素和缺陷,从而使设备实际测试性水平低于目标值。这些未知因素和缺陷主要包括:一是在测试性指标分配时考虑较为简单,忽略了系统的复杂性和实际情况,导致分配不合理;二是测试性指标虽已分配,却忽略了反馈核对的步骤,导致分配不准确;三是测试性建模存在主观性,对未知因素考虑不全面;四是目前测试性建模主要采取考虑理想测试条件下的建模,忽略了故障模式类别分析不全、故障 - 测试之间的对应关系错误等因素。

虽然在方案设计阶段可以纠正的测试性设计缺陷数量有限,但仍需要按照计划实施测试性增长。该阶段的数据主要有历史数据、专家和设计人员经验和同类设备数据以及FMEA信息等。这一阶段实施测试性增长虽具有较好的时效性,但由于存在较多未知不确定因素,导致测试性水平增长不明显。

2.5.2　研制生产阶段

设备样机研制阶段的测试性设计缺陷有以下几点:一是上一阶段未能识别和解决的未知不确定因素;二是设备制造和装配工艺缺陷等因素导致的测试性设计问题;三是方案更改后引入的新的未知因素。

在设备研制阶段需要通过大量的试验才能较为充分地暴露出各类设计缺陷。影响该阶段测试性增长效果的因素包括:试验经费以及测试性试验安排是否合理。只要能够科学合理的做好规划,在该阶段开展测试性增长试验具有很好的时效性,测试性水平往往能有较大幅度的提升。

2.5.3　使用维护阶段

经历了前两个阶段的设计改进后,设备的测试性水平已有较大幅度提高,但是仍存在着未预料的测试性设计缺陷。这些缺陷在前两个阶段一般较难发现,只有通过实际使用(试用)才能暴露出来。这一阶段的测试性设计缺陷主要包括:一是方案设计和样机研制阶段未能成功识别及纠正的设计缺陷;二是设备工作环境变化导致的一系列测试问题。实际上,测试性增长的过程就是逐渐发现并排除这些非完美因素,使非完美测试向完美测试过渡的过程。只要能发现故障 - 测试关联关系上的定性及定量关系错误或不足,对发现的测试性设计缺陷有针对性地加以纠正,提高已有测试对故障的检测能力或者增加测点个数,就可以提高某些特定故障的故障检测概率,从而提高整个系统的测试性水平,最终实现测试性增长。

2.6　测试性增长数学模型作用

2.6.1　测试性增长试验规划

测试性增长试验规划一般于增长试验之前开始,通常以预定的测试性水平为目标,整合各类影响因素作为约束条件,制定符合设备实际的试验方案,使测试性增长试验整个过程达到最优。测试性增长试验规划包括:确定测试性增长试验起始点、设定测试性增长试验目标、规划测试性水平增长速度以及合理配置试验资源等。

试验规划是一类数学优化问题,一般用理想测试性增长试验曲线反映,试验曲线即能在数学意义上表现测试性增长过程中测试性水平的变化趋势和走向的曲线。理想情况下,测试性增长试验曲线主要包括:凸函数型、凸函数型以及S型,如图2-4所示。

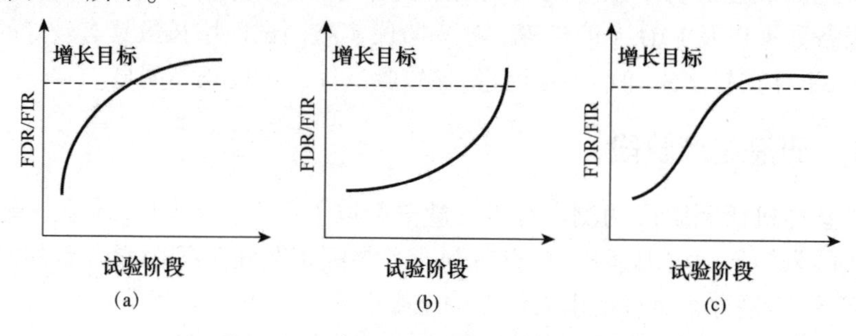

图2-4　理想测试性增长试验规划曲线
(a)凸函数型　(b)凹函数型　(c)S型

图2-5为理想测试性增长试验曲线与实际增长试验曲线的关系,从图中可以看出理想测试性增长试验曲线是连续的光滑曲线,这只是数学意义上的测试性增长过程;由于在不采取纠正措施的情况下测试性水平不会发生变化,所以实际的测试性增长试验曲线由离散的点构成,为保证曲线表现得更直观易懂些,一般将离散点延伸表示为线段,各线段之间呈阶梯状变化。虽然理想测试性增长试验曲线与实际测试性增长试验曲线在表现形式上不同,但都能很好地描述测试性水平变化规律,意义相同。

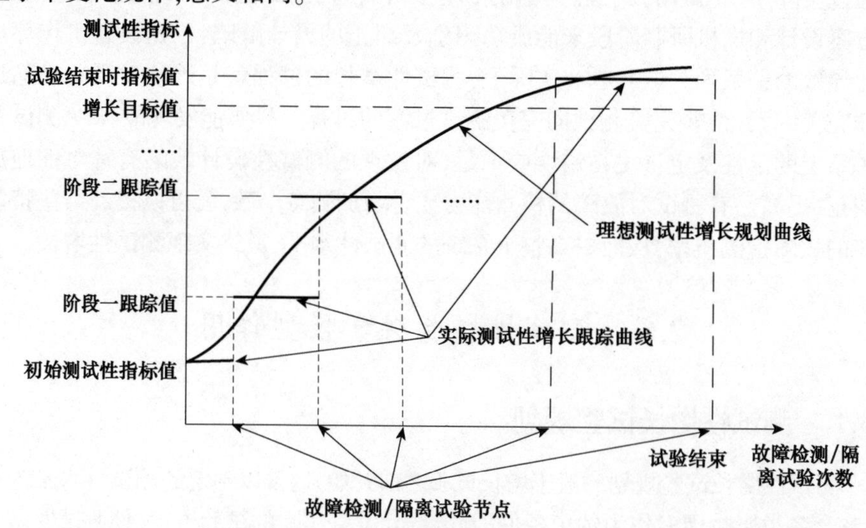

图2-5　实际测试性增长跟踪曲线

2.6.2　测试性增长试验跟踪

测试性增长试验的每个阶段都需要开展阶段性的评价工作,评价结果用于指导测试性增长试验方案的改进,这时就需要绘制测试性增长试验跟踪曲线来反映各个时刻和阶段的测试性水平。图 2-6 反映了测试性增长试验跟踪曲线和理想测试性增长曲线。

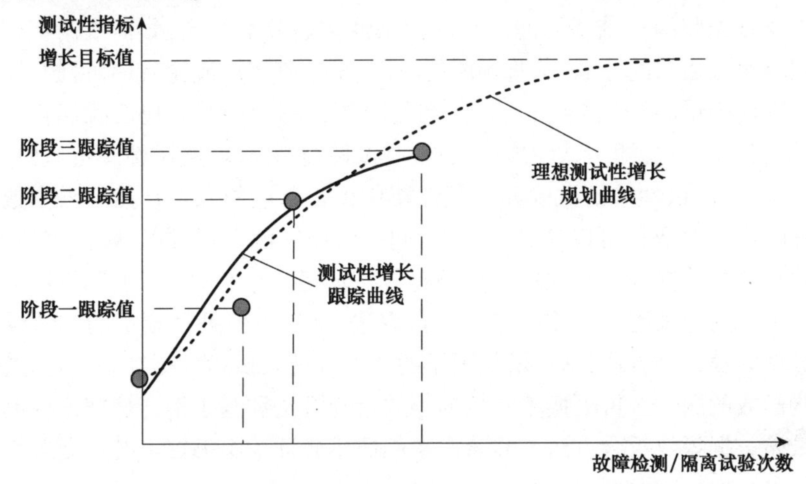

图 2-6 测试性增长跟踪曲线

2.6.3 测试性增长试验预计

测试性增长试验预计即是根据历史和当前测试性指标水平对设备未来测试性水平变化趋势的预测。测试性增长试验预计建立在测试性增长跟踪结果基础之上,将预计的测试性水平与当前增长试验条件和情况进行对比,判断能否完成测试性指标的预期目标,进而对试验过程的各类因素采取更新设计,从而科学合理指导和控制测试性增长试验开展。图2-7所示反映了测试性增长预计曲线、测试性增长跟踪曲线和理想测试性增长曲线的变化趋势。

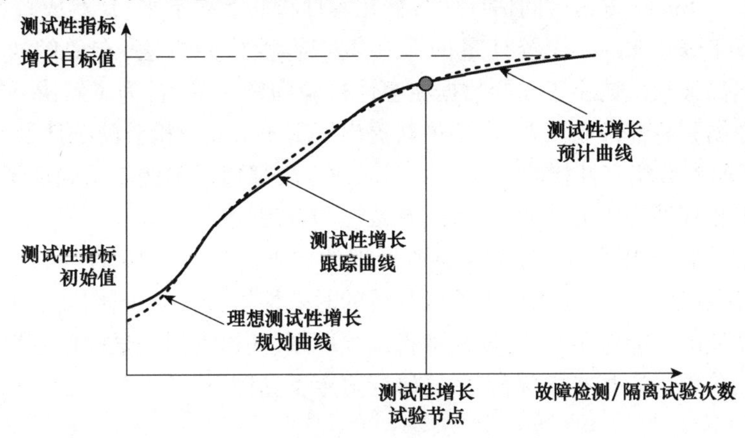

图 2-7 测试性增长预计曲线

2.7 本章小结

本章首先归纳总结了目前已有的测试性试验分类方式,分别依据于试验手段和试验对象之间的关系、试验场所的不同、试验基于的理论、试验目的,以及在全寿命周期内试验开展的时机、目的和要求等,在此基础上,提出我们自己的测试性试验分类方式,即测试性预计试验、测试性虚拟试验、测试性测定试验、测试性增长试验、测试性验证试验和测试性使用评价试验等六类。然后根据数据的来源和时序点对数据可以划分为四类:同一阶段同源数据、同一阶段多源数据、不同阶段同源数据、不同阶段多源数据,分别研究提出了针对以上四类数据的基于权重因子的专家测试性数据等效折合方法、基于近似处理模型的测试性摸底试验数据等效折合方法、基于增长因子的测试性增长试验数据等效折合方法、基于结构函数的测试性可更换单元数据等效折合方法和基于信息熵理论的测试性虚拟试验数据等效折合方法。并通过案例使用验证了本书提出的数据等效折合方法的可行性、有效性和合理性。

为确保多源先验信息下测试性指标评估结果的准确性,需要保证参与评估的先验数据和现场试验信息的一致性。因此,要通过相容性检验来验证每个来源的先验信息与现场试验数据的一致性。然而,在实际应用中,先验数据和现场试验数据不可能来自完全一致的总体。因此,相容性检验往往是验证在一定的置信水平约束下两个样本总体的重合情况。本章首先提出了基于 Bayes 置信区间估计的数据相容性检验方法,针对该部分研究内容,首先确定了 FDR/FIR 的先验分布为 $\mathrm{Beta}(p;a,b)$ 分布,a、b 为其超参数,然后给出了基于经验 Bayes 方法的先验分布参数确定和基于最大熵方法的先验分布参数确定方法,在此基础上,给出了基于 Bayes 置信区间估计的数据相容性检验。接下来,针对成败型数据,提出了基于修正 Pearson 统计量的非参数相容性检验方法,有效解决了故障检测/隔离失败次数小于 5 的数据相容性检验问题。最后,为了解决“小子样”成败型数据相容性检验问题,本章创新提出了基于 Fisher 检验的统计量的“小子样”数据非参数相容性检验方法。以上三种方法都通过案例使用验证了本章提出的数据相容性检验方法的可行性、有效性和合理性。

本章最后给出了测试性增长试验开展的详细流程,对测试性增长试验在方案设计、研制生产以及使用维护阶段开展的时效性进行了分析,阐述了测试性增长数学模型的功能作用,即测试性增长试验规划、测试性增长试验跟踪以及测试性增长试验预计的基本概念,为后续研究奠定了基础。

第3章　及时修正下测试性增长跟踪与预计模型建模技术

3.1　引言

目前多数诊断设备不论设计得多么仔细、认真，都会存在测试性设计缺陷（Testability Design Limitation，TDL），如未预料的故障模式、测试空缺、容差阈值设置不合理、故障诊断方法不完善等。因此需要有一个识别缺陷、实施修正，以达到规定的诊断水平的时间周期，即开展测试性增长工作。测试性增长模型（Testability Growth Model，TGM）是跟踪并预计设备测试性水平增长过程的数学模型，是设备测试性增长分析过程的核心要素。测试性增长跟踪是利用已有试验数据评估设备当前所具有的测试性水平，而测试性增长预计是综合当前设备测试性增长能力，对后续阶段的测试性增长潜力进行预计。为了更加方便有效地实现测试性增长跟踪与预计，需要建立测试性增长参数化学习曲线时间函数模型。测试性增长参数化学习曲线时间函数模型利用若干参数描述设备的测试性指标变化趋势，基于该模型可以方便地绘制测试性增长跟踪与预计曲线。系统测试性增长跟踪与预计模型能够描述在设备的整个寿命周期过程中测试性设计水平如FDR/FIR随时间的变化规律，是跟踪与预测测试性设计水平的有效工具，建立测试性增长跟踪与预计模型的关键是能准确掌握测试性增长变化规律，进而选用合适的参数化模型，基于已有试验数据或先验信息对模型参数进行辨识，实现测试性增长跟踪与预计。在设备的全寿命周期阶段，测试性增长模型能够有效地规划和控制测试等试验资源并且能够有效保证测试性设计水平的增长，大量文献研究也表明了测试性增长试验的重要性，但目前尚缺乏关于测试性增长建模系统深入的研究。

测试性增长试验是消耗性试验，在开展测试性增长试验过程中消耗的人力、物力、财力统称为测试性增长效能。定义测试性增长效能随测试性增长试验开展而变化的时间历程为测试性增长效能函数，测试性增长跟踪与预计函数曲线的形状很大程度上取决于测试性增长效能函数曲线的形状。基于此，本章重点构建连续型测试性增长跟踪与预计模型，针对测试性增长试验过程变化复杂，非

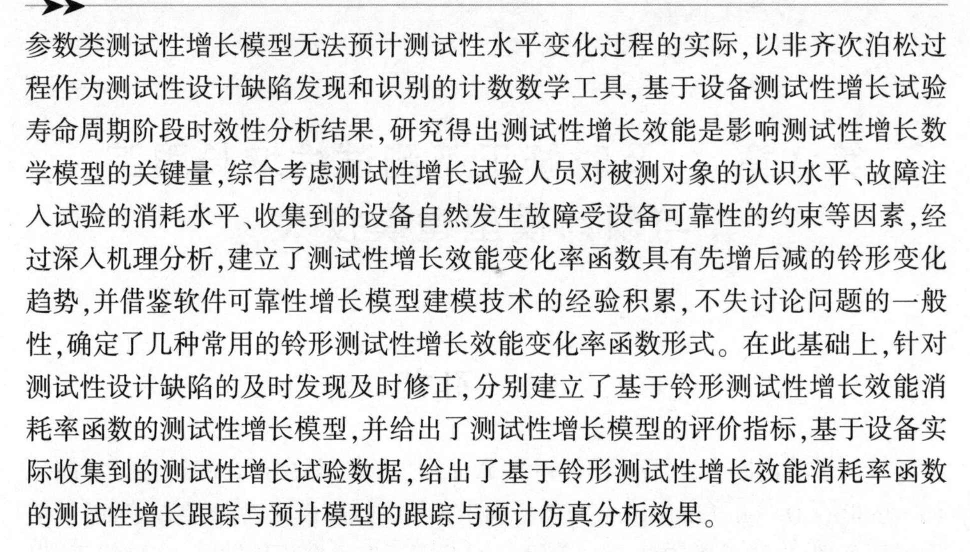

参数类测试性增长模型无法预计测试性水平变化过程的实际，以非齐次泊松过程作为测试性设计缺陷发现和识别的计数数学工具，基于设备测试性增长试验寿命周期阶段时效性分析结果，研究得出测试性增长效能是影响测试性增长数学模型的关键量，综合考虑测试性增长试验人员对被测对象的认识水平、故障注入试验的消耗水平、收集到的设备自然发生故障受设备可靠性的约束等因素，经过深入机理分析，建立了测试性增长效能变化率函数具有先增后减的铃形变化趋势，并借鉴软件可靠性增长模型建模技术的经验积累，不失讨论问题的一般性，确定了几种常用的铃形测试性增长效能变化率函数形式。在此基础上，针对测试性设计缺陷的及时发现及时修正，分别建立了基于铃形测试性增长效能消耗率函数的测试性增长模型，并给出了测试性增长模型的评价指标，基于设备实际收集到的测试性增长试验数据，给出了基于铃形测试性增长效能消耗率函数的测试性增长跟踪与预计模型的跟踪与预计仿真分析效果。

3.2 测试性增长效能消耗机理与函数形式建模

测试性增长试验的根本目的是逐个识别测试性设计缺陷，改进测试性设计，进而修正该测试性设计缺陷，以实现测试性设计水平的增长。由第 2 章测试性增长试验时效性分析结果可知，基于故障注入的测试性增长试验是最有效的发现测试性设计缺陷的方式手段，即必须使被测对象处于故障状态才能检验测试性设计是否存在缺陷，进而能否有效改正该缺陷。本小节综合考虑测试性设计水平、测试性增长能力、设计者的改进能力、设计者对系统的熟悉程度、增长试验的随机性等多个因素，研究测试性增长效能随时间的变化规律，其中测试性增长效能用故障注入次数或收集到的设备自然发生的故障次数来定量化表示，研究建立测试性增长效能随时间的演化规律机理模型并确定其函数形式。

3.2.1 测试性设计缺陷识别与修正过程描述

在测试性增长试验开展的工程实际中，发现测试性设计缺陷必须让被测对象处于故障状态，要想让被测对象处于故障状态可以通过故障注入也可以让被测对象处于故障自然发生的状态。在故障状态下，测试性设计开始识别测试性设计缺陷并深入分析产生测试性设计缺陷的原因，进而改进测试性设计缺陷实现测试性设计水平的提高。本章使用剩余测试性设计缺陷数量来衡量系统测试性设计水平的高低，测试性设计缺陷数越多说明系统测试性设计水平越低，实现测试性增长就是要逐个发现识别并移除测试性设计缺陷。考虑到故障注入或故障发生、测试性设计缺陷发现识别、测试性设计缺陷改进过程的随机性，测试性增长试验过程可以用泊松过程进行计数,如图3-1所示。

图3-1所示的测试性增长试验包括五个步骤:① 注入故障或收集设备自然发生的故障;② 进行故障检测与隔离;③ 识别测试性设计缺陷;④ 改进设计修正测试性设计缺陷;⑤ 验证测试性增长试验之后对故障的检测与隔离能力。

在步骤①中,$\{f_1, f_2, \cdots, f_M\}$ 为被测对象的故障模式集合,可通过FMEA获取得到,其故障模式数量记为 M,随着测试性增长试验的进行,故障注入或收集自然发生故障对应的时间序列记为 $\{t_1, t_2, \cdots, t_M\}$。

在步骤②中,当系统测试性设计在 $\{t_1, t_2, \cdots, t_M\}$ 中的任意时刻检验到被测对象处于故障状态时,便启动故障检测/故障隔离机制,若该故障被成功检测并隔离,则证明系统测试性设计针对该故障是有效的,否则若该故障没有被成功检测并隔离,即系统测试性设计对该故障不能有效的检测并隔离,即发现了一个测试性设计缺陷。如图3-1中所示的 f_1 和 f_4 两个故障就不能被正确检测并隔离,相应的可识别出系统测试性设计针对这两个故障存在两个测试性设计缺陷,分别记为 TDL_1 和 TDL_2。随着测试性增长试验的进行,越来越多的测试性设计缺陷被发现和识别,因此步骤③描述了被识别出的测试性设计缺陷的计数过程。

在步骤④中,测试性设计者分析测试性设计缺陷产生的根本原因,并尽最大努力修正测试性设计缺陷。但是,由于设计者对系统的熟悉程度不一样,并不是所有的识别出来的测试性设计缺陷都能被有效修正。如在步骤③中,TDL_j 经过设计改进后仍然不能被有效地修正。因此所有识别出来但不能被正确修正的测试性设计缺陷构成了步骤④。然而,在实际的测试性增长试验中,我们往往更关心的是已经识别并改进的测试性设计缺陷个数的平均值。

与步骤②相比,步骤⑤给出了测试性增长试验后故障检测与隔离能力的提高。

3.2.2 测试性增长效能函数消耗机理

研究表明,故障注入使被测对象处于故障状态进而来检验设备测试性设计水平是目前最有效的发现测试性设计缺陷的手段,同时,故障注入次数可以很科学地量化测试性增长试验累计消耗的测试性增长效能。基于此,本书以故障注入次数或收集到的自然发生的故障次数来表征累计消耗的测试性增长效能,记为 $W(t)$。同时,定义累计测试性增长效能函数随时间的变化率为测试性增长效能函数,记为 $w(t)$。

通常,对于测试性增长来说,设备的全寿命周期分为三个阶段:设计阶段、研制阶段、验证与使用(试用)维护阶段,如图3-2所示。通过前面的分析可以知道开展测试性增长最有效和最可信的是研制阶段和验证与使用(试用)维护阶段,

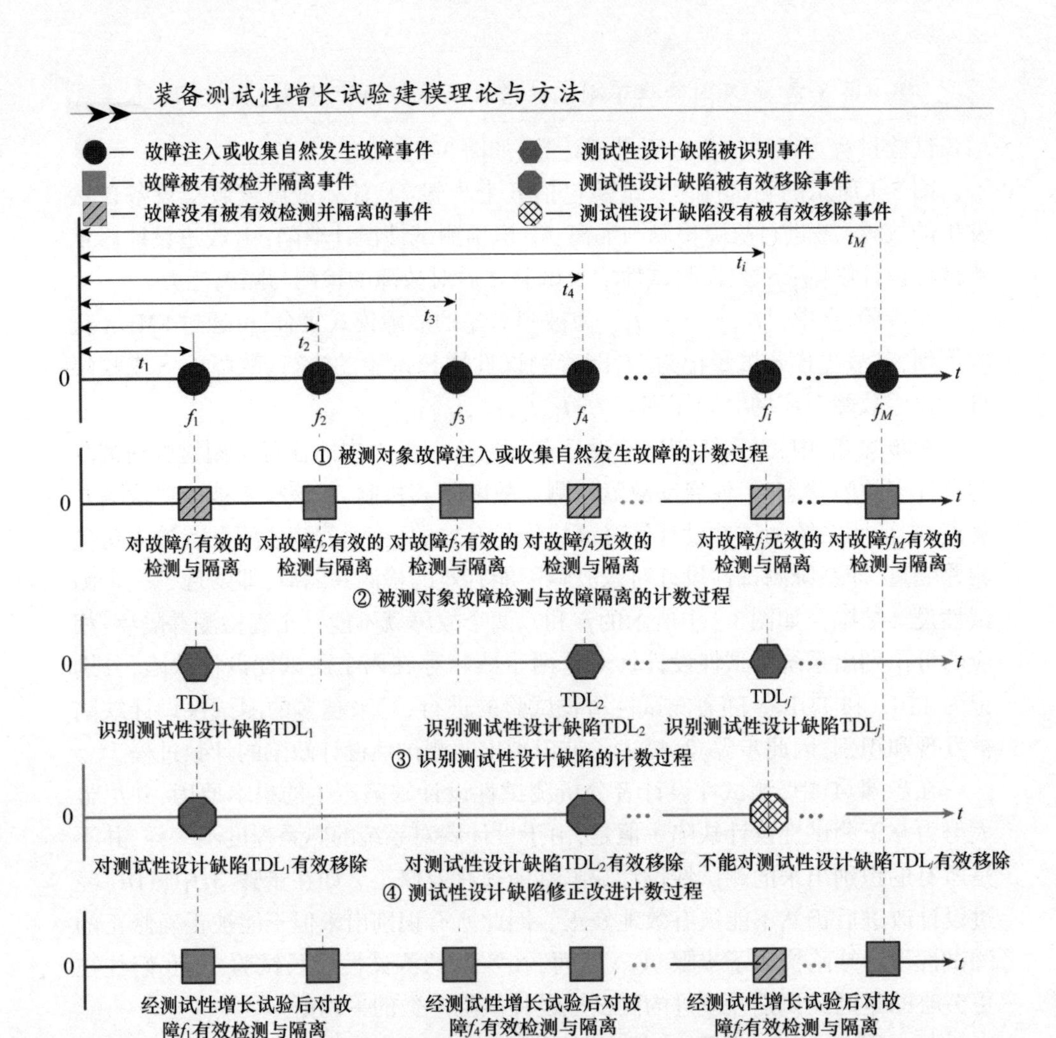

图 3-1　开展测试性增长试验的过程示意图

在这两个阶段可以通过注入故障或者收集设备自然发生的故障来发现测试性设计缺陷,进而采取措施改进测试性设计消除测试性设计缺陷,实现测试性增长。在工程实际上,注入或收集的故障越多,发现识别的测试性设计缺陷越多,测试性增长速率越快。然而,故障注入是有损性甚至是破坏性试验,同时在设备的高可靠性要求下,受研制周期及研制费用约束,注入大量故障或收集足够自然发生的故障数据是不现实的。

为了更准确并合理的描述测试性增长效能消耗的机理,我们需要研究在试验费用和试验周期的约束下在研制阶段需要且能注入的故障次数以及在试用阶段需要且能收集到的设备自然发生的故障次数,也就是研究测试性增长效能的消耗机理,结合图 3-2 对测试性增长试验中涉及的关键变量的内涵及定义进行说明。

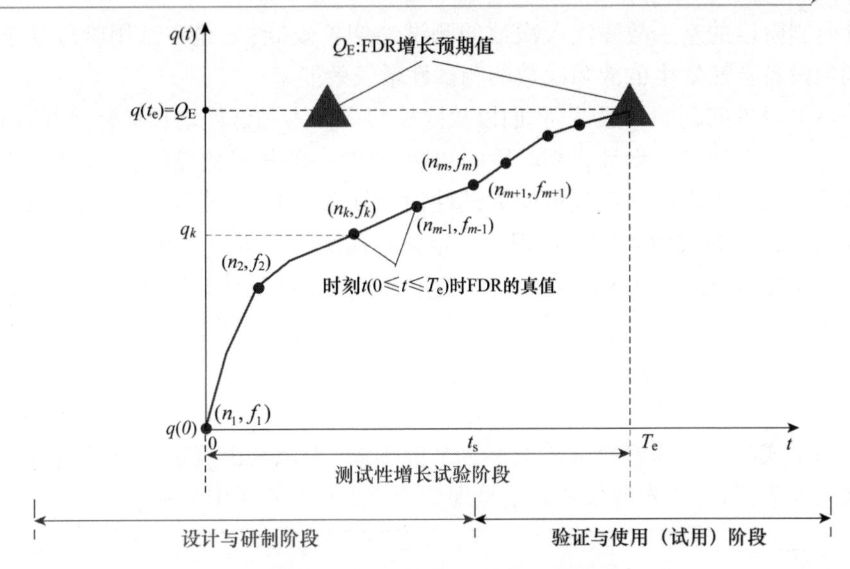

图 3-2　设备测试性增长示意图

一般情况下,测试性增长试验时间用增长试验阶段来表示,结合图 3-2 给出描述测试性增长效能变化率函数的假设条件。

(1) 本书主要关注设备测试性增长建模理论与方法,因此,假设测试性增长试验开始时间为 0,测试性增长试验的时间区间是$[0,t_e]$,主要包括了设计改进阶段$[0,t_s]$和试用阶段$[t_s,t_e]$。

(2) 在设计与研制阶段共开展了 m 次基于故障注入的延缓纠正的测试性增长试验,并假设 N_{DD} 为设计研制阶段能够注入的最大故障次数。在第 $k(1 \leqslant k \leqslant m)$ 次增长试验阶段,通过故障注入可以得到以(n_k, f_k)表示的增长试验数据,其中 n_k 为第 k 增长试验阶段注入的故障次数,f_k 为第 k 增长试验阶段发现识别出的测试性设计缺陷数量。

(3) 经过在设计与研制阶段共 m 个阶段的测试性增长试验之后,系统被投入到使用维护阶段,在使用维护阶段开展的测试性增长试验阶段数记为 m_s,而在这一阶段能够收集到的自然发生的故障次数最大值记为 N_s。在使用维护阶段同样可以收集到一些数据(n_j, f_j),$m < j \leqslant m_s$ 作为测试性增长试验数据,其中 n_j 为第 j 个使用维护阶段收集到的设备自然发生的故障个数,f_j 为第 j 个使用维护阶段发现识别的测试性设计缺陷数量。

(4) 随着测试性增长试验阶段的推进,q_i,$1 \leqslant i \leqslant m_s$ 是第 i 阶段故障检测率的真值,并且考虑到测试性增长的有效性,有 $q_1 < \cdots < q_i < \cdots < q_{m_s}$,当系统故障检测率达到 Q_E 值时,测试性增长试验停止,Q_E 是测试性增长试验的目标值。

基于以上假设,本书将从两个方面考虑测试性增长效能的消耗模式:一是在设计研制阶段的基于故障注入次数的测试性增长效能；二是在试用阶段基于收集到的设备自然发生的故障次数的测试性增长效能。

不失讨论问题的一般性，我们以故障检测率作为测试性增长指标，记故障检测率为q_k。在测试性设计研制阶段的初期，FDR 一般相对比较低，只要注入少量的故障就可以识别出一定数量的测试性设计缺陷。相反，若 FDR 水平越高，就需要注入较多的故障才能发现识别一定数量的测试性设计缺陷。基于此，在设计与研制阶段，建立 FDR 与故障注入次数以及测试性设计缺陷之间的数学关系模型为

$$q_k = \frac{n_k - f_k}{n_k}, 1 \leqslant k \leqslant m \tag{3-1}$$

基于式(3-1)，随着故障检测率水平的提高，为识别出规定数量的测试性设计缺陷个数，需要注入的故障数量呈现如图 3-3 所示的变化关系。

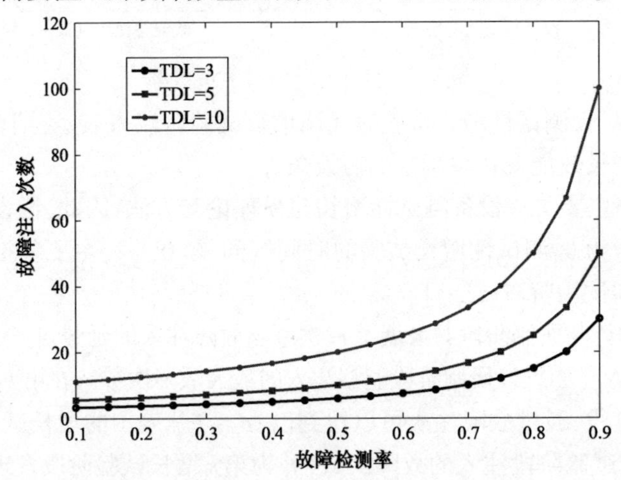

图 3-3　固定测试性设计缺陷数量下需注入的故障次数随测试性设计水平的变化关系

分析图 3-3 中的数据可知，在识别固定数量的测试性设计缺陷前提下，随着 FDR 水平的提高，需要注入的故障次数是增加的。同样地在相同的 FDR 水平下，需要发现识别的测试性设计缺陷数量越多，需要注入的故障数量也应越多，即在设计研制阶段，基于故障注入次数来表征测试性增长效能变化率函数会呈现如图 3-3 所示的变化趋势。

在使用维护阶段，通过收集设备自然发生的故障来发现测试性设计缺陷也是一种有效的手段。在工程实际中，在使用维护阶段初期，设备处于磨合状态，能收集到的故障相对较多。随着设备磨合期过后，其可靠性比较稳定，同时考虑到现代设备对可靠性要求越来越高，受试验周期的限制，能收集到的自然发生的故障次数会下降。也就是说，在试用或使用阶段，用设备自然发生的故障次数来

表征测试性增长效能变化率函数会呈现如图 3-4 所示的变化趋势。

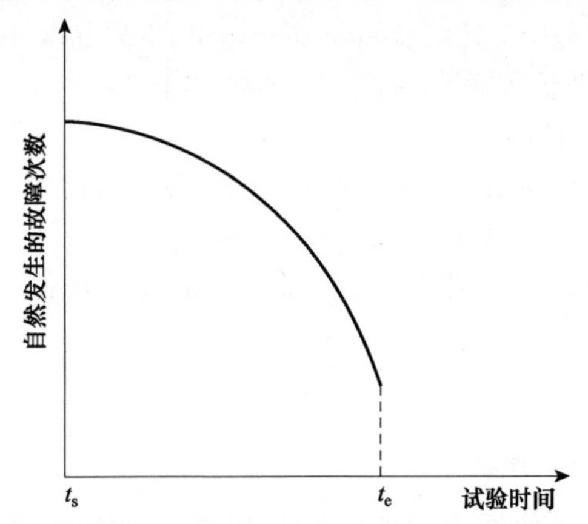

图 3-4　试用或使用阶段测试性增长效能变化率函数形状示意图

综合以上两个增长试验阶段测试性增长效能变化率的变化趋势分析,开展基于故障注入和收集设备自然发生的故障的测试性增长效能变化率函数 $w(t)$ 呈现先增后减的变化趋势。基于这一先增后减的变化特征,这种变化趋势的测试性增长效能函数随时间变化的曲线形状示意图如图 3-5 所示。

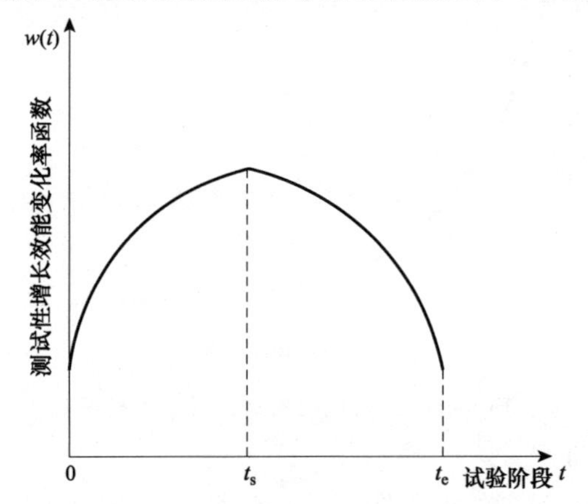

图 3-5　铃形测试性增长效能变化率函数曲线示意图

图 3-5 所示为一个铃形曲线的示意图,而更具体的具有铃形变化趋势的测试性增长效能变化率函数的解析表达式需要基于收集到的具体的测试性增长试验数据进行拟合来确定。

3.2.3　确定测试性增长效能消耗率函数

实际的测试性增长效能数据代表着不同的消耗模式,有时通过一个铃形函数是很难准确描述测试性增长效能函数消耗模式。基于上述分析,借鉴软件可靠性增长建模领域增长效能函数消耗率函数形式，本节主要选用 Exponential 曲线、Rayleigh 曲线、Logistic 曲线、Delayed-shaped 曲线、Inflected S-shaped 等曲线形式来建模测试性增长效能消耗率函数，具体如下。

(1) Exponential 曲线。

以时间 t 为自变量的 Exponential 曲线的函数表达式为

$$W_E(t) = N_1[1 - \exp(-\beta_1 t)] \tag{3-2}$$

式(3-2) 对 t 求导数得到基于 Exponential 曲线的测试性增长效能消耗率函数为

$$w_E(t) = N_1\beta_1\exp(-\beta_1 t) \tag{3-3}$$

式中，$W_E(t) = \int_0^t w_E(\tau)\mathrm{d}\tau$。

基于 Exponential 曲线的测试性增长效能消耗率函数随时间的变化，如图 3-6 所示。

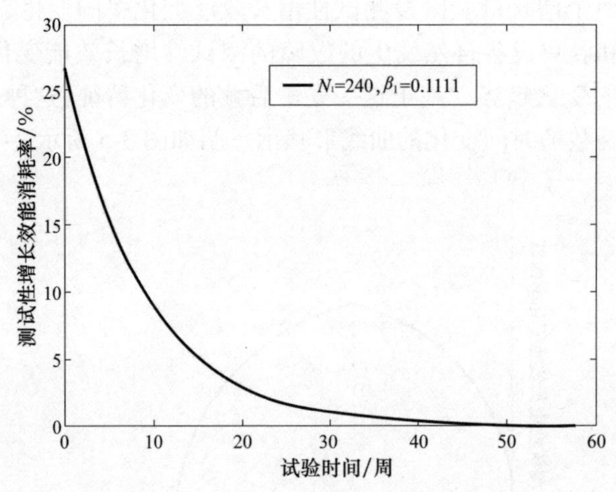

图 3-6　基于 Exponential 曲线的测试性增长效能消耗率函数曲线

(2) Rayleigh 曲线。

另一种 Weibull 类型的分布是 Rayleigh 曲线，以时间 t 为自变量的 Rayleigh 曲线的函数表达式为

$$W_R(t) = N_2\left[1 - \exp\left(\frac{-\beta_2}{2}t^2\right)\right] \tag{3-4}$$

式(3.4) 对 t 求导数得到基于 Rayleigh 曲线的测试性增长效能消耗率函数为

$$w_R(t) = N_2\beta_2 t\exp\left(-\frac{\beta_2}{2}t^2\right) \tag{3-5}$$

式中，$W_R(t) = \int_0^t w_R(\tau)\mathrm{d}\tau$。

基于 Rayleigh 曲线的测试性增长效能消耗率函数随时间的变化，如图 3-7 所示。

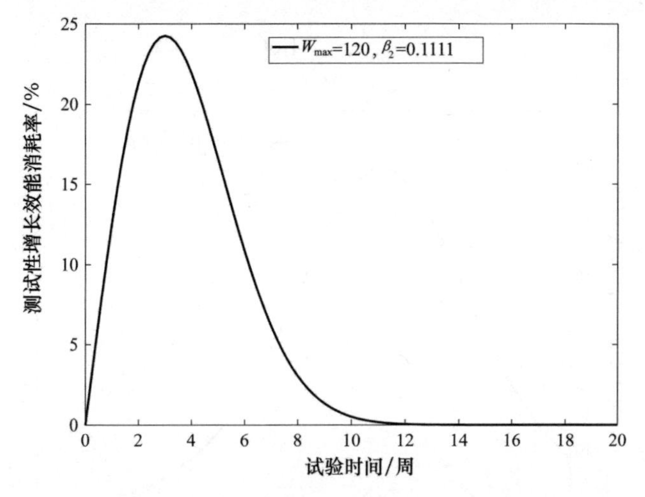

图 3-7　基于 Rayleigh 曲线的测试性增长效能消耗率函数曲线

由图 3-7 可知，基于 Rayleigh 曲线的测试性增长效能消耗率函数 $w_R(t)$ 是一个光滑的铃形曲线，且在以下时间达到最大值：

$$t_{\max} = \frac{1}{\beta_2} \tag{3-6}$$

(3) Logistic 型测试性增长效能函数。

Logistic 型测试性增长效能最早被 F.N.Parr 提出来用于软件可靠性增长建模，与 Rayleigh 曲线表现出相同的变化特性，但在工程早期和 Rayleigh 曲线在变化趋势上略有不同。C.Y.Huang 研究指出在软件可靠性增长过程中，Logistic 测试效能函数能够代替 Weibull 类型的曲线来描述测试增长效能的消耗模式。在 Yourdon 1978—1980 年的项目调研中发现，Logistic 曲线相对可以比较准确的描述测试效能消耗规律。

以时间 t 为自变量的 Logistic 曲线的函数表达式为

$$W_L(t) = \frac{N_3}{1 + A\exp(-\beta_3 t)} \tag{3-7}$$

式(3-7) 对 t 求导数得到基于 Logistic 曲线的测试性增长效能消耗率函数为

$$w_L(t) = \frac{N_3 A\beta_3 \exp(-\beta_3 t)}{[1 + A\exp(-\beta_3 t)]^2} \tag{3-8}$$

式中，$W_L(t) = \int_0^t w_L(\tau)\mathrm{d}\tau$。

基于 Logistic 曲线的测试性增长效能消耗率函数随时间的变化，如图 3-8 所示。由图 3-8 可知,基于 Logistic 曲线的测试性增长效能消耗率函数 $w_{\mathrm{L}}(t)$ 是一个光滑的铃形曲线,且在以下时间达到最大值:

$$t_{\max} = \frac{1}{\beta_3}\ln A \tag{3-9}$$

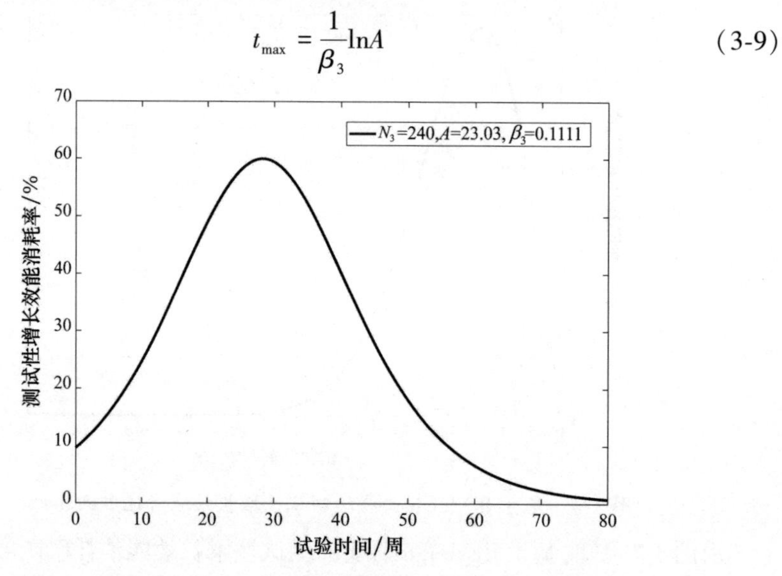

图 3-8　基于 Logistic 曲线的测试性增长效能消耗率函数曲线

(4)Delayed S-haped 曲线。

M.Ohba 等研究指出在软件可靠性增长建模中测试效能函数服从 S-shaped 分布,S-shaped 分布通常包括两种形式:Delayed S-shaped 曲线和 Inflected S-shaped 曲线。

以时间 t 为自变量的 Delayed S-shaped 曲线的函数表达式为

$$W_{\mathrm{DS}}(t) = N_4[1 - (1 + \beta_4 t)\exp(-\beta_4 t)] \tag{3-10}$$

式(3-10) 对 t 求导数得到基于 Delayed S-shaped 曲线的测试性增长效能消耗率函数为

$$w_{\mathrm{DS}}(t) = N_4\beta_4^2 t\exp(-\beta_4 t) \tag{3-11}$$

式中,$W_{\mathrm{DS}}(t) = \int_0^t w_{\mathrm{DS}}(\tau)\mathrm{d}\tau$。

基于 Delayed S-shaped 曲线的测试性增长效能消耗率函数随时间的变化,如图 3-9 所示。

由图 3-9 可知,基于 Delayed S-shaped 曲线的测试性增长效能消耗率函数 $w_{\mathrm{DS}}(t)$ 是一个光滑的铃形曲线,且在以下时间达到最大值:

$$t_{\max} = \frac{1}{\beta_4} \tag{3-12}$$

(5)Inflected S-shaped 曲线。

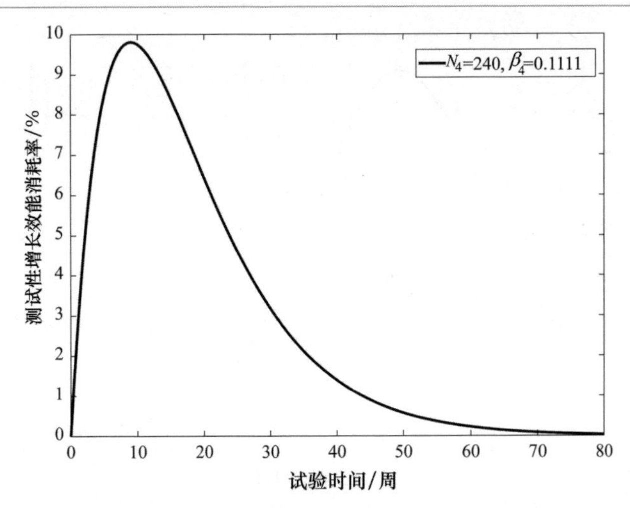

图 3-9　基于 Delayed S-shaped 曲线的测试性增长效能消耗率函数曲线

以时间 t 为自变量的 Inflected S-shaped 曲线的函数表达式为

$$W_{\mathrm{IS}}(t)=N_5\frac{1-\exp(-\beta_5 t)}{1+\varphi\exp(-\beta_5 t)} \tag{3-13}$$

式(3-13)对 t 求导数得到基于 Inflected S-shaped 曲线的测试性增长效能消耗率函数为

$$w_{\mathrm{IS}}(t)=\frac{N_5\beta_5(1+\varphi)\exp(-\beta_5 t)}{[1+\varphi\exp(-\beta_5 t)]^2} \tag{3-14}$$

式中，$W_{\mathrm{IS}}(t)=\int_0^t w_{\mathrm{IS}}(\tau)\mathrm{d}\tau$。

基于 Inflected S-shaped 曲线的测试性增长效能消耗率函数随时间的变化，如图 3-10 所示。

由图 3-10 可知，基于 Inflected S-shaped 曲线的测试性增长效能消耗率函数 $w_{\mathrm{IS}}(t)$ 是一个光滑的铃形曲线，且在以下时间达到最大值：

$$t_{\max}=\frac{1}{\beta_5}\ln\varphi \tag{3-15}$$

3.3　基于铃形测试性增长效能消耗率函数的测试性增长试验跟踪与预计模型建模

3.3.1　测试性增长试验中的非齐次泊松计数过程

测试性增长试验的本质是逐个识别并修正测试性设计缺陷的过程，其测试

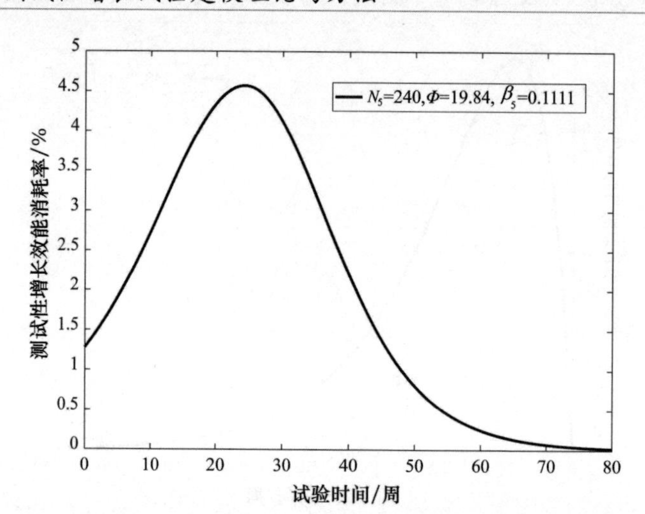

图 3-10 基于 Inflected S-shaped 曲线的测试性增长效能消耗率函数曲线

性设计缺陷的发现识别、修正改进都可以用计数过程来表示,然而基于前文测试性增长效能消耗模式分析,测试性设计缺陷的发现识别能力取决于允许消耗的测试性增长效能。因此,用计数过程来描述测试性设计缺陷的发现识别过程服从非齐次泊松过程。

设 $N(t)$ 是一个非负的整数且是一个依赖于时间的非降的函数,用来描述到时间 t 正确识别并修正的测试性设计缺陷数量。如果 $s < t$,则 $N(s) - N(t)$ 是指在时间区间 (s,t) 内有效识别并修正的测试性设计缺陷数量。

基于"两个或更多个故障同时发生的概率很小"这一假设,计数过程 $N(t)$ 具有如下性质:

(1) $N(0) = 0$;

(2) 计数过程增量是独立的;

(3) $\lim\limits_{h \to 0} P[N(t+h) - N(t) = 1] = \lambda(t)h + o(h)$;

(4) $\lim\limits_{h \to 0} P[N(t+h) - N(t) \geqslant 2] = o(h)$。

因此,计数过程 $\{N(t), t \geqslant 0\}$ 是一个参数为 $\lambda(t)$ 的非齐次泊松过程,这里 $\lambda(t)$ 为单位时间内识别并修正的测试性设计缺陷个数 $m_r(t)$ 的变化率。若 $\lambda(t)$ 为常数,则该计数过程称为齐次泊松过程,若 $\lambda(t)$ 是一个随时间变化的量,则该计数过程称为非齐次泊松过程,齐次泊松过程是非齐次泊松过程的一个特例,非齐次泊松过程是齐次泊松过程的扩展。

$m_r(t)$ 为时间段 $(0,t]$ 内正确识别并修正的测试性设计缺陷的平均值,即 $m_r(t) = E[N(t)]$,则

$$m_r(t) = \int_0^t \lambda(u)\,\mathrm{d}u \tag{3-16}$$

即

$$\lambda(t) = m_r'(t) = \lim_{\Delta t \to 0} \frac{E[N(t+\Delta t) - N(t)]}{\Delta t} \tag{3-17}$$

对于任意的$t \geqslant 0, s \geqslant 0, N(t+s) - N(t)$服从参数为$m_r(t+s) - m_r(t)$的泊松分布,因此可得

$$P[N(t+s) - N(t) = n] = \exp\{-[m_r(t+s) - m_r(t)]\} \frac{[m_r(t+s) - m_r(t)]^n}{n!} \tag{3-18}$$

通常,我们可以使用已正确识别修正的测试性设计缺陷或者剩余在系统中的测试性设计缺陷数量来表征测试性设计水平。在这一小节里,用已正确识别修正的测试性设计缺陷数量(如$m_r(t)$)来衡量系统测试性设计水平。$m_r(t)$对于跟踪与预计测试性设计水平的均值和方差至关重要,因此,接下来我们重点分析如何计算$m_r(t)$。

3.3.2　考虑测试性增长效能函数的系统测试性增长试验跟踪与预计模型建模

3.3.2.1　及时修正下测试性增长跟踪与预计模型建模一般框架

系统测试性增长模型描述的是以成功检测与修正的测试性设计缺陷数量($m_r(t)$)与试验时间的数学关系。测试性设计缺陷就是指当注入故障或收集设备自然发生的故障时系统不能正确检测并隔离该故障。测试性增长试验的目的就是识别并修正这些测试性设计缺陷。具体的,在测试性增长试验的实施过程中,一般都包括如图 3-11 所示的四个步骤。

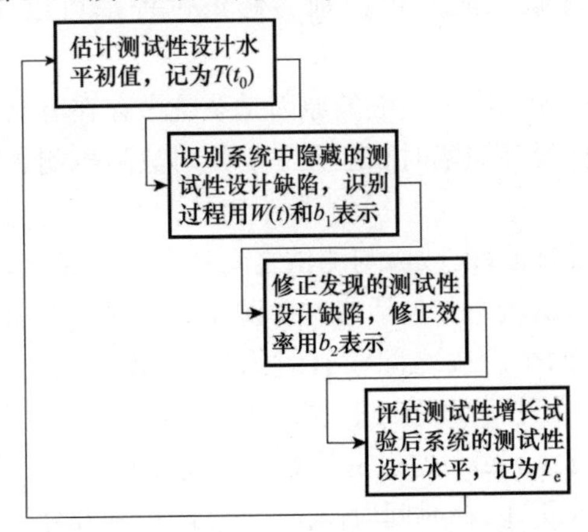

图 3-11　测试性增长试验的一般程序

在图 3-11 中,T_e为测试性设计水平的期望值,在测试性增长的开始阶段就

确定了，但该指标受测试性增长效能的投入不足或者测试性增长试验团队的效率往往是不能达到的。因此，测试性增长试验是一个不断进行“试验 - 识别 - 改进 - 试验”的迭代过程直到测试性设计水平达到 T_e。

$T(t_0)$ 是 t_0 时刻系统测试性设计水平值，其大小需要通过试验数据估计得到，一般情况下 $T(t_0) < T_e$，导致 $T(t_0) < T_e$ 的根本原因就是测试性设计中存在若干测试性设计缺陷。在本书中，我们假设修正测试性设计缺陷主要包括两个阶段。第一个阶段是测试性设计缺陷识别团队通过使被测对象处于故障状态来识别是否有测试性设计缺陷，在这一阶段，大量的测试性增长效能被消耗掉，消耗掉的测试性增长效能表明了测试性设计缺陷被发现识别的效率，同时测试性增长效能可以被建模成不同的曲线。实际上，系统的测试性水平很大程度上取决于用于发现测试性设计缺陷的测试性增长效能的大小，在测试性设计缺陷的发现识别阶段至时间 t 累计用到的测试性增长效能记为 $W(t)$。

测试性增长试验的另一个团队主要包括系统设计师，通过分析识别出的测试性设计缺陷产生原因，并更改测试性设计，主要包括：更改被测对象及自动测试设备的接口、优化 BIT 电路、调试诊断软件与重新编写诊断程序等。修正改进测试性设计缺陷的工作全部在图 3-11 所示的第三步完成，测试性设计缺陷修正率表示为常数 b_2。

最后，所有的测试性增长试验人员评估测试性增长后的水平 $T(t)$，如果 $T(t) \geqslant T_e$，则测试性增长试验可停止，否则继续进行测试性增长试验直到满足 $T(t) \geqslant T_e$。有效的测试性增长试验一定是满足 $T_e \geqslant T(t) > T(t_0)$ 的。

不失讨论问题的一般性，建立系统测试性增长模型一般基于以下假设：

(1) 测试性设计缺陷的发现识别与修正过程都可以用非齐次泊松过程表示；

(2) 导致故障检测/隔离失败的原因是系统中存在有测试性设计缺陷；

(3) 多个测试性设计缺陷时相互独立的且对故障检测/隔离失败的贡献是一样的；

(4) 在测试性设计阶段，故障与测试之间具有一一对应关系；

(5) 测试性增长试验主要包括测试性设计缺陷发现识别与测试性设计缺陷修正两个阶段，且这两个阶段之间没有时间延迟，即发现一个测试性设计缺陷后，分析其原因并对其进行修正改进，同时不会引入新的测试性设计缺陷；

(6) 在时间段 $[t, t+\Delta t]$ 内识别的测试性设计缺陷数和被测对象内隐藏的测试性设计缺陷数成正比，在时间段 $[t, t+\Delta t]$ 内识别并修正的测试性设计缺陷平均数量与被测对象未被改进的测试性设计缺陷数量成正比，这两个比例系数分别表示为 b_1 和 b_2；

(7) 测试性增长效能函数的累计消耗量记为 $W(t)$。

基于以上认识,令 $m_i(t)$ 为在时间段$(0,t]$ 内识别发现的测试性设计缺陷的平均值,$m_r(t)$ 为在时间段$(0,t]$ 内识别出并有效修正的测试性设计缺陷的平均值,基于以上假设,考虑测试性增长效能消耗率函数的系统测试性增长模型可表示为

$$\frac{\mathrm{d}m_i(t)}{\mathrm{d}t} \times \frac{1}{w(t)} = b_1[a - m_i(t)] \tag{3-19}$$

$$\frac{\mathrm{d}m_r(t)}{\mathrm{d}t} \times \frac{1}{w(t)} = b_2[m_i(t) - m_r(t)] \tag{3-20}$$

这里假设 $b_1 \neq b_2$,在边界条件 $m_i(0) = m_r(0) = 0$ 下,解方程式(3-19) 和式(3-20) 可得

$$m_i(t) = a \times \{1 - \exp[-b_1 W^*(t)]\} \tag{3-21}$$

$$m_r(t) = a \times \left\{1 - \frac{b_1\exp[-b_2 W^*(t)] - b_2\exp[-b_1 W^*(t)]}{b_1 - b_2}\right\} \tag{3-22}$$

$$a_{\text{remaining}} = a - m_r(\infty) = a\frac{b_1\exp[-b_2 W^*(\infty)] - b_2\exp[-b_1 W^*(\infty)]}{b_1 - b_2} \tag{3-23}$$

限于篇幅,本书只讨论 FDR 的增长模型建模方法,FDR 表示测试性设计对被测对象故障检测的能力,也用来表示对被测对象所有故障模式的平均检测能力,因此 FDR 的数学模型为

$$\mathrm{FDR} = \frac{N_{\mathrm{D}}}{M} \tag{3-24}$$

式中,M 为被测对象的所有故障模式数量;N_{D} 为测试性设计能够正确检测的故障模式数量。

基于上述假设(4),可以得到测试性设计能够正确检测到的故障模式数量为

$$N_{\mathrm{D}} = M - a(t) = M - [a - m_r(t)] \tag{3-25}$$

式中,a 为被测对象初始含有的测试性设计缺陷数据,其值的确定需要通过测试性增长试验进行估计得到。

将式(3-25) 代入式(3-24),可以得到

$$q(t) = \frac{M - [a - m_r(t)]}{M} \tag{3-26}$$

将式(3-22) 中关于 $m_r(t)$ 的表达式代入式(3-26),$q(t)$ 可以被重新表述为

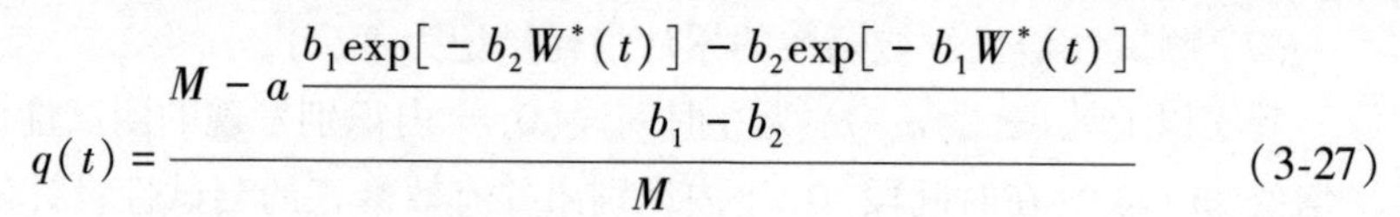

$$q(t)=\frac{M-a\dfrac{b_1\exp[-b_2W^*(t)]-b_2\exp[-b_1W^*(t)]}{b_1-b_2}}{M} \tag{3-27}$$

取决于建立的测试性增长模型的精确度要求,可以使用 $w(t)$ 生成复杂的或简单的故障检测率增长数学解析模型,而 $w(t)$ 表征了在测试性增长试验中测试性增长效能的消耗模式。

式(3-27) 就是考虑测试性增长效能累计消耗函数的系统测试性增长跟踪与预计模型,该模型的建模精度取决于所选用的测试性增长效能消耗率函数对实际测试性增长试验数据的拟合程度。除此之外,式(3-27) 还提供了达到规定的测试性水平需要的时间以及测试性增长试验结束的时间,可以为转阶段决策提供支持。

3.3.2.2 基于铃形测试性增长效能消耗率函数的测试性增长跟踪与预计模型建模

在这一节,本书将用上面提到的五种测试性增长效能消耗率函数分别代入式(3-27) 得到如下系统测试性增长模型。

将式(3-2) 代入式(3-27) 可以得到基于 Exponential 型测试性增长效能函数的系统测试性增长模型为

$$q(t)=\frac{M-a\times\dfrac{b_1\exp[-b_2N_1[1-\exp(-\beta_1t)]]-b_2\exp[-b_1N_1[1-\exp(-\beta_1t)]]}{b_1-b_2}}{M} \tag{3-28}$$

将式(3-4) 代入式(3-27) 得到基于 Rayleigh 测试性增长效能函数的系统测试性增长模型为

$$q(t)=\frac{M-a\times\dfrac{b_1\exp\left[-b_2N_2\left[1-\exp\left(-\dfrac{\beta_2}{2}t^2\right)\right]\right]-b_2\exp\left[-b_1N_2\left[1-\exp\left(-\dfrac{\beta_2}{2}t^2\right)\right]\right]}{b_1-b_2}}{M} \tag{3-29}$$

将式(3-7) 代入式(3-27) 得到基于 Logistic 测试性增长效能函数的系统测试性增长模型为

$$q(t)=\frac{M-a\dfrac{b_1\exp\left[-b_2N_3\left[\dfrac{1}{1+A\exp(-\alpha t)}-\dfrac{1}{1+A}\right]\right]-b_2\exp\left[-b_1N_3\left[\dfrac{1}{1+A\exp(-\alpha t)}-\dfrac{1}{1+A}\right]\right]}{b_1-b_2}}{M} \tag{3-30}$$

将式(3-10)代入到式(3-27)得到基于Delayed S-shaped测试性增长效能函数的系统测试性增长模型为

$$q(t)=\frac{M-a\dfrac{b_1\exp[-b_2N_4[1-(1+\beta_1t)\exp(-\beta_1t)]]-b_2\exp[-b_1N_4[1-(1+\beta_1t)\exp(-\beta_1t)]]}{b_1-b_2}}{M} \tag{3-31}$$

将式(3-13)代入式(3-27)得到基于Inflected S-shaped测试性效能函数的系统测试性增长模型为

$$q(t)=\frac{M-a\dfrac{b_1\exp\left[-b_2N_5\left[\dfrac{1+\exp(-\beta_2t)}{1+\varphi\exp(-\beta_2t)}\right]\right]-b_2\exp\left[-b_1N_5\left[\dfrac{1+\exp(-\beta_2t)}{1+\varphi\exp(-\beta_2t)}\right]\right]}{b_1-b_2}}{M} \tag{3-32}$$

将式(3-2)的$W_E^*(t)$代入式(3-23)可以得到

$$a_{\text{remaining}}=a\frac{b_1\exp[-b_2W_E^*(\infty)]-b_2\exp[-b_1W_E^*(\infty)]}{b_1-b_2}\approx a\frac{b_1\exp[-b_2N_1]-b_2\exp[-b_1N_1]}{b_1-b_2} \tag{3-33}$$

将式(3-4)中的$W_R^*(t)$代入式(3-23)可以得到

$$a_{\text{remaining}}=a\frac{b_1\exp[-b_2W_R^*(\infty)]-b_2\exp[-b_1W_R^*(\infty)]}{b_1-b_2}\approx a\frac{b_1\exp[-b_2N_2]-b_2\exp[-b_1N_2]}{b_1-b_2} \tag{3-34}$$

将式(3-7)的$W_R^*(t)$代入式(3-23)可以得到

$$a_{\text{remaining}}=a\frac{b_1\exp[-b_2W_R^*(\infty)]-b_2\exp[-b_1W_R^*(\infty)]}{b_1-b_2}\approx a\frac{b_1\exp\left[\dfrac{-b_2N_3}{1+A}\right]-b_2\exp\left[\dfrac{-b_1N_3}{1+A}\right]}{b_1-b_2} \tag{3-35}$$

将式(3-10)中的$W_{DS}^*(t)$代入式(3-23)可以得到

$$a_{\text{remaining}} = a\frac{b_1\exp[-b_2W_{\text{DS}}^*(\infty)] - b_2\exp[-b_1W_{\text{DS}}^*(\infty)]}{b_1 - b_2} \approx a\frac{b_1\exp[-b_2N_4] - b_2\exp[-b_1N_4]}{b_1 - b_2} \tag{3-36}$$

将式(3-13)中的 $W_{\text{IS}}^*(t)$ 代入式(3-23)可以得到

$$a_{\text{remaining}} = a\frac{b_1\exp[-b_2W_{\text{IS}}^*(\infty)] - b_2\exp[-b_1W_{\text{IS}}^*(\infty)]}{b_1 - b_2} \approx a\frac{b_1\exp[-b_2N_5] - b_2\exp[-b_1N_5]}{b_1 - b_2} \tag{3-37}$$

基于以上介绍的五种铃形测试性增长效能消耗率曲线，测试性增长效能函数的瞬时消耗率呈现铃形变化，如图3-6 ~ 图3-10所示，最终会下降到一个固定值，因为在测试性增长试验过程中，受试验周期和试验费用的约束，投入的用于发现测试性设计缺陷的测试性增长效能是固定的。如式(3-33) ~ 式(3-37)所示，并不是所有的固有的测试性设计缺陷都能被修正。有的甚至在很长的测试性增长试验阶段也不能被发现并修正。因为在测试性增长试验阶段投入的测试性增长效能的最大值为 $W_{\max}$，而这个假设是非常合理的。因为受试验费用和试验周期的限制，没有任何一个测试性设计团队愿意消耗无限的资源来开展测试性增长试验。

3.3.2.3 测试性增长模型参数估计

为了使建立的系统测试性增长能更好地拟合实际的测试性增长过程，需要利用实际收集到的测试性增长试验数据对测试性增长模型的参数进行估计。目前常用的两种参数方法有最小二乘方法和极大似然方法。极大似然方法通过求解一组齐次微分方程组实现参数估计。最小二乘方法通过使预测值与实际值方差最小优化求解得到参数估计值，为了避免极大似然方法涉及到的高维齐次微分方程组求解问题，在这一小节，使用最小二乘方法来估计以上测试性增长效能函数中的未知参数，在得到测试性增长效能函数的参数估计值后，再使用一次最小二乘得到式(3-21)和式(3-22)中参数 a、b_1、b_2 的估计结果。

限于本书的篇幅，这是只给出基于最小二乘的如式(3-2)所示的Exponential测试性增长效能函数的参数估计过程，同时式(3-21)中的 a、b_1 和式(3-22)中的 b_2 也通过最小二乘方法估计得出。用于估计的最小二乘方程 $S_{\text{E}}(N_1,\beta_1)$、$S_{M_c}(a,b_1)$ 和 $S_{M_r}(m_c,b_2)$ 分别为

$$\text{Minimize}\quad S_{\text{E}}(N_1,\beta_1) = \sum_{k=1}^{n}[W_{\text{E}k} - W_{\text{E}}(t_k)]^2 \tag{3-38}$$

$$\text{Minimize}\quad S_{M_c}(a,b_1) = \sum_{k=1}^{n}[M_{\text{C}k} - M_{\text{C}}(t_k)]^2 \tag{3-39}$$

$$\text{Minimize}\quad S_{M_r}(m_c,b_2)=\sum_{k=1}^{n}[m_{rk}-m_r(t_k)]^2 \tag{3-40}$$

使 S_E、S_{M_i}、S_{M_c} 分别对 (N_1,β_1)、(a,b_1) 和 (m_i,b_2) 求偏微分并使其都等于零，就可以求解得到非线性最小二乘下的参数最优估计结果，为简单起见，考虑一般的 Exponential 测试性增长效能函数。

使 S_E 对 N_1 求偏导数可得

$$\frac{\partial S_E}{\partial N_1}=\sum_{k=1}^{n}-2\{W_{Ek}-N_1[1-\exp(-\beta_1 k)]\}[1-\exp(-\beta_1 k)]=0 \tag{3-41}$$

因此，通过对上面方程求解就可以得到 N_1 的最小二乘估计结果为

$$N_1=\frac{\sum_{k=2}^{n}W_k[1-\exp(-\beta_1 k)]}{\sum_{k=2}^{n}\{[1-\exp(-\beta_1 k)]\}^2} \tag{3-42}$$

接下来，使 S_E 对 β_1 求偏导数可得

$$\frac{\partial S_E}{\partial \beta_1}=\sum_{k=1}^{n}-2N_1 k\{W_k-N_1[1-\exp(-\beta_1 k)]\}\exp(-\beta_1 k)=0 \tag{3-43}$$

将式(3-42)所求得的 N_1 的估计结果代入式(3-43)，解该偏微分方程可得 β_1 的最小二乘估计结果。

同理，基于最小二乘参数估计方法，可得到式(3-4)中 Rayleigh 测试性增长效能函数的未知参数 N_2、β_2，式(3-7)中 logistic 测试性增长效能函数的未知参数 N_3、A、β_3，式(3-10)中 Delayed S-shaped 测试性增长效能函数的未知参数 N_4、β_4 和式(3-13)中 Inflected S-shaped 测试性增长效能函数的未知参数 N_5、β_5。

3.3.3 案例验证

3.3.3.1 数据描述

为验证上面建立的基于五种铃形测试性增长效能函数的系统测试性增长模型的有效性，项目组以某型稳定跟踪为对象，开展了充分的测试性增长试验，获得的测试性增长试验数据列于表 3-1 中。对该稳定跟踪平台进行 FMEA 分析得到其具有 350 个电路板级功能故障模式。其中共开展了为期共 24 周的测试性增长试验，在设计研制阶段通过 1553B 总线、ARINC429 总线、CAN 总线以及 RS232/422 等故障注入设备共注入了 203 个功能电路板级故障。经测试性设计分析发现了 72 个测试性设计缺陷，这一阶段持续了 12 周，另外就是在设备的使用阶段，经过 12 周的设备使用，共收集自然发生的功能电路板级故障 110 个，经测试性设计分析发现的测试性设计缺陷个数为 14 个。

表 3-1　某稳定跟踪平台测试性增长试验数据

试验时间/周	累计消耗的测试性增长效能(故障次数)/次	累计识别的测试性设计缺陷数量/个	累计修正的测试性设计缺陷数量/个	试验时间/周	累计消耗的测试性增长效能(故障次数)/次	累计识别的测试性设计缺陷数量/个	累计修正的测试性设计缺陷数量/个
1	4	3	2	13	223	74	48
2	9	6	4	14	241	76	49
3	16	11	7	15	256	77	50
4	25	17	11	16	268	79	51
5	38	25	16	17	278	80	52
6	55	33	21	18	286	80	52
7	74	41	27	19	294	82	53
8	95	50	33	20	301	83	54
9	119	57	37	21	306	84	54
10	145	63	41	22	310	85	55
11	173	68	44	23	312	85	55
12	203	72	46	24	313	86	55

3.3.3.2　测试性增长跟踪与预计模型的评价指标

在本书中,我们将采用以下三个评价指标来评价所建立的系统测试性增长跟踪与预计模型。

(1) 精度评价指标。

在工程实际中,常用相对误差(AE)来表征跟踪与预计精度,AE 定义为

$$\mathrm{AE} = \left| \frac{m_{\mathrm{i}} - a}{m_{\mathrm{i}}} \right| \tag{3-44}$$

式中,m_{i} 为经过测试性增长试验后累计识别出来的测试性设计缺陷总数,可以通过测试性增长试验数据统计分析得到;a 为预估的在测试性增长试验开始之初被测对象中包含的设计缺陷个数。

(2) 拟合效果评价指标。

为了定量地评价系统测试性增长跟踪与预计模型的长期预测效果,MSE 可以有效衡量实际值与预测值之间的差距,因此,本书采用 MSE 来表征系统测试性增长模型在拟合效果方面的评价指标,具体 MSE 的定义为

$$\mathrm{MSE} = \frac{\sum_{i=1}^{n} [m_{\mathrm{r}}(t_{\mathrm{i}}) - m_{\mathrm{ri}}]^2}{n} \tag{3-45}$$

MSE 取值越小,说明系统测试性增长模型具有更好的拟合能力。

(3) 预测性能评价指标。

基于现在或以前得到的试验数据来预测被测对象未来的测试性变化趋势的能力称为系统测试性增长模型预测性能。Musa 提出使用 RE 来表征模型预测性能,其中 RE 的计算公式如下:

$$\mathrm{RE}=\frac{m_{\mathrm{r}}(t_{\mathrm{a}})-e}{e} \tag{3-46}$$

式中,e 为至时间 t_e 累计识别并修正的测试性设计缺陷数量,用到 t_a($t_a \leqslant t_e$ 时刻的累计识别并修正的测试性设计缺陷数来表征 $m_r(t)$。RE 越接近于 0,说明所建立的系统测试性增长模型预测性能越好。

3.3.3.3　系统测试性增长模型性能分析

在这一节,基于表 3-1 所列某稳定跟踪平台测试性增长试验数据,建立基于铃形增长效能函数的测试性增长模型,并评价所建模型在评估、拟合以及预测方面的性能。

基于最小二乘估计算法,利用表 3-1 试验数据估计得到 Exponential 测试性增长效能函数的两个未知参数值为:$N_1=2592.7$、$\beta_1=0.0060$,同理可得 Rayleigh 测试性增长效能函数的未知参数为:$N_2=329.57$、$\beta_2=0.0123$,Logistic 测试性增长效能函数的未知参数为:$N_3=311.18$、$A=39.36$、$\beta_3=0.3524$,Delayed S-shaped 测试性增长效能函数的未知参数为:$N_4=406.06$、$\beta_4=0.1313$,Inflected S-shaped 测试性增长效能函数的未知参数为:$N_5=314.44$、$\varphi=27.09$、$\beta_5=0.3232$。为了相对更清楚地说明所建立的五种铃形测试性增长效能消耗率函数拟合实际测试性增长试验数据的能力,图 3-12 和图 3-13 给出了具体的函数变化趋势。同理,图 3-14 和图 3-15 给出了以上五种增长效能函数拟合得到的累计消耗的测试性增长效能与实际试验数据的拟合效果。

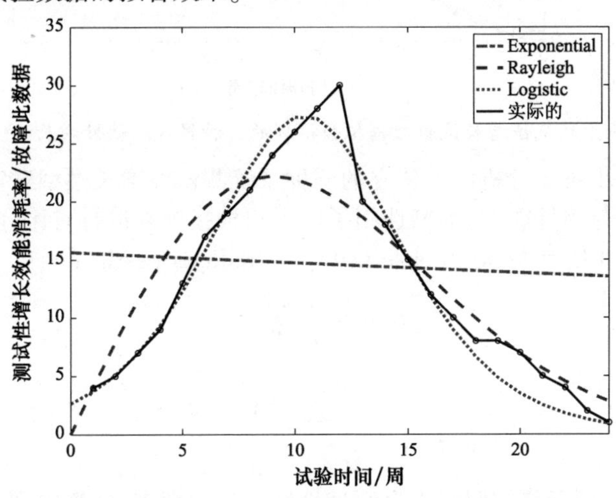

图 3-12　基于测试性增长试验数据拟合得到的三种测试性增长效能消耗率函数曲线

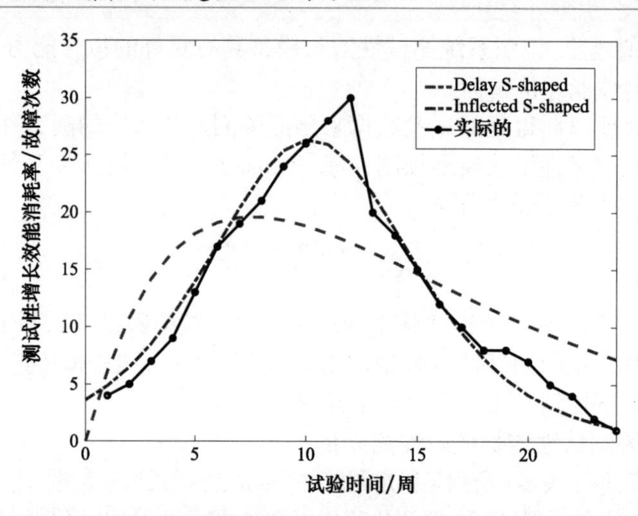

图 3-13　基于测试性增长试验数据拟合得到的另两种测试性增长效能消耗率函数曲线

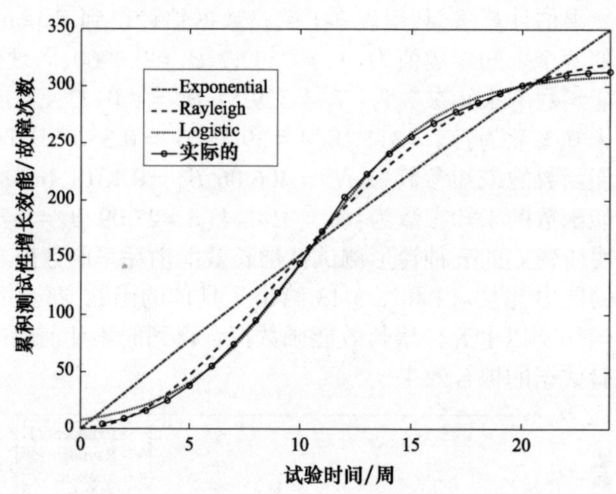

图 3-14　基于测试性增长试验数据拟合得到的三种累计测试性增长效能函数曲线

为了进一步对比分析以上建立的五种系统测试性增长模型对实际设备测试性增长的跟踪与预计能力，本书选用了以下三种指标来进行对比分析：

$$\mathrm{PE}_i = \mathrm{Actural(observed)}_i - \mathrm{Predicted(estimated)}_i \tag{3-47}$$

$$\mathrm{Bias} = \frac{1}{n}\sum_{i=1}^{n}\mathrm{PE}_i \tag{3-48}$$

$$\mathrm{Variation} = \sqrt{\frac{\sum_{i=1}^{n}(\mathrm{PE}_i - \mathrm{Bias})^2}{n-1}} \tag{3-49}$$

基于表 3-1 所示稳定跟踪平台测试性增长试验数据，计算得到以上五种系统测试性增长模型的 PE、Bias 和 Variation 值列于表 3-2 中。

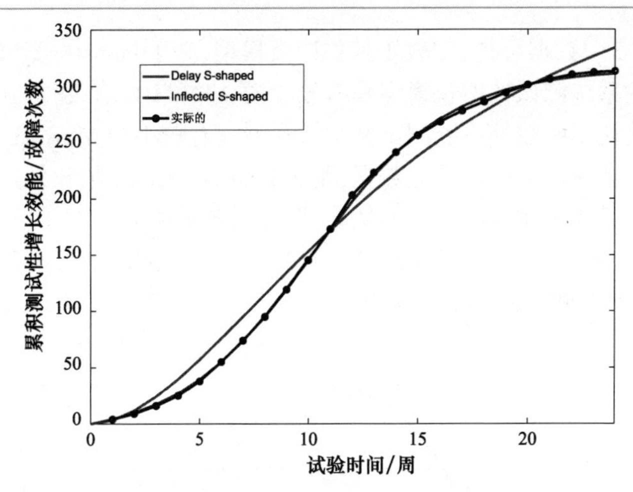

图 3-15　基于测试性增长试验数据拟合得到的另两种累计测试性增长效能函数曲线

表 3-2　5 种测试性增长效能消耗率函数对稳定跟踪平台测试性增长试验数据的拟合效果

TGEF	Bias	Variation	PE(试验结束时刻)
Exponential TGEF	4.26	25.55	34.71
Rayleigh TGEF	1.27	7.07	7.03
logistic TGEF	0.70	3.78	- 4.40
Delayed S-shaped TGEF	2.73	13.86	20.91
inflected S-shaped TGEF	0.18	2.28	- 2.29

分析表 3-2 数据可知，相比较其他四种测试性增长模型，基于 Inflected S-shaped 测试性增长效能消耗率函数的系统测试性增长模型具有更小的 PE、Bias 和 Variation 值，因此 Inflected S-shaped 能够更好地拟合稳定跟踪平台测试性增长试验数据，图 3-12 与图 3-15 同样说明了这一结论。

表 3-3 给出了基于最小二乘法估计得到的五种系统测试性增长模型参数的估计结果。同时以上五种系统测试性增长模型在跟踪、预计、拟合方面的效果也列于表 3-3 中，以上三方面的效果可以通过 AE、RE 和 MSE 来表征。

表 3-3　5 种系统测试性增长模型参数估计值及模型评价指标值

STGMs	a	b_1	b_2	AE/%	MSE	RE
EX-STGM	114.39	0.0046	0.0090	33.1	—*	0.3156
RA-STGM	95.60	0.0068	0.0076	11.16	83.91	0.1623
LO-STGM	87.35	0.0096	0.0070	1.57	85.51	0.1063
DS-STGM	101.30	0.0059	0.0080	17.79	90.09	0.2213
IS-STGM	90.66	0.0081	0.0071	5.42	86.13	0.1226

分析表3-3中数据可得，相较于其他四类模型，基于Logistic测试性增长效能消耗率函数的系统测试性增长模型具有较小的AE和RE值，基于Rayleigh测试性增长效能消耗率函数的系统测试性增长模型具有较小的MSE值。因此，针对该稳定跟踪平台测试性增长试验数据，基于Logistic测试性增长效能消耗率函数的系统测试性增长模型具有更好的拟合、跟踪与预计能力。

图3-16 ~ 图3-20给出了以上建立的五种系统测试性增长跟踪与预计模型的相对误差(RE)随时间的变化关系。

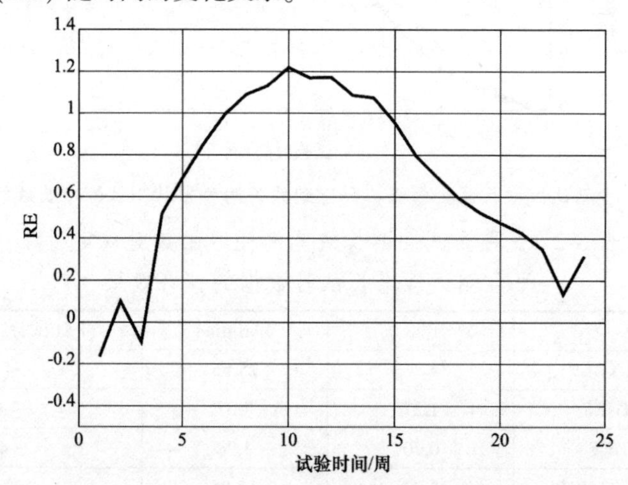

图3-16 EX-STGM跟踪与预计相对误差(RE)随时间变化关系

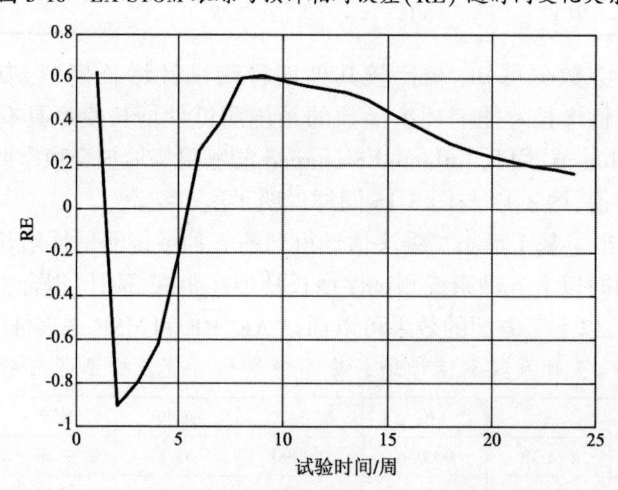

图3-17 RA-STGM跟踪与预计相对误差(RE)随时间变化关系

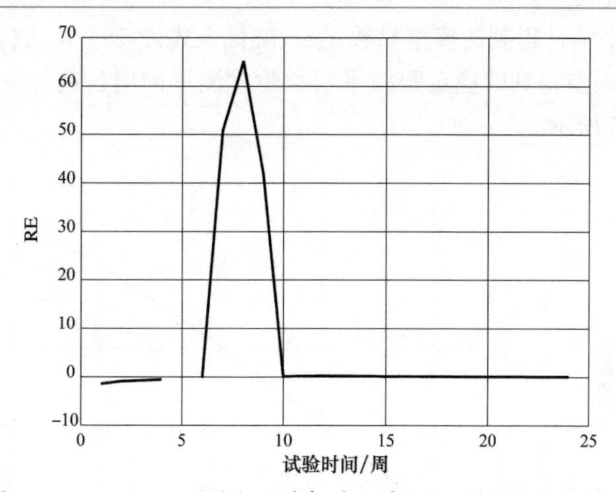

图 3-18　LO-STGM 跟踪与预计相对误差(RE) 随时间变化关系

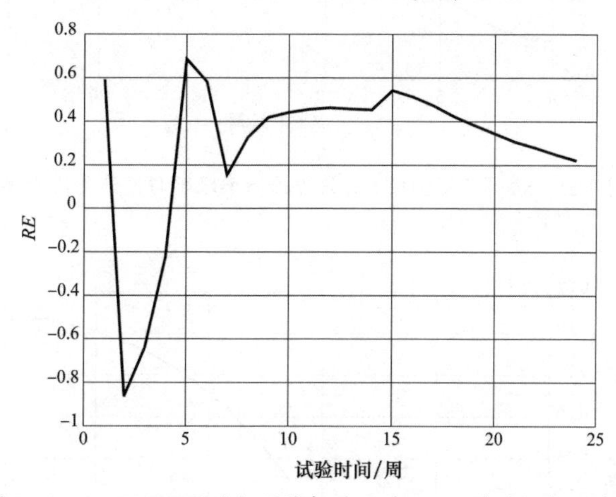

图 3-19　DS-STGM 跟踪与预计相对误差(RE) 随时间变化关系

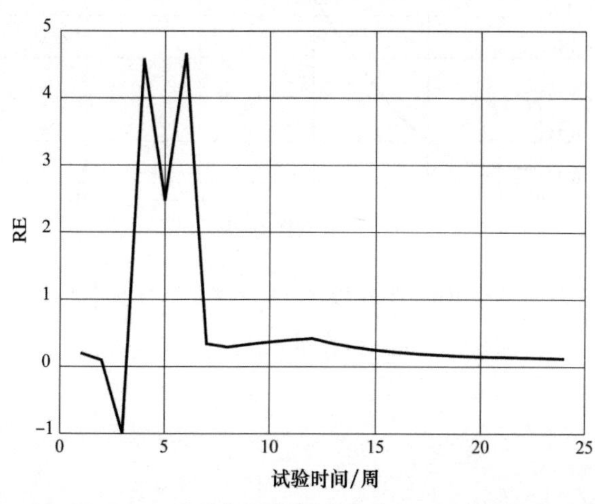

图 3-20　IS-STGM 跟踪与预计相对误差(RE) 随时间变化关系

将表3-3中估计得到的模型参数a、b_1、b_2代入式(3-28)～式(3-32)，可得到基于以上五种模型得到的稳定跟踪平台故障检测率的增长趋势变化曲线，如图3-21～图3-25所示。

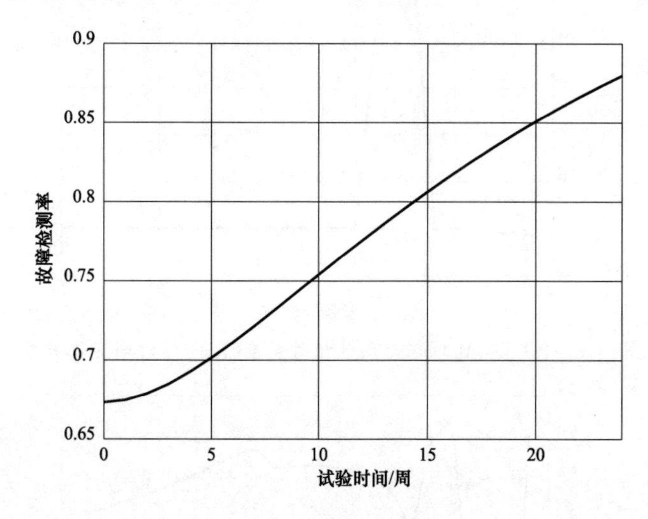

图3-21　基于EX-STGM的故障检测率跟踪与预计变化曲线

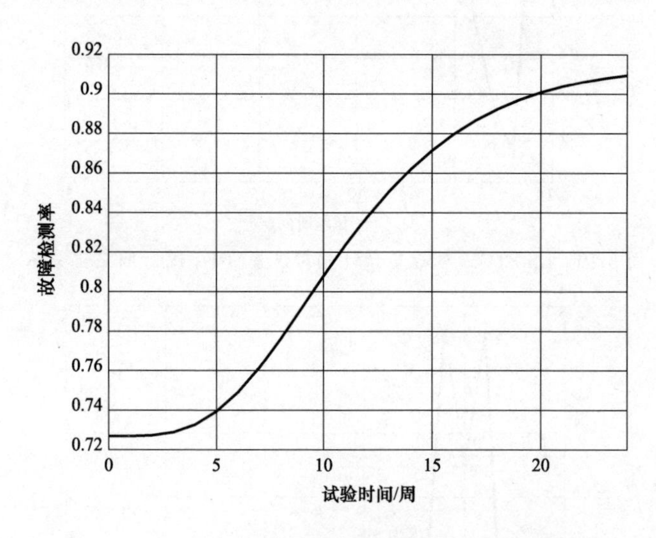

图3-22　基于RA-STGM的故障检测率跟踪与预计变化曲线

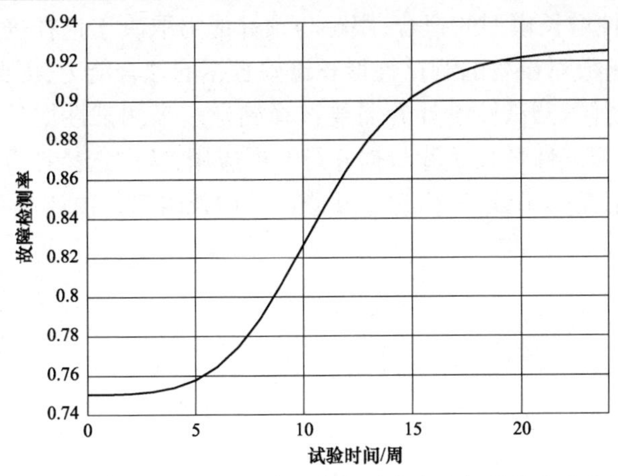

图 3-23　基于 LO-STGM 的故障检测率跟踪与预计变化曲线

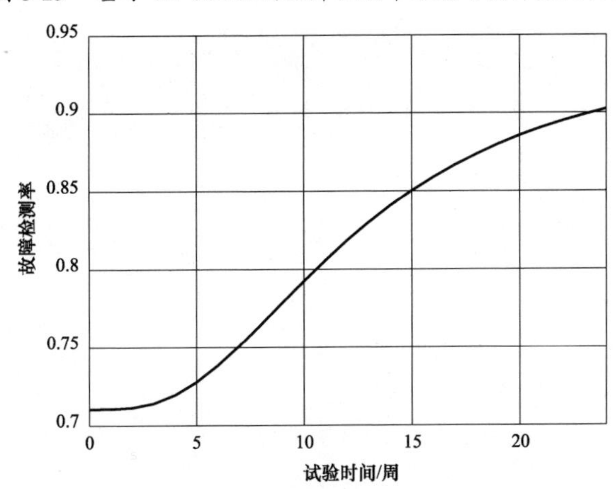

图 3-24　基于 DS-STGM 的故障检测率跟踪与预计变化曲线

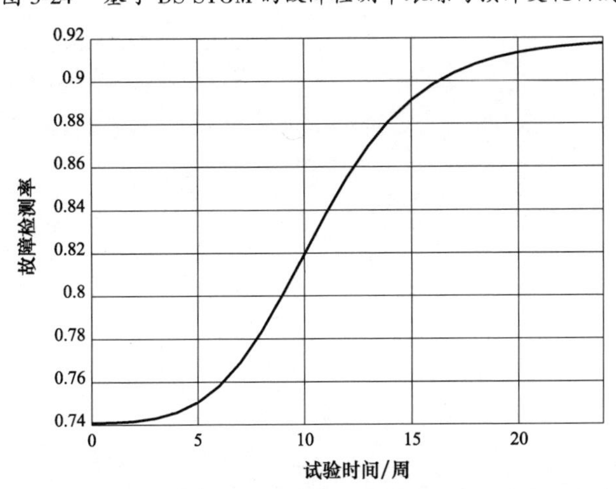

图 3-25　基于 IS-STGM 的故障检测率跟踪与预计变化曲线

系统测试性增长模型的拟合、跟踪与预计能力取决于选择确定的测试性增长效能消耗率函数对设备的测试性增长试验数据的拟合能力,因此,在开展测试性增长试验的时候,测试性设计者需要选择确定多个测试性增长效能消耗率函数,基于具体的测试性增长试验数据并行开展应用,从中选择拟合效果最好的测试性增长效能消耗率函数,进而建立其测试性增长跟踪与预计模型。

第4章　延缓修正下测试性增长跟踪与预计模型建模技术

第3章建立了及时修正下基于铃形测试性增长效能函数的测试性增长跟踪与预计模型,这些模型的提出对测试性增长试验的开展具有重要理论指导意义,但忽略了测试性设计缺陷纠正过程的延时问题,认为测试性设计缺陷一经发现便可以立即被修正。然而这和工程实际并不相符,导致现有测试性增长模型存在对测试性增长过程的描述不够完整,测试性增长试验跟踪与预计不够精确的问题。

4.1　基于铃形曲线考虑修正延时的测试性增长数学模型

在软件可靠性领域中,有大量考虑故障修正延时情况的软件可靠性增长模型。Huang 等在软件可靠性模型分析时,通过研究一些实际数据集得出检测故障个数和纠正故障个数之差会有先增加后减的铃形规律。基于以上分析,本节首先以非齐次泊松过程表示发现的测试性设计缺陷个数的计数方法,在分析测试性设计缺陷发现与修正过程存在延时关系的基础上,研究基于 Gaussian、Delay-S、Gamma 三种铃形曲线下考虑修正延时的测试性增长跟踪与预计模型建模方法,并基于某稳定跟踪平台的实际增长试验数据开展试验验证,以验证所建测试性增长跟踪与预计模型的有效性。

4.1.1　基于非齐次泊松过程的测试性设计缺陷变化分析

非齐次泊松过程具有明确的物理意义,并具有随机过程理论作基础,在可靠性研究中普遍应用,该方法可以描述测试性增长试验中测试性设计缺陷的发现过程。本节以非齐次泊松过程作为测试性设计缺陷发现的计数工具,对测试性设计缺陷的发现过程进行描述。

4.1.1.1　测试性设计缺陷的非齐次泊松过程描述

假设$N(t)$是时间t的非齐次单调不减函数,描述了到时间t为止累计的测试性设计缺陷发现数量,如果$s<t$,则$N(t)-N(s)$为时间(s,t)内发现的测试性设计缺陷数量。

假设在很小的一段时间 h 内两个及以上测试性设计缺陷同时出现的概率很小,不失讨论问题的一般性,在测试性工程中可以被忽略,因此有以下假设成立:

(1) $N(0)=0$;

(2) 过程具有独立增量;

(3) $\lim\limits_{h\to 0} P[N(t+s)-N(t)=1]=\lambda(t)h+o(h)$;

(4) $\lim\limits_{h\to 0} P[N(t+s)-N(t)\geqslant 2]=o(h)$。

因此,过程 $\{N(t),t\geqslant 0\}$ 是参数或强度为 $\lambda(t)$ 的泊松过程。其中,$\lambda(t)$ 是指在 t 时刻后单位时间内被成功识别的测试性设计缺陷均值。

令 $m_{\mathrm{f}}(t)=E[N(t)]$,则 $m_{\mathrm{f}}(t)$ 是时间 $(0,t]$ 内测试性设计缺陷被成功发现并识别的数量,$m_{\mathrm{f}}(t)$ 可以表示为

$$m_{\mathrm{f}}(t)=\int_0^t \lambda(u)\mathrm{d}u \tag{4-1}$$

4.1.1.2 测试性设计缺陷变化分析

本小节将测试性设计缺陷采用英文缩写形式 TDDs。在设备现有测试性设计水平基础上,影响测试性指标增长速度的因素主要有两个:一是暴露 TDDs 的能力;二是 TDDs 的改进能力。TDDs 的纠正效率与缺陷暴露的能力有关,但设计人员的技术水平对缺陷的识别更为重要。测试性设计缺陷从发现到纠正有一个过程,这个过程中设计人员的水平对增长试验有何影响,测试性设计缺陷的发现与纠正过程有何联系,弄清这些问题将有助于精准规划测试性增长试验。在测试性增长试验过程中,将已经发现到但未纠正的 TDDs,称为剩余测试性设计缺陷(Remaining TDDs,RTDDs)。

从第 2 章测试性增长时效性分析可知,研制阶段开展测试性增长试验具有最好的时效性,测试性水平能得到较大的提升。在测试性增长试验初期,随着注入的故障模式数量逐渐增加,TDDs 逐渐被发现,测试性设计缺陷的发现数量不断增多。此时,由于设计人员缺乏经验,测试性设计缺陷开始时不容易纠正,所用的纠正时间较长,TDDs 纠正效率较低,TDDs 的纠正过程将滞后于 TDDs 的发现过程,RTDDs 数量不断增大,但总体的 TDDs 数量逐渐减少。

随着测试性增长试验的进行,在规定的故障注入次数下,发现的测试性设计缺陷数量逐渐达到饱和,设计人员不断学习,对仪器、工具、方法逐渐掌握,经验不断积累,测试性设计缺陷的纠正效率不断提高,RTDDs 数量逐渐递减,TDDs 的纠正过程逐渐逼近 TDDs 的发现过程。整个测试性增长试验过程,RTDDs 的变化具有先增后减的铃形曲线特性。为了反映剩余测试性设计缺陷先增后减的变化规律,选取三种先增后减的铃形特性曲线,研究考虑纠正延时的测试性增长数学模型,分别为 Gaussian 型、Delay-S 型以及 Gamma 型特性曲线。

4.1.2　线考虑纠正延时的测试性增长数学模型

假设 TDDs 的发现能力与设备的 RTDDs 数量成正比。可得

$$\frac{\mathrm{d}m_{\mathrm{f}}(t)}{\mathrm{d}t}=b[a-m_{\mathrm{r}}(t)] \tag{4-2}$$

式中,a 为最初隐藏于设备中的 TDDs;b 为比例系数;$m_{\mathrm{f}}(t)$ 为 TDDs 发现和识别的数量;$m_{\mathrm{r}}(t)$ 为 TDDs 的纠正数量。

令 $y(t)$ 为 RTDDs 数量,可得

$$m_{\mathrm{f}}(t)-m_{\mathrm{r}}(t)=y(t) \tag{4-3}$$

将式(4-3) 带入式(4-2) 可得

$$\frac{\mathrm{d}m_{\mathrm{f}}(t)}{\mathrm{d}t}=b\{a-[m_{\mathrm{f}}(t)-y(t)]\} \tag{4-4}$$

FDR 增长如式(4-5) 所示:

$$\mathrm{FDR}=\frac{N_{\mathrm{D}}}{M} \tag{4-5}$$

式中,M 为故障模式总数,可以通过 FMEA 得到;N_{D} 为设备测试性设计能够成功发现的故障个数。

成功检测到的故障模式数 N_{D} 为

$$N_{\mathrm{D}}=M-a_{\mathrm{remaining}}=M-[a-m_{\mathrm{r}}(t)]=M-\{a-[m_{\mathrm{f}}(t)-y(t)]\} \tag{4-6}$$

式中,$a_{\mathrm{remanining}}$ 为未能成功检测到的故障模式数量。

将式(4-6) 带入式(4-5) 可得 FDR 随时间的变化模型 $q(t)$,即

$$q(t)=\frac{M-\{a-[m_f(t)-y(t)]\}}{M} \tag{4-7}$$

式(4-7) 为考虑修正延时的测试性增长跟踪与预计模型的一般表示形式。分别将 Gaussian 型、Delay-S 型以及 Gamma 型曲线带入式(4-7),可得到三种不同特性曲线下的测试性增长数学模型。

4.1.2.1　基于 Gaussian 特性曲线的测试性增长跟踪与预计模型

Gaussian 特性曲线可以表示为

$$y(t)=\alpha\exp\left[-\left(\frac{t-\beta}{\theta}\right)^2\right] \tag{4-8}$$

将式(4-8) 带入式(4-2) 可得

$$\frac{\mathrm{d}m_{\mathrm{f}}(t)}{\mathrm{d}t}=b\left\{a-m_{\mathrm{f}}(t)+\alpha\exp\left[-\left(\frac{t-\beta}{\theta}\right)^2\right]\right\} \tag{4-9}$$

求解微分方程(4-9) 可得

$$m_{\mathrm{f}} = \frac{1}{2} \times \exp(-bt) \times -2a + 2a\exp(bt) + b\exp\left(b\beta + \frac{b^2\theta^2}{4}\right)\pi^{\frac{1}{2}} \times \alpha\theta\left[\mathrm{Erf}\left(\frac{t}{\theta} - \frac{\beta}{\theta} - \frac{b\theta}{2}\right) + \mathrm{Erf}\left(\frac{\beta}{\theta} + \frac{b\theta}{2}\right)\right] \tag{4-10}$$

式中，$\mathrm{Erf}(x) = \frac{2}{\sqrt{\pi}}\int_0^x \exp(-t^2)\mathrm{d}t$。

将式(4-10)带入式(4-7)可得

$$q(t) = 1 - \frac{1}{M} \times \left\{a + \alpha\exp\left[-\left(\frac{t-\beta}{\theta}\right)^2\right] - \frac{1}{2}\exp(-bt) \times -2a + 2a\exp(bt) + b\exp\left(b\beta + \frac{b^2\theta^2}{4}\right)\pi^{\frac{1}{2}}\alpha\theta\right\} \times \left[\mathrm{Erf}\left(\frac{t}{\theta} - \frac{\beta}{\theta} - \frac{b\theta}{2}\right) + \mathrm{Erf}\left(\frac{\beta}{\theta} + \frac{b\theta}{2}\right)\right] \tag{4-11}$$

4.1.2.2 基于 Delay-S 特性曲线的测试性增长跟踪与预计模型

Delay-S 特性曲线可以表示为

$$y(t) = \alpha t\exp(-\beta t) \tag{4-12}$$

将式(4-12)带入式(4-2)可得

$$\frac{\mathrm{d}m_{\mathrm{f}}(t)}{\mathrm{d}t} = b[a - m_{\mathrm{f}}(t) + \alpha t\exp(-\beta t)] \tag{4-13}$$

求解微分方程(4-14)可得

$$m_{\mathrm{f}}(t) = \frac{\exp(-bt)}{(b-\beta)^2} \times \left\{\begin{aligned}&-ab^2 + ab^2\exp(bt) + b\alpha - b\alpha\exp[(b-\beta)t] + \\&b^2t\alpha\exp[t(b-\beta)] + 2ab\beta - 2ab\beta\exp(bt) - \\&b\alpha\beta t\exp[(b-\beta) - a\beta^2 + a\beta^2\exp(bt)]\end{aligned}\right\} \tag{4-14}$$

将式(4-14)带入式(4-7)可得

$$q(t) = 1 - \frac{1}{M} \times \left[\begin{aligned}&a + \alpha t\exp(-\beta t) - \frac{1}{(b-\beta)^2} \times \exp(-bt) \times \\&\left\{\begin{aligned}&-ab^2 + ab^2\exp(bt) + b\alpha - b\alpha\exp[(b-\beta)t] + \\&b^2t\alpha\exp[t(b-\beta)] + 2ab\beta - 2ab\beta\exp(bt) - \\&b\alpha\beta t\exp[(b-\beta) - a\beta^2 + a\beta^2\exp(bt)]\end{aligned}\right\}\end{aligned}\right] \tag{4-15}$$

4.1.2.3 基于 Gamma 特性曲线的测试性增长跟踪与预计模型

Gamma 特性曲线可以表示为

$$y(t) = \alpha t^{\beta-1}\exp\left(-\frac{t}{\theta}\right) \tag{4-16}$$

将式(4-16)带入式(4-2)可得

$$\frac{\mathrm{d}m_{\mathrm{f}}(t)}{\mathrm{d}t}=b\left\{a-m_{\mathrm{f}}(t)+\alpha t^{\beta-1}\exp\left(-\frac{t}{\theta}\right)\right\} \tag{4-17}$$

求解微分方程(4-17)可得

$$m_{\mathrm{f}}(t)=a-a\exp(-bt)+b\exp(-bt)\alpha\mathrm{Gamma}[\beta,0]-b\exp(-bt)t^{\beta}\alpha\times \left(t\left(-b+\frac{1}{\theta}\right)\right)^{-\beta}\mathrm{Gamma}\left[\beta,t\left(-b+\frac{1}{\theta}\right)\right] \tag{4-18}$$

将式(4-18)带入式(4-7)可得

$$q(t)=1-\frac{1}{M}\times\left\{\begin{array}{l}a+\alpha t^{\beta-1}\exp\left(-\frac{t}{\theta}\right)-a-a\exp(-bt)+\\ b\exp(-bt)\alpha\mathrm{Gamma}[\beta,0]-b\exp(-bt)\times\\ t^{\beta}\alpha\left(t\left(-b+\frac{1}{\theta}\right)\right)^{\beta}\mathrm{Gamma}\left[\beta,t\left(-b+\frac{1}{\theta}\right)\right]\end{array}\right\} \tag{4-19}$$

式中,$\mathrm{Gamma}(d,y)=\frac{1}{\Gamma(d)}\int_0^y\exp(-t)t^{d-1}\mathrm{d}t$。

4.1.3　实验验证

以第 3 章某稳定跟踪平台开展的测试性增长试验数据开展验证,具体增长试验数据如表 4-1 所示。

表 4-1　某稳定跟踪平台测试性增长试验数据

时间/周	累计注入故障次数/次	累计发现 TDDs/个	累计纠正 TDDs/个
1	4	3	2
2	9	6	4
3	16	11	7
4	25	17	11
5	38	25	16
6	55	33	21
7	74	41	27
8	95	50	33
9	119	57	37
10	145	63	41
11	173	68	44
12	203	72	46
13	223	74	48
14	241	76	49

(续)

时间/周	累计注入故障次数/次	累计发现 TDDs/个	累计纠正 TDDs/个
15	256	77	50
16	268	79	51
17	286	80	52
18	286	80	52
19	294	82	53
20	301	83	54
21	306	84	54
22	310	85	55
23	312	85	55
24	313	86	55

统计表 4-1 中的试验数据,得到如图 4-1 所示的该稳定跟踪平台增长试验数据测试性设计的识别与纠正数量变化关系。

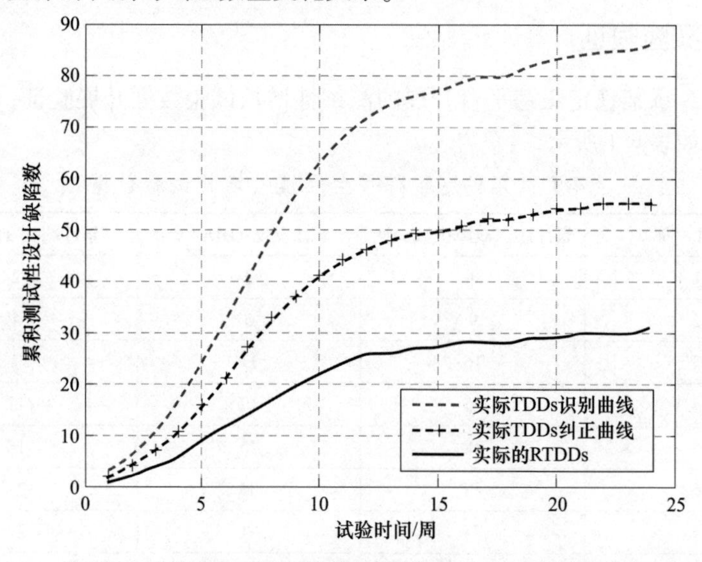

图 4-1　稳定跟踪平台增长试验数据 TDDs 识别与纠正变化

图 4-1 中的 RTDDs 逐渐增加,并未递减。这是因为受研制周期以及资源的限制,对于该稳定跟踪平台的测试性设计缺陷,没有采取足够的纠正措施。一旦采取足够的纠正措施,RTDDs 会逐渐递减,这可以看作是先增后减铃形曲线的一段。RTDDs 增加阶段的速率逐渐递减,反映了设计人员的学习能力所起的作用。

4.1.3.1　参数估计

本节采用非线性最小二乘方法估计得到测试性增长数学模型的参数集合 $\{a,b,\alpha,\beta,\theta\}$。

令 $\eta=\{a,b,\alpha,\beta,\theta\}$，建立基于最小二乘的优化目标函数，即

$$\text{Minimize}\quad S(m_{\mathrm{f}},\eta)=\sum_{k=1}^{n}[m_{\mathrm{f}k}-m_{\mathrm{f}}(t_k)]^2 \tag{4-20}$$

对 $S(m_{\mathrm{f}},\eta)$ 求参数 η 的偏导得到

$$\frac{\partial S(m_{\mathrm{f}},\eta)}{\partial\eta}=-2\sum_{k=1}^{n}[m_{\mathrm{f}k}-m_{\mathrm{f}}(t_k)]\cdot\frac{\partial m_{\mathrm{f}}(t_k)}{\partial\eta} \tag{4-21}$$

令 $\dfrac{\partial S(m_{\mathrm{f}},\eta)}{\partial\eta}=0$，最小二乘估计量 η 中的五个参数 a、b、α、β、θ 可以通过求解方程(4-21)获得。

对参数 b 求导可得

$$\frac{\partial S(m_{\mathrm{f}},b)}{\partial b}=-2\sum_{k=1}^{n}[m_{\mathrm{f}k}-m_{\mathrm{f}}(t_k)]\times\frac{1}{2}\exp(-at)\times$$

$$\left\{\begin{array}{l}-2+2\exp(at)+\exp\left(a\beta+\dfrac{a^2\theta^2}{4}\right)\pi^{\frac{1}{2}}\alpha\theta\times\\ \left[\mathrm{Erf}\left(\dfrac{2\beta+a\theta^2}{2\theta}\right)-\mathrm{Erf}\left(\dfrac{-2t+2\beta+a\theta^2}{2\theta}\right)\right]\end{array}\right\}=0 \tag{4-22}$$

类似地，对参数 a、α、β、θ 求导，将增长试验数据作为输入，可求得测试性增长模型的其他参数值。

4.1.3.2　测试性增长数学模型性能比较

为了比较三种不同特性曲线下设备测试性增长数学模型的有效性，选定以下四个方面进行比较。

(1) SSE 为误差平方和，定义为

$$\mathrm{SSE}=\sum_{i=1}^{n}(m_{\mathrm{r}}(t_i)-\hat{m}_{\mathrm{r}}(t_i))^2 \tag{4-23}$$

式中，$m_{\mathrm{r}}(t_i)$ 为通过实际测试性增长试验后累计的测试性设计缺陷纠正数量；$\hat{m}_{\mathrm{r}}(t_i)$ 为测试性增长跟踪与预计获得的测试性设计缺陷纠正数量。

(2) RMSE 为均方误差值，定义为

$$\mathrm{RMSE}=\sqrt{\frac{\sum_{i=1}^{n}[m_{\mathrm{r}}(t_i)-\hat{m}_{\mathrm{r}}(t_i)]^2}{n}} \tag{4-24}$$

(3) R-square 为回归曲线方程的相关指数，定义为

$$\text{R-square} = \frac{\sum_{i=1}^{n} (\hat{m}_r(t_i) - \overline{m}_r(t_i))^2}{\sum_{i=1}^{n} (m_r(t_i) - \overline{m}_r(t_i))^2} \tag{4-25}$$

(4) RE 为相对误差,反映了测试性增长数学模型的跟踪与预计效果,定义为

$$\text{RE} = \frac{\hat{m}_r(t_i) - m_r(t_i)}{m_r(t_i)} \tag{4-26}$$

4.1.4 实验结果分析

根据表 4-1 的数据,测试性增长数学模型参数估计值如表 4-2 所示。

表 4-2　稳定跟踪平台增长试验数据 TGM 模型参数值

参数	a	b	α	β	θ
Gaussian	86.13	0.21	−38.58	4.19	−2.85
Delay-S	86.51	0.21	−182.00	0.80	—
Gamma	86.45	0.20	−476.57	2.86	0.80

相对误差变化,如图 4-2 所示,表 4-3 为误差分析结果。

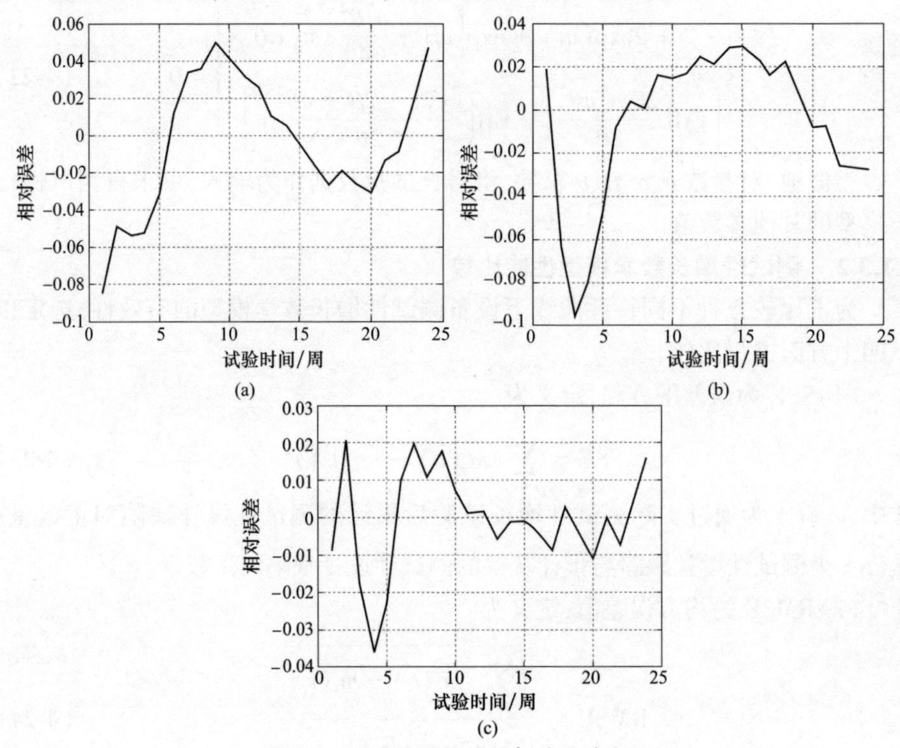

图 4-2　测试性增长过程相对误差变化

(a) Gaussian 曲线　(b) Delay-S 曲线　(c) Gamma 曲线

表 4-3　稳定跟踪平台增长试验数据误差分析值

曲线类型	误差分析值		
	SSE	R-square	RMSE
Gaussian	120.20	0.95	2.34
Delay-S	86.13	0.96	1.98
Gamma	18.53	0.99	0.94

基于表 4-1 的测试性增长试验数据,基于 Gamma 特性曲线的测试性增长数学模型的 SSE、R-square 和 RMSE 值最优,分别为 18.53、0.99 和 0.94,较 Gaussian 特效曲线和 Delay-S 特性曲线有更高的跟踪与预计精度。

将参数估计值$\{a,b,\alpha,\beta,\theta\}$分别带入式(4-11) 和式(4-15) 绘制测试性增长试验跟踪与预计曲线(图 4-3 ~ 图 4-5)。

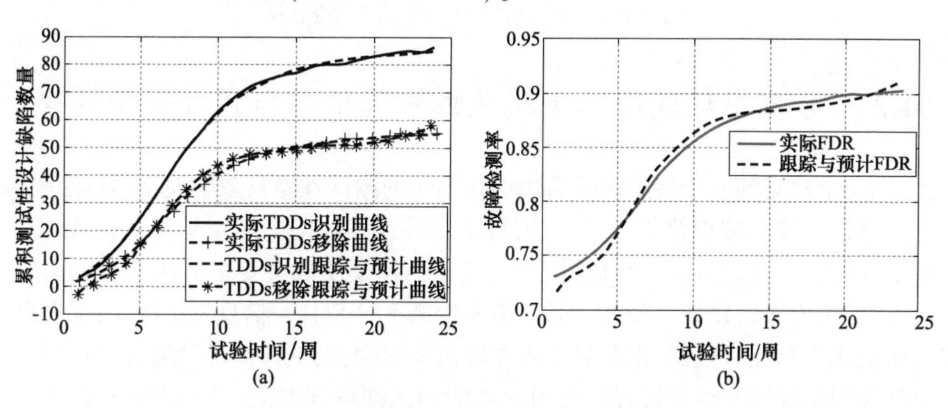

图 4-3　Gaussian 特性曲线下测试性增长过程
(a)TDDs 识别与纠正过程　(b)FDR 变化过程

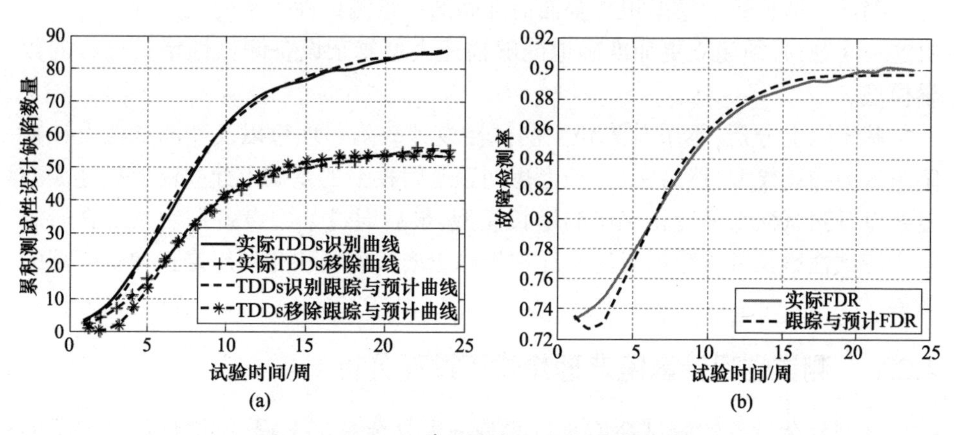

图 4-4　Delay-S 特性曲线下测试性增长过程
(a)TDDs 识别与纠正过程　(b)FDR 变化过程

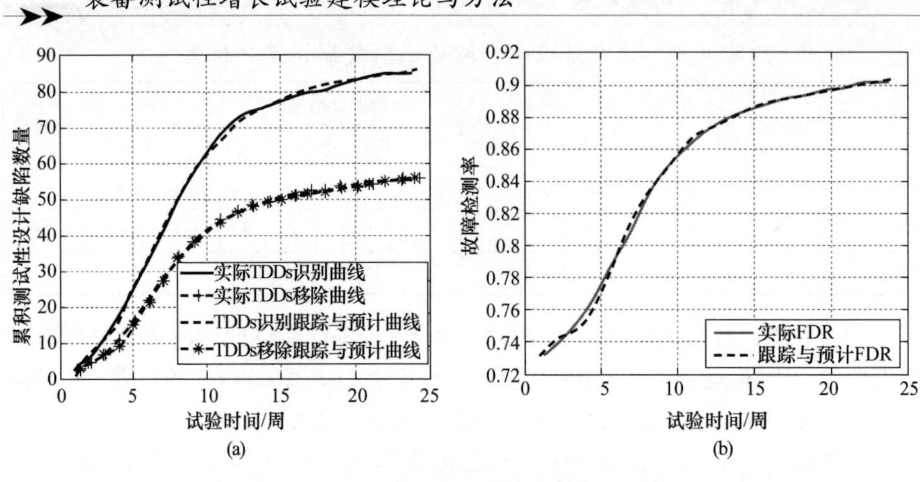

图 4-5 Gamma 特性曲线下测试性增长过程
(a)TDDs 识别与纠正过程 (b)FDR 变化过程

4.2 非理想延缓修正下测试性增长跟踪与预计模型建模

4.1 节建立的基于铃形曲线考虑纠正延时的测试性增长数学模型,是建立在测试性设计缺陷理想修正条件下的,即测试性设计缺陷的纠正是完全有效的。然而在大型复杂设备研制制造过程中,设备结构及功能会受多种因素影响而发生改变,进而导致设备故障类别和故障发生概率等 FMEA 信息发生改变;加上设计人员水平和经验限制、设备复杂程度等因素影响,测试性设计缺陷有时很难做到完美纠正或者在纠正过程中会引入新的测试性设计缺陷,这些现象对设备测试性增长会产生很多影响。在这种情况下利用第 3 章基于铃形曲线考虑纠正延时的测试性增长数学模型很难全面而准确的描绘测试性水平变化过程。为了解决这一问题,必须建立更加准确地能够描述大型复杂设备测试性增长过程的数学模型。

基于以上分析,本节首先建立测试性设计缺陷非理想以及新测试性设计缺陷引入的描述模型,然后在4.1 节考虑纠正延时模型的基础上建立能够描述大型复杂设备测试性水平变化规律的增长模型,最后通过某型设备控制系统在研制阶段测试性增长试验数据对比验证理想修正增长模型和非理想修正增长模型的效果。

4.2.1 测试性设计缺陷非理想修正过程分析

大型复杂设备的测试性增长试验是一个复杂系统工程,测试性设计缺陷的纠正通常不能一次性成功,而且纠正过程中经常伴随新问题的引入。即非理想修正过程包含:测试性设计缺陷不能一次性完全纠正即非完美纠正和新测试性设计缺陷的引入两种情况。下面就非理想修正过程进行分析。

4.2.1.1　测试性设计缺陷的非完美纠正过程描述

在式(4-5)中,$m_r(t)$ 的系数为1,即表示100%成功纠正了测试性设计缺陷,然而在工程实际中,大型复杂设备的测试性增长试验往往不能做到完美纠正,其不完美纠正过程可用下式表示:

$$\frac{\mathrm{d}m_f(t)}{\mathrm{d}t} = b[a - pm_r(t)] \tag{4-27}$$

式中,p 为测试性设计缺陷能够得到完美纠正概率,$0 \leqslant p \leqslant 1$;$m_r(t)$ 为技术人员认为得到成功纠正的测试性设计缺陷数量。

令 $y(t)$ 为剩余未得到纠正的测试性设计缺陷数量:

$$y(t) = m_f(t) - m_r(t) \tag{4-28}$$

将式(4-28)带入式(4-27)可得

$$\frac{\mathrm{d}m_f(t)}{\mathrm{d}t} = b\{a - p[m_f(t) - y(t)]\} \tag{4-29}$$

式(4-29)即为考虑测试性设计缺陷的非完美纠正过程。

4.2.1.2　新测试性设计缺陷的引入过程描述

在式(4-2)中,如果 $a(t)=a$ 为常数,即测试性增长过程为理想修正过程,在测试性设计缺陷改进过程中没有新测试性设计缺陷引入;否则为非理想改进过程。下面考虑非理想修正的另一种情况即测试性设计缺陷纠正过程中引入新的缺陷。

$$\frac{\mathrm{d}m_f(t)}{\mathrm{d}t} = b[a(t) - m_r(t)] \tag{4-30}$$

式中,$a(t)$ 为最初隐藏于设备中的测试性设计缺陷数量;b 为比例系数;$m_f(t)$ 为测试性设计缺陷发现数量;$m_r(t)$ 为测试性设计缺陷纠正数量。

指数类故障变化在软件可靠性增长模型中应用较为广泛,本节假设 $a(t)$ 为指数模型,即 $a(t)=ae^{\gamma t}$,代入式(4-30)得

$$\frac{\mathrm{d}m_f(t)}{\mathrm{d}t} = b[ae^{\gamma t} - m_r(t)] \tag{4-31}$$

式中,γ 为新测试性缺陷引入率,$0 < \gamma < 1$。

式(4-31)即为考虑新测试性设计缺陷引入的纠正过程。

4.2.1.3　综合考虑非完美纠正和新缺陷引入过程描述

测试性设计缺陷非完美纠正与新测试性设计缺陷引入都称为非理想修正过程。在实际测试性增长试验过程中,这两种情况往往相互伴随同时出现。综合

考虑这两类情况的非理想修正过程可描述为

$$\frac{\mathrm{d}m_{\mathrm{f}}(t)}{\mathrm{d}t}=b[ae^{\gamma t}-pm_{\mathrm{r}}(t)] \tag{4-32}$$

4.2.2 测试性设计缺陷非理想修正过程建模

以4.1节基于铃形曲线考虑修正延时的测试性增长数学模型为基础,本节将考虑测试性设计缺陷非理想修正过程的建模方法。

4.2.2.1 基于 Gaussian 曲线考虑非理性修正的测试性增长跟踪与预计模型建模

将 Gaussian 特性曲线表达式(4-8) 带入式(4-32) 可得

$$\frac{\mathrm{d}m_{\mathrm{f}}(t)}{\mathrm{d}t}=b\left\{ae^{\gamma t}-p\left[m_{\mathrm{f}}(t)-\alpha\exp\left[-\left(\frac{t-\beta}{\theta}\right)^{2}\right]\right]\right\} \tag{4-33}$$

整理式(4-33) 可得

$$\frac{\mathrm{d}m_{\mathrm{f}}(t)}{\mathrm{d}t}+bpm_{\mathrm{f}}(t)=bae^{\gamma t}+pb\alpha\exp\left[-\left(\frac{t-\beta}{\theta}\right)^{2}\right] \tag{4-34}$$

求解微分方程(4-34) 可得

$$m_{\mathrm{f}}(t)=\frac{\exp(-bpt)}{2(bp+\gamma)}\times\left\{\begin{array}{l}2ab(\exp((bp+\gamma)t)-1)+\\ b\exp\left(bp\beta+\dfrac{b^{2}p^{2}\theta^{2}}{4}\right)p\pi^{\frac{1}{2}}\alpha\theta(bp+\gamma)\times\\ \left[\mathrm{Erf}\left(\dfrac{t}{\theta}-\dfrac{\beta}{\theta}-\dfrac{bp\theta}{2}\right)+\mathrm{Erf}\left(\dfrac{\beta}{\theta}+\dfrac{bp\theta}{2}\right)\right]\end{array}\right\} \tag{4-35}$$

将式(4-35) 带入式(4-7) 可得

$$q(t)=1-\frac{1}{M}\times\left\{\begin{array}{l}a+\alpha\exp\left[-\left(\dfrac{t-\beta}{\theta}\right)^{2}\right]-\dfrac{\exp(-bpt)}{2(bp+\gamma)}\times\\ \left\{\begin{array}{l}2ab(\exp((bp+\gamma)t)-1)+b\exp\left(bp\beta+\dfrac{b^{2}p^{2}\theta^{2}}{4}\right)\times\\ p\pi^{\frac{1}{2}}\alpha\theta(bp+\gamma)\left[Erf\left(\dfrac{t}{\theta}-\dfrac{\beta}{\theta}-\dfrac{bp\theta}{2}\right)+\mathrm{Erf}\left(\dfrac{\beta}{\theta}+\dfrac{bp\theta}{2}\right)\right]\end{array}\right\}\end{array}\right\} \tag{4-36}$$

4.2.2.2 基于 Delay-S 特性曲线考虑非理性修正的测试性增长跟踪与预计模型

将 Delay-S 特性曲线表达式(4-12) 带入式(4-32) 可得

$$\frac{\mathrm{d}m_{\mathrm{f}}(t)}{\mathrm{d}t}=b\{ae^{\gamma t}-p[m_{\mathrm{f}}(t)-\alpha t\exp(-\beta t)]\} \tag{4-37}$$

整理后得

$$\frac{dm_{\mathrm{f}}(t)}{\mathrm{d}t}+bpm_{\mathrm{f}}(t)=bae^{\gamma t}+bp\alpha t\exp(-\beta t) \tag{4-38}$$

求解微分方程(4-38)可得

$$m_{\mathrm{f}}(t)=\frac{b\exp(-bpt)}{(bp+\gamma)(\beta-bp)^2}\times\left\{\begin{array}{l}a(\exp((bp+\gamma)t)-1)(\beta-bp)^2+\\ p\alpha(1+\exp((bp-\beta)t))(bpt-1-\beta t)(bp+\gamma)\end{array}\right\} \tag{4-39}$$

将式(4-39)带入式(4-7)可得

$$q(t)=1-\frac{1}{M}\times\left\{\begin{array}{l}a+\alpha t\exp(-\beta t)-\dfrac{b\exp(-bpt)}{(bp+\gamma)(\beta-bp)^2}\times\\ \left\{\begin{array}{l}a(\exp((bp+\gamma)t)-1)(\beta-bp)^2+\\ p\alpha(1+\exp((bp-\beta)t))(bpt-1-\beta t)(bp+\gamma)\end{array}\right\}\end{array}\right\} \tag{4-40}$$

4.2.2.3　基于Gamma特性曲线考虑非理性修正的测试性增长跟踪与预计模型建模

将 Gamma 特性曲线表达式(4-16)带入式(4-32)可得

$$\frac{\mathrm{d}m_{\mathrm{f}}(t)}{\mathrm{d}t}=b\left\{a\mathrm{e}^{\gamma t}-p\left[m_{\mathrm{f}}(t)-\alpha t^{\beta-1}\exp\left(-\frac{t}{\theta}\right)\right]\right\} \tag{4-41}$$

整理后得

$$\frac{\mathrm{d}m_{\mathrm{f}}(t)}{\mathrm{d}t}+bpm_{\mathrm{f}}(t)=ba\mathrm{e}^{\gamma t}+bp\alpha t^{\beta-1}\exp\left(-\frac{t}{\theta}\right) \tag{4-42}$$

求解微分方程(4-42)可得

$$m_{\mathrm{f}}(t)=\frac{b\exp(-bpt)\times\left(t\left(-bp+\dfrac{1}{\theta}\right)\right)^{-\beta}}{bp+\gamma}\times$$

$$\left(\begin{array}{l}-a\left(t\left(-bp+\dfrac{1}{\theta}\right)\right)^{\beta}+a\exp(bpt+\gamma t)\times\left(t\left(-bp+\dfrac{1}{\theta}\right)\right)^{\beta}+\\ bp^2\alpha\left(t\left(-bp+\dfrac{1}{\theta}\right)\right)^{\beta}\mathrm{Gamma}(\beta,0)+p\alpha\gamma\left(t\left(-bp+\dfrac{1}{\theta}\right)\right)^{\beta}\mathrm{Gamma}(\beta,0)-\\ bp^2t^{\beta}\alpha\mathrm{Gamma}\left[\beta,t\left(-bp+\dfrac{1}{\theta}\right)\right]-pt^{\beta}\alpha\gamma\mathrm{Gamma}\left[\beta,t\left(-bp+\dfrac{1}{\theta}\right)\right]\end{array}\right) \tag{4-43}$$

将式(4-43)带入式(4-7)可得

$$q(t)=1-\frac{1}{M}\times\left\{\begin{aligned}&a+\alpha t^{\beta-1}\exp\left(-\frac{t}{\theta}\right)-\frac{b\exp(-bpt)\times\left(t\left(-bp+\frac{1}{\theta}\right)\right)^{-\beta}}{bp+\gamma}\times\\&\left(-a\left(t\left(-bp+\frac{1}{\theta}\right)\right)^{\beta}+a\exp(bpt+\gamma t)\times\left(t\left(-bp+\frac{1}{\theta}\right)\right)^{\beta}+\right.\\&bp^{2}\alpha\left(t\left(-bp+\frac{1}{\theta}\right)\right)^{\beta}\mathrm{Gamma}(\beta,0)+p\alpha\gamma\left(t\left(-bp+\frac{1}{\theta}\right)\right)^{\beta}\\&\times\mathrm{Gamma}(\beta,0)-bp^{2}t^{\beta}\alpha\mathrm{Gamma}\left[\beta,t\left(-bp+\frac{1}{\theta}\right)\right]\\&\left.-pt^{\beta}\alpha\gamma\mathrm{Gamma}\left[\beta,t\left(-bp+\frac{1}{\theta}\right)\right]\right)\end{aligned}\right\}\tag{4-44}$$

式中，$\mathrm{Gamma}(d,y)=\frac{1}{\Gamma(d)}\int_{0}^{y}\exp(-t)t^{d-1}\mathrm{d}t$。

4.2.3 实验验证

本节以某设备控制系统为对象，在研制阶段开展某型设备控制系统故障样本选取及故障注入试验，收集该控制系统在研制阶段所获得的故障及其检测数据，具体列于表4-4中。

表 4-4 某型设备控制系统研制阶段测试性增长试验数据

时间/周	累计注入故障次数/次	累计发现 TDDs/个	累计纠正 TDDs/个
1	10	1	1
2	15	8	3
3	21	14	5
4	26	16	11
5	29	16	15
6	35	27	16
7	38	34	17
8	41	34	26
9	47	38	31
10	52	46	32
11	58	48	38
12	64	50	48

（续）

时间 / 周	累计注入故障次数 / 次	累计发现 TDDs/ 个	累计纠正 TDDs/ 个
13	71	50	49
14	77	50	49
15	90	51	49
16	93	51	50
17	93	51	50

基于表4-4所收集的某型设备控制系统研制阶段增长试验信息，将增长试验数据绘制如图4-6所示，曲线分别反映了测试性设计缺陷的识别与纠正过程以及剩余测试性设计缺陷变化。

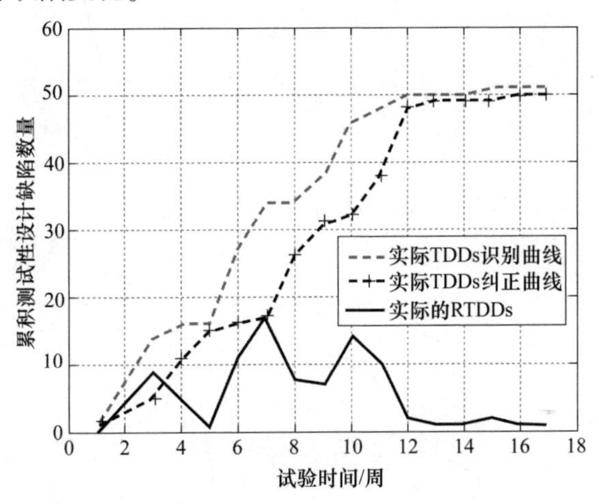

图 4-6　TDDS 发现与纠正变化

4.2.4　实验结果分析

图 4-6 反映了实际测试性增长过程中测试性设计缺陷的识别与纠正过程规律，基于该组数据，采用非线性最小二乘方法（见 4.3.1 节）分别得到理想修正和非理想修正下的测试性增长数学模型的参数估计值如表 4-5 和表 4-6 所示。

表 4-5　理想修正过程的测试性增长数学模型参数估计值

参数	a	b	α	β	θ
Gaussian	53.032	0.360	− 0.128	17.49	− 3.947
Delay-S	55.001	0.241	− 91.356	0.769	—
Gamma	46.400	0.117	667.344	9.401	0.899

表 4-6　非理想修正过程的测试性增长数学模型参数估计值

参数	a	b	α	β	θ	p	γ
Gaussian	51.260	0.7305	− 917.67	1.0497	0.085	0.758	0.055
Delay-S	39.807	0.127	0.094	1.124	—	0.696	0.008
Gamma	48.810	0.0004	− 2.523	1.449	7.823	0.960	0.048

理想修正过程中测试性设计缺陷识别与纠正过程相对误差变化，如图 4-7 所示。

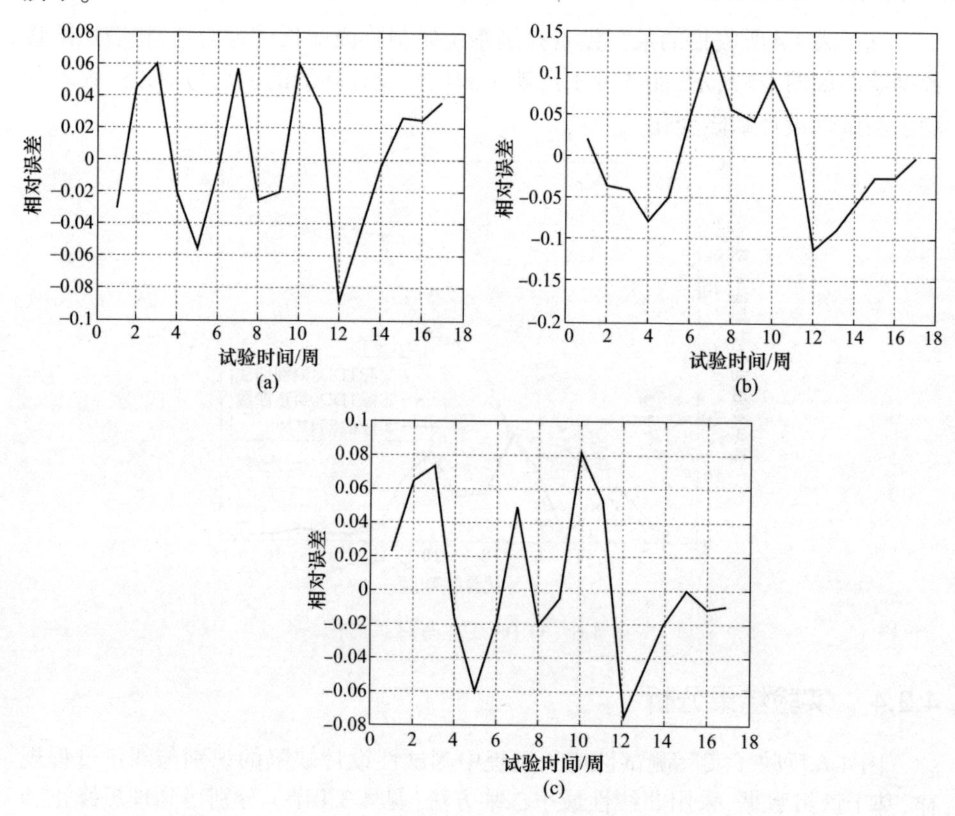

图 4-7　测试性增长过程相对误差变化

(a)Gaussian 曲线 FDR 增长过程相对误差；(b)Delay-S 曲线 FDR 增长过程相对误差；(c)Gamma 曲线 FDR 增长过程相对误差。

将参数估计值$\{a,b,\alpha,\beta,\theta\}$带入式(4-11)以及(4-19)中，绘制理想测试性设计缺陷纠正下的测试性增长试验跟踪与预计曲线，如图 4-8 至图 4-10 所示。

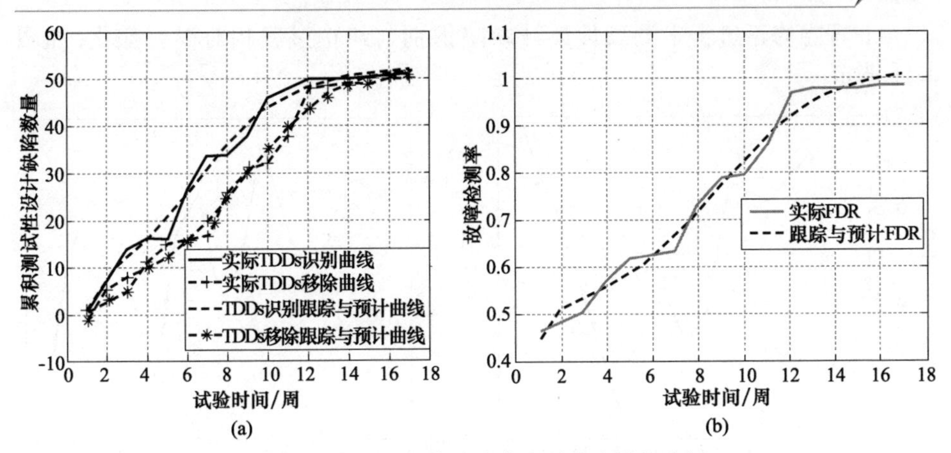

图 4-8 Gaussian 特性曲线下测试性增长过程

(a)TDDs 识别与纠正过程 (b)FDR 变化过程

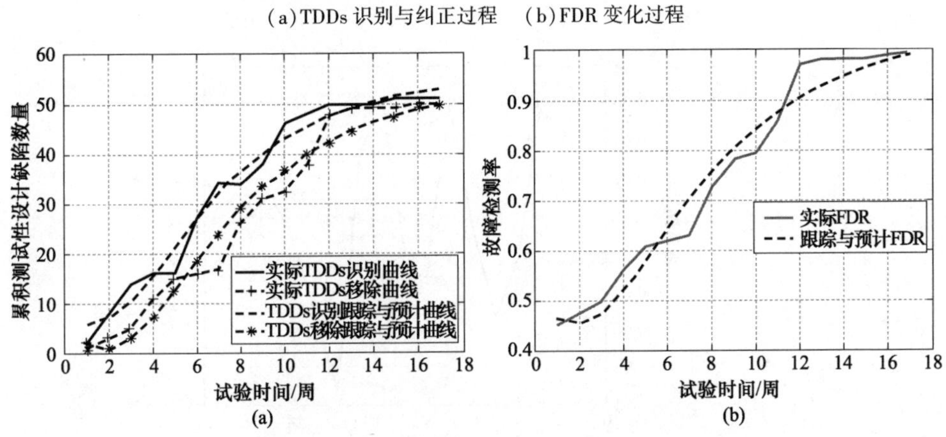

图 4-9 Delay-S 特性曲线下测试性增长过程

(a)TDDs 识别与纠正过程 (b)FDR 变化过程

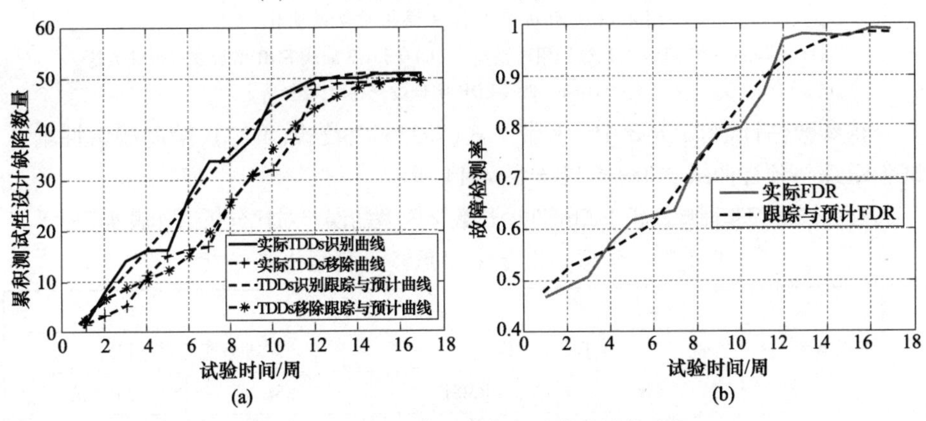

图 4-10 Gamma 特性曲线下测试性增长过程

(a)TDDs 识别与纠正过程 (b)FDR 变化过程

非理想修正过程中测试性设计缺陷识别与纠正过程相对误差变化，如图4-11所示。

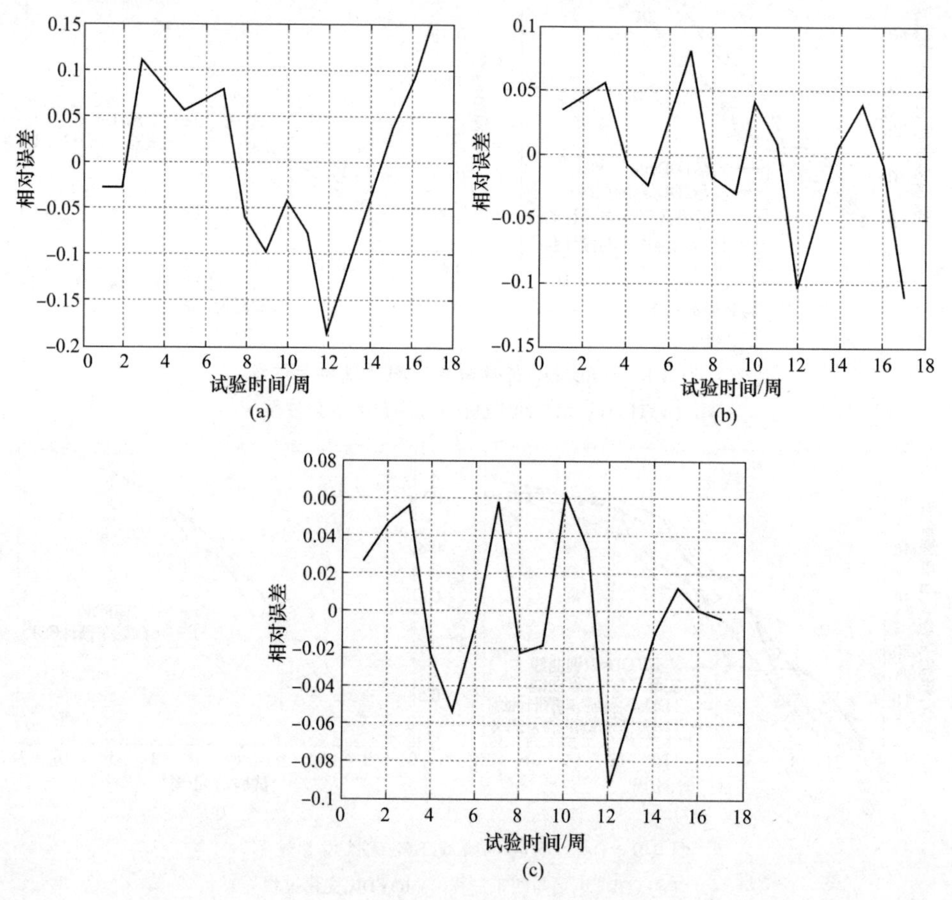

图4-11 测试性增长过程相对误差变化

(a)Gaussian 曲线 FDR 增长过程相对误差 (b)Delay-S 曲线 FDR 增长过程相对误差

(c)Gamma 曲线 FDR 增长过程相对误差

将参数估计值$\{a,b,\alpha,\beta,\theta\}$带入式(4-35)以及式(4-43)，绘制测试性增长试验跟踪与预计曲线，如图4-12至图4-14所示。

理想修正和非理想修正下测试性增长数学模型的误差对比分析值如表4-7所示。

表4-7 理想修正与非理想修正模型误差分析

曲线类型	误差分析值			
	理想修正过程		非理想修正过程	
	SSE	RMSE	SSE	RMSE
Gaussian	4.8147	0.2832	0.3425	0.0201

（续）

曲线类型	误差分析值			
	理想修正过程		非理想修正过程	
	SSE	RMSE	SSE	RMSE
Delay-S	24.7969	1.4586	0.0692	0.0041
Gamma	8.0697	0.4747	0.0094	5.51×10^{-4}

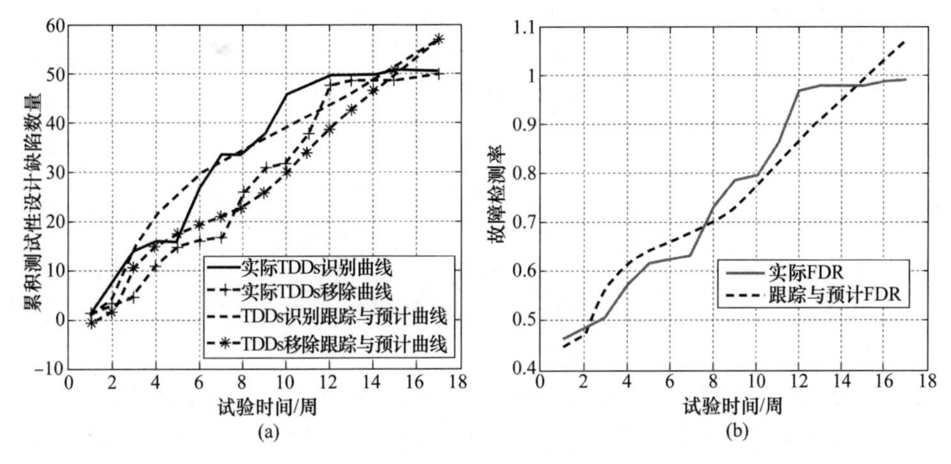

图 4-12 Gaussian 特性曲线下测试性增长过程

(a) TDDs 识别与纠正过程 (b) FDR 变化过程

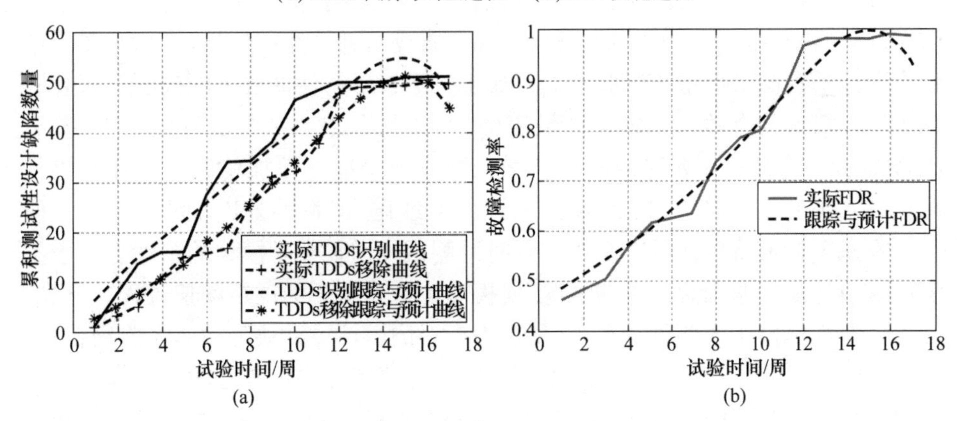

图 4-13 Delay-S 特性曲线下测试性增长过程

(a) TDDs 识别与纠正过程 (b) FDR 变化过程

从表 4-7、图 4-7 至图 4-9 以及图 4-11 至图 4-13 可以看出，可以看出非理想修正条件下的测试性增长数学模型较理想修正下的模型具有更高的跟踪和预计精度，说明考虑非理想修正的测试性增长数学模型更符合大型复杂设备的实际测试性增长试验过程。

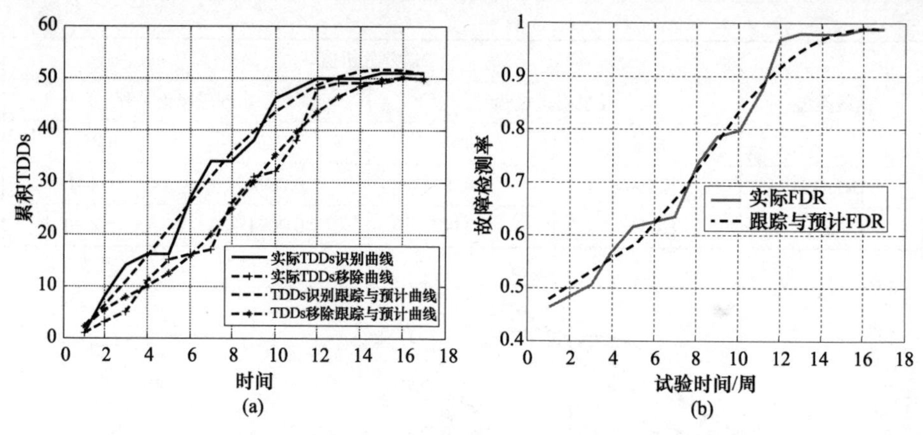

图 4-14　Gamma 特性曲线下测试性增长过程

(a)TDDs 识别与纠正过程　(b)FDR 变化过程

4.3　本章小结

本章首先针对现有测试性增长数学模型因未考虑测试性设计缺陷纠正的延时过程导致测试性增长过程描述不完整,增长试验跟踪与预计不精确的问题,通过机理分析得出测试性设计缺陷发现与纠正过程存在延时关系的基础上,提出了一种基于铃形曲线考虑纠正延时的测试性增长数学模型,即分别建立了基于 Gaussian 曲线、Delay - S 型曲线和 Gamma 曲线的测试性增长数学模型;基于某稳定跟踪平台测试性增长试验数据对比了三类铃形特性曲线下的模型效果并验证了所建模型的有效性。研究结果表明,在该稳定跟踪平台试验数据下,基于 Gamma 曲线考虑纠正延时的测试性增长数学模型能够更加精确的跟踪与预计测试性水平变化。接下来,针对测试性设计缺陷非理想修正的问题进行了研究。在基于铃形特性曲线考虑纠正延时的测试性增长数学模型的基础上考虑了测试性设计缺陷非理想改进的情况,使模型更符合实际测试性增长过程。首先,分析了非理想修正的两种情况:一种是由于对测试性设计缺陷的非完美纠正;另一种是纠正过程中引入新的测试性设计缺陷。然后,综合考虑两类非理性纠正情况,分别建立了基于 Gaussian 曲线、Delay-S 型曲线和 Gamma 曲线的非理想修正测试性增长模型。最后,基于某型设备控制系统研制阶段的增长试验数据验证了所建测试性增长数学模型的有效性,与理想修正条件下的模型相比该模型更加符合实际测试性增长过程。

第5章　离散测试性增长试验跟踪与预计模型建模技术

测试性增长试验跟踪与预计是测试性增长试验有序开展的保证。将测试性增长跟踪与预计结果和试验规划进行对比,可以使试验管理者对试验进程进行监督和管理,决定是否需要增加额外的试验资源,或者修改试验计划,从而使试验对象在较短的时间内,以较低的成本达到要求的测试性指标。测试性增长试验跟踪可以直接利用故障检测/隔离试验成败型数据直接实现,而要方便地实现测试性增长试验预计,则需要利用参数型测试性增长模型。参数型测试性增长模型利用若干参数描述设备的测试性指标变化趋势,利用该模型可以方便地绘制测试性增长跟踪和预计曲线。测试性增长跟踪曲线可以平滑试验随机误差,使测试性增长试验跟踪更准确;测试性增长预计曲线则可以直观描述系统在未来试验阶段可能达到的测试性水平。本章将首先研究用于测试性增长试验跟踪的测试性指标评估方法,评价设备的测试性指标增长过程;然后建立测试性增长参数模型,将测试性增长跟踪结果作为模型输入,利用参数估计方法获取测试性增长模型参数估计值,从而绘制测试性增长跟踪与预计曲线;最后对所提模型及参数估计方法的稳健性进行分析。

5.1　测试性增长试验初始水平确定

5.1.1　考虑及时纠正的测试性增长指标评估

对于采用及时纠正策略的测试性增长试验,由于抽样试验的随机性,对于任一试验阶段,试验暂停时所开展的故障检测/隔离试验总样本数也是随机的。当每阶段试验允许失败的故障检测/隔离试验失败次数较少时,有可能得到比较极端的试验结果。比如每阶段允许失败的试验次数为1,虽然系统的FDR真值为0.9,但如果第一次故障检测/隔离试验就遇到了不可检测故障,该阶段累积的故障检测/隔离试验样本总数将仅为1。在这种情况下,利用经典测试性指标评估方法[2]得到的系统FDR点估计值为0。这是与事实严重不符的。因此,有必要研究在故障检测/隔离试验样本总数较小的情况下,如何科学地进行测试性指标估计。

Bayes 方法能够融合多源信息从而得到更好的评估效果,可以在一定程度上缓解抽样随机性带来的问题。已有的基于 Bayes 理论的测试性指标评估方法并不适用于采用及时纠正策略的测试性增长试验跟踪,主要原因是 Bayes 评估要求先验信息与后验信息具有“同总体”的特点,而在采用及时纠正策略的测试性增长试验中,设备的测试性设计多数时刻处于变化的状态,难以累积大量“同总体”先验信息。为了克服这个缺点,有学者研究了将多阶段增长数据转化为“同阶段”试验数据的方法,但是这些折合方法往往具有较强的人为因素,从而影响了评估结果的客观性。本节将在前人研究的基础上,结合测试性增长试验的特点,研究测试性增长试验过程中基于 Bayes 理论的指标跟踪方法。

5.1.1.1 考虑试验规划信息的指标评估

基于及时纠正策略的测试性增长试验方案规划能够给出每阶段试验故障检测/隔离试验样本总数的期望值。试验规划作为系统设计师与试验管理者对试验过程的一种信心,是一种不可多得的先验信息。因此,本小节将研究用于及时纠正策略的,考虑试验规划信息的测试性增长试验指标评估方法。

假设随机变量 X 服从密度函数为 $f(\theta,x)$ 的分布,其中 θ 为分布参数,如果 δ 是 θ 的一个估计值,则由于估计误差引起的熵损失 $I(\theta,\delta)$ 为

$$I(\theta,\delta)=E_{\theta}\left\{\ln\frac{f(\theta,x)}{f(\delta,x)}\right\} \tag{5-1}$$

为了简化表达式,若无特殊说明,本小节将省略阶段 i 的下标符号。令 $\hat{p}$ 表示 p 的估计值,r 为阶段 k 的故障检测/隔离试验总数,m 为每阶段允许失败试验次数。于是 p 与 $\hat{p}$ 之间的熵损失函数 $L(p,\hat{p})$ 可以表示为

$$L(p,\hat{p})=E_p\left\{\ln\frac{f(p,r,m)}{f(\hat{p},r,m)}\right\}=E_p\left\{\ln\frac{p^m(1-p)^{r-m}}{\hat{p}^m(1-\hat{p})^{r-m}}\right\}=E_p\left\{m\ln\frac{p}{\hat{p}}+(r-m)\ln\frac{1-p}{1-\hat{p}}\right\} \tag{5-2}$$

由 $E(r)=m/p$ 可得

$$\frac{E(r)-m}{m}=\frac{1-p}{p} \tag{5-3}$$

将式(5-3)代入式(5-2)可得

$$L(p,\hat{p})=mE_p\left\{\ln\frac{p}{\hat{p}}+\frac{1-p}{p}\ln\frac{1-p}{1-\hat{p}}\right\} \tag{5-4}$$

于是在熵损失最小的条件下,p 的 Bayes 估计值为

$$\hat{p}=\frac{1}{1+E\left[\dfrac{1-p}{p}\mid r\right]} \tag{5-5}$$

证明如下:

当估计值为 $\hat{p}$ 时，对应的熵损失为

$$h(p,\hat{p}) = mE\left[\ln p \mid r - \ln\hat{p} + \frac{1-p}{p}\ln(1-p) \mid r - \frac{1-p}{p}\ln(1-\hat{p}) \mid r\right] \tag{5-6}$$

在式(5-3) 至式(5-6) 中，$E(\ )$ 表示 p 和 r 联合分布函数的期望值。

若要熵损失 $h(p,\hat{p})$ 最小，根据极大似然方法，需满足式(5-7) 即可。

$$\frac{\partial h(p,\hat{p})}{\partial \hat{p}} = -\frac{1}{\hat{p}} + \frac{1}{1-\hat{p}}E\left[\frac{1-p}{p} \mid r\right] = 0 \tag{5-7}$$

于是式(5-6) 得证。

取 p 的先验分布为其共轭族 Beta 分布，概率密度函数为

$$\theta(p) = \begin{cases} \dfrac{p^{\mu-1}(1-p)^{\nu-1}}{B(\mu,v)}, & 0 < p < 1 \\ 0 & \text{其他} \end{cases} \tag{5-8}$$

根据 Bayes 公式，p 的后验密度为

$$\theta(p \mid r,m) = \frac{p^{m+\mu-1}(1-p)^{r+v-m-1}}{B(m+\mu, r+v-m)} \tag{5-9}$$

可见 p 的后验分布同样服从如下的 Beta 分布：

$$\theta(p \mid r,m) \propto p^{\mu+m-1}(1-p)^{\nu+r-m-1} \tag{5-10}$$

于是有

$$\begin{aligned} E\left[\frac{1-p}{p} \mid r\right] &= \int_0^1 \frac{1-p}{p}\theta(p \mid r,m)\,\mathrm{d}p \\ &= \frac{\Gamma(m+\mu-1)\Gamma(r+v-m+1)}{\Gamma(m+\mu)\Gamma(r+v-m)} = \frac{r+v-m}{m+\mu-1} \end{aligned} \tag{5-11}$$

将式(5-11) 代入式(5-5) 可得

$$\hat{p} = \frac{1}{1+E\left[\dfrac{1-p}{p} \mid r\right]} = \frac{\mu+m-1}{\mu+v+r-1} \tag{5-12}$$

按照 Beta 分布与二项分布的关系，这里假设 μ 满足：

$$\mu = r_{i-p} - m \tag{5-13}$$

式中，r_{i-p} 为按照试验规划给出的阶段 i 的试验总数。

将 $E(r) = m/E(\hat{p})$ 代入式(5-12) 可得

$$E(\hat{p}) = \frac{m}{E(r)} = \frac{m}{r_{i\_p}} = \frac{\mu+m-1}{\mu+v+r_{i\_p}-1} \tag{5-14}$$

整理可得：

$$v = \frac{r_{i\_p}(r_{i\_p} - 1)}{m} - 2r_{i\_p} + m + 1 \tag{5-15}$$

在得到了每阶段的试验总数 r 之后,将式(5-13) 和式(5-15) 代入式(5-12)即可得到每阶段故障检测/隔离试验失败的概率估计值。利用该方法选择 Beta 分布先验参数简单易行,但必须要求试验规划信息的准确性,错误的先验信息将导致较大的评估偏差。

5.1.1.2 考虑序化增长约束的指标评估

在对系统测试性进行改进设计时,一般不允许引入致使原有故障检测/隔离概率下降的改进措施。因此若在改进过程中系统原有的测试性水平发生了下降的情况,可能原因不外乎以下两点:① 系统结构在测试性设计更新时发生变化,导致系统故障模式种类或者故障率变化;② 由于设计师的非主观因素,测试性设计改进措施导致原有的测试性设计劣化。

对于复杂设备而言,基于及时纠正策略的测试性增长试验每次改进量有限,所以在相邻两个阶段内,测试性指标出现急剧下降是不可能的。基于如上考虑,在可靠性增长理论中被广泛承认和接受的增长序化假设在测试性增长试验中同样适用。根据增长序化假设,可以认为受试对象的测试性指标随着试验的进行逐渐提高,满足序化增长关系约束,表现为 $q(0) \leqslant q(1) \leqslant \cdots \leqslant q(k) < 1$,其中 $q(i) = 1 - p(i)$ 为系统的故障检测/隔离率。对于系统的故障检测/隔离率 $q(k-1)$,$k \geqslant 1$,可以假设其先验分布为 $[0, q(k)]$ 上的均匀分布,而 $q(k)$ 则是 $[0,1]$ 上的均匀分布。为了书写方便,本节将阶段数 k 用下标表示,记 $q(k)$ 为 q_k。

令 r_k 为在试验阶段 k,为发现 m 次失败试验结果而进行的故障检测/隔离试验总数,$s_k = r_k - m$ 为成功试验次数,根据二项分布的特点,阶段 0 至阶段 k 的试验结果具有如式(5-16) 所示的似然函数。

$$L \propto \prod_{i=0}^{k} q_i^{s_i} (1 - q_i)^{r_i - s_i} \tag{5-16}$$

按照 Bayes 公式和序化增长约束关系,q_k 的后验分布的边缘分布为

$$\pi(q_k \mid r_k, m) = \frac{\int_0^{q_k}\int_0^{q_{k-1}} \cdots \int_0^{q_1} \left[\prod_{i=0}^{k} q_i^{s_i} (1 - q_i)^{r_i - s_i} \right] \mathrm{d}q_0 \mathrm{d}q_1 \mathrm{d}q_2 \cdots \mathrm{d}q_{k-1}}{\int_0^1 \int_0^{q_k}\int_0^{q_{k-1}} \cdots \int_0^{q_1} \left[\prod_{i=0}^{k} q_i^{s_i} (1 - q_i)^{r_i - s_i} \right] \mathrm{d}q_0 \mathrm{d}q_1 \mathrm{d}q_2 \cdots \mathrm{d}q_k} \tag{5-17}$$

利用式(5-18) 可以递推得到 $\pi(q_k \mid r_k, m)$ 的常数项 K_k 如式(5-19) 所示。

$$\int_0^{q_k} \frac{q_{k-1}^{s_{k-1}} (1 - q_{k-1})^{r_{k-1} - s_{k-1}}}{B(s_{k-1} + 1, r_{k-1} - s_{k-1} + 1)} \mathrm{d}q_k = \sum_{i = s_{k-1}+1}^{r_{k-1}+1} \binom{r_{k-1} + 1}{i} q_k^i (1 - q_k)^{r_{k-1}+1-i} \tag{5-18}$$

$$\frac{1}{K_k} = \int_0^1 \int_0^{q_k} \int_0^{q_{k-1}} \cdots \int_0^{q_1} \left[\prod_{i=0}^{k} q_i^{s_i} (1 - q_i)^{r_i - s_i} \right] \mathrm{d}q_0 \mathrm{d}q_1 \mathrm{d}q_2 \cdots \mathrm{d}q_k$$
$$= \sum_{h_0 = S_0}^{g_0} \sum_{h_1 = S_1 + h_0}^{g_1} \cdots \sum_{h_{k-1} = S_{k-1} + h_{k-2}}^{g_{k-1}} \prod_{j=0}^{k-1} C_j \cdot B(S_k + h_{k-1}, S_{(k-1)} + f_{(k)} - h_{k-1} - k + 1) \tag{5-19}$$

式中

$$\begin{gathered} h_{-1} = 0, s_{-1} = 0, S_{(-1)} = 0 \\ S_j = s_j + 1, g_j = \sum_{i=0}^{j} r_i + j + 1 \\ S_{(j)} = \sum_{i=0}^{j} s_i + j + 1, f_{(j)} = \sum_{i=0}^{j} r_i - \sum_{i=0}^{j} s_i + j + 1 \\ C_j = B(S_j + h_{j-1}, S_{(j-1)} + f_{(j)} - h_{j-1} - j + 1) \binom{g_j}{h_j} \end{gathered} \tag{5-20}$$

于是根据式(5-17) 和式(5-19) 可知，q_k 的后验估计 $E(q_k)$ 为

$$E(q_k) = \frac{\sum_{h_0 = S_0}^{g_0} \sum_{h_1 = S_1 + h_0}^{g_1} \cdots \sum_{h_{k-1} = S_{k-1} + h_{k-2}}^{g_{k-1}} \prod_{j=0}^{k-1} C_j \cdot B(S_k + h_{k-1} + 1, S_{(k-1)} + f_{(k)} - h_{k-1} - k + 1)}{\sum_{h_0 = S_0}^{g_0} \sum_{h_1 = S_1 + h_0}^{g_1} \cdots \sum_{h_{k-1} = S_{k-1} + h_{k-2}}^{g_{k-1}} \prod_{j=0}^{k-1} C_j \cdot B(S_k + h_{k-1}, S_{(k-1)} + f_{(k)} - h_{k-1} - k + 1)} \tag{5-21}$$

利用该方法进行测试性指标评估时不利用任何外来数据，仅依靠整个增长试验过程中已经获得的成败型试验数据，并且不需要人为给定数据折合因子，即减少了外界数据对评估结果的影响，又增加了评估结果的客观性。但是在研究过程中，我们发现该方法有两个不足之处：① 随着试验阶段和试验数据的扩充，为了计算式(5-21) 需要大量的计算资源；② 无法评估系统在阶段 0 时试验失败的概率。通过反复仿真与对比，在具体应用该方法时可以用如下方法解决这两个问题：对于问题 ①，使用窗长为 W 的滑动窗口，当试验阶段数小于 W 时，利用所有试验数据进行计算；当试验阶段数大于 W 时，仅采用 $k - W$ 至 W 阶段的试验数据，W 取值根据试验数据规模和计算机硬件决定。

5.1.1.3　算法有效性验证

假设某系统在实际测试性增长试验过程中各试验阶段 FDR 的真值如表5-1所示，试验过程中，每阶段允许失败的故障检测 / 隔离试验次数为 2。

(1) 仿真生成五个阶段的测试性增长试验数据，该试验过程可以看作是试验的期望过程。分别利用极大似然法、考虑试验规划信息的 Bayes 估计以及考虑序化约束关系的 Bayes 估计三种方法评估系统每个试验阶段的 FDR。各种评估方法得到的各阶段测试性指标如表 5-1 所示。

表 5-1 各种评估方法评估偏差绝对值

阶段数		0	1	2	3	4
FDR 真值		0.5200	0.5800	0.7176	0.8015	0.8535
故障检测/隔离试验次数		4	5	7	10	14
估值偏差绝对值	极大似然法	0.0200	0.0200	0.0033	0.0015	0.0036
	序化约束法	0.0124	0.0850	0.0051	0.0344	0.0522
	试验规划法	0.0124	0.0109	0.0011	0.0000	0.0001

对比表 5-1 中数据可知,当每阶段故障检测/隔离试验次数为理想期望值时,按照误差大小排序,考虑试验规划信息的 Bayes 估计效果最优,极大似然估计次之,考虑序化约束关系的 Bayes 估计最差,但是任何一种估计方法都能获得较小的估计误差,均能满足测试性增长试验跟踪要求。

(2) 利用 Matlab 软件中 geornd 函数随机仿真生成五个阶段的测试性增长试验数据,该试验过程可以看作是一次真正的随机试验。然后分别利用极大似然法、考虑试验规划信息的 Bayes 估计以及考虑序化约束关系的 Bayes 估计三种方法评估系统每个试验阶段的 FDR。为了避免单次试验随机性造成的评价偏差,本书模拟仿真 100 次测试性增长试验,通过比较各种估计方法的统计特性来评价其效果。其中各种计算方法得到的各阶段测试性指标最大值,最小值以及均值如图 5-1 所示,各阶段评估结果分布图如图 5-2 所示,各阶段估值与真实值偏差绝对值的均值如表 5-2 所示。

如果仅对比各阶段评估结果的准确性(图 5-1),可以发现由于试验过程的随机性,极有可能出现极端的试验结果,导致无论使用哪种评估方法均不能保证每次评估都准确,均可能出现较大的评估偏差。但对比图 5-2 和表 5-2 可以发现,由于先验信息对试验结果的修正,Bayes 评估结果总体上的统计指标比无先验信息时更优。具体表现为:① 无论处于哪个试验阶段,Bayes 方法误差都明显小于极大似然评估方法误差,如表 5-2 中平均误差所示;② 无论处于哪个试验阶段,极大似然评估结果分散性强、方差大,而 Bayes 方法的评估结果则表现出较好的凝聚性、方差小,如图 5-2 所示。

表 5-2 各种评估方法评估偏差绝对值均值表(一)

阶段数		0	1	2	3	4
FDR 真值		0.5200	0.5800	0.7176	0.8015	0.8535
估值偏差绝对值均值	极大似然法	0.2999	0.2546	0.2921	0.2724	0.1901
	序化约束法	0.1536	0.0891	0.0760	0.0804	0.0779
	试验规划法	0.1536	0.1024	0.0560	0.0306	0.0134

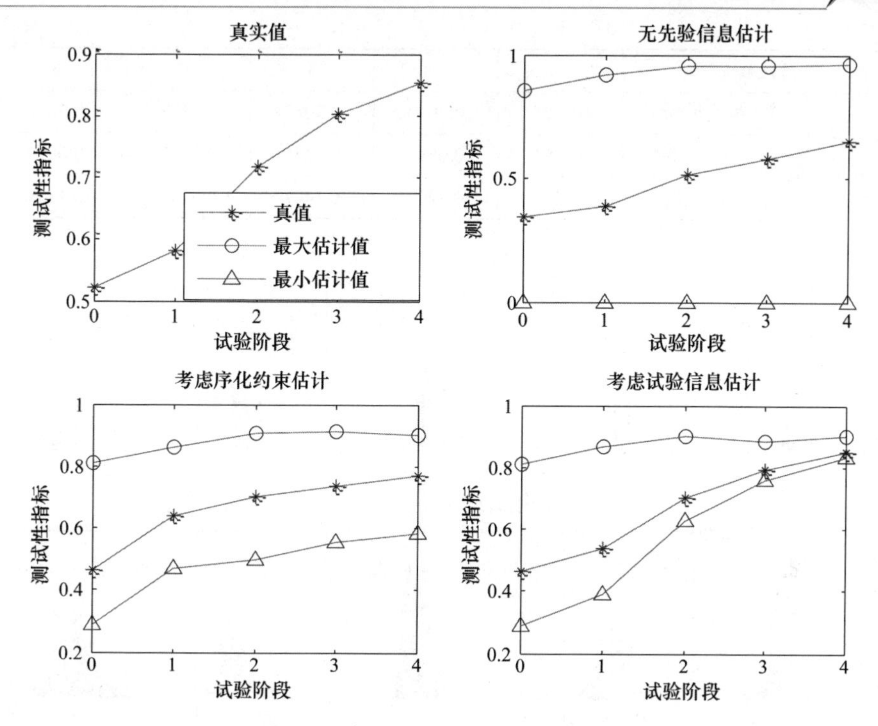

图 5-1　各种评估方法评估结果统计

如果仅比较考虑试验规划信息的 Bayes 指标评估与考虑序化约束关系的 Bayes 指标评估两种方法,在上例中前者评估精度明显优于后者,这是因为试验过程是严格遵循“试验规划”进行的,考虑试验规划信息的 Bayes 估计所依据的先验信息准确无误。于是我们不禁要问:一旦试验规划信息不准确,考虑试验规划信息的 Bayes 评估仍能得到最优的评估结果吗?

为了回答这个问题,可以考虑如下试验规划信息不准确的情况:假设在进行测试性指标评估时,考虑的试验规划信息仍为表 5-2 中所示,而系统每阶段的 FDR 真值却如表 5-3 所示。在这种情况下,测试性增长试验规划所给出的系统在阶段 3、阶段 4 及阶段 5 所具有的 FDR 期望值都严重偏离系统真实值。

针对这种情况,仍然利用极大似然法、考虑试验规划信息的 Bayes 估计以及考虑序化约束关系的 Bayes 估计三种方法评估系统每个试验阶段的 FDR。每种方法得到的各阶段测试性指标估计值与真实值偏差绝对值的均值如表 5-3 所示。

表 5-3　各种评估方法评估偏差绝对值均值表(二)

阶段数	1	2	3	4	5
FDR 真值	0.5200	0.5800	0.5176	0.6015	0.7035

（续）

阶段数		1	2	3	4	5
估值偏差绝对值均值	极大似然法	0.3227	0.3049	0.3077	0.3279	0.3077
	序化约束法	0.1595	0.0887	0.1356	0.0851	0.0623
	试验规划法	0.1595	0.1200	0.1487	0.1747	0.1853

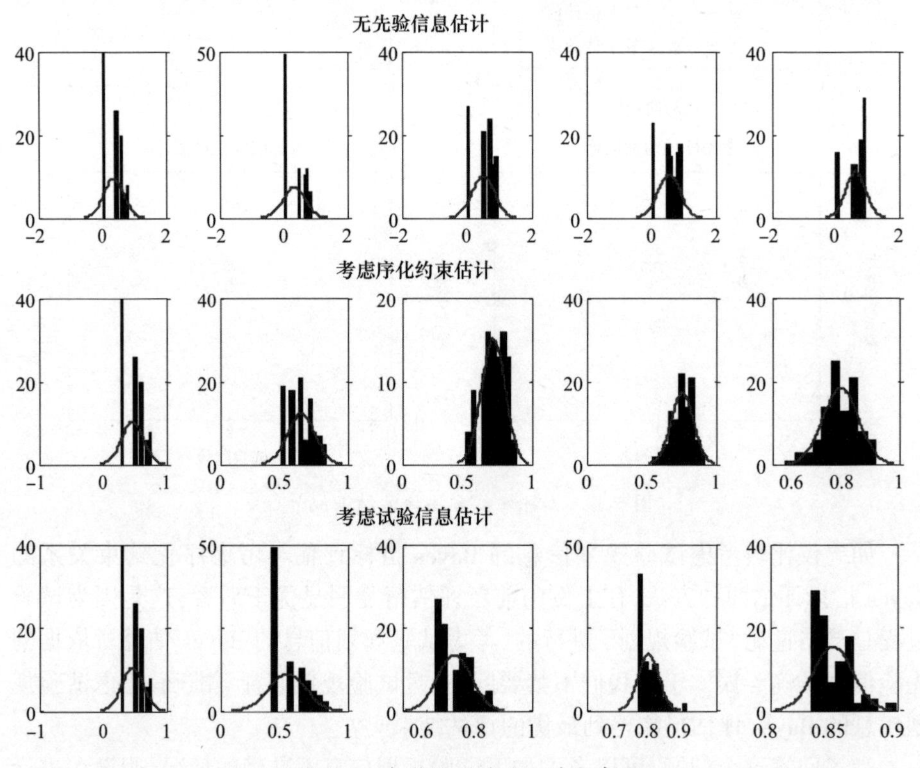

图 5-2　各种评估结果统计分布图

从表 5-3 可以得知，考虑序化约束关系的 Bayes 估计具有最小的估计偏差，而考虑试验规划信息的 Bayes 估计误差明显增大，但仍然优于极大似然法评估结果。考虑序化约束关系的评估方法在这种情况下表现出较好的评估结果的原因是：虽然考虑序化约束关系的评估方法在每次评估时都要求指标满足增长关系，但是这种增长并不建立在前一阶段评估结果基础上，每次评估都是相互独立的，与之前的评估结果无关。

因此，本书提出的考虑序化约束关系的测试性指标评估方法也适用于试验过程中测试性指标下降的情况。在实际应用中，当试验规划数据不准确或者没有试验规划信息时，特别是不能准确估计新故障模式引入和已有故障模式移除对系统测试性指标影响的情况下，应该采用考虑序化约束关系的评估方法。

5.1.2　考虑延缓纠正的测试性增长指标评估

在基于延缓纠正模式的测试性增长试验中，每阶段的故障检测／隔离试验都是一次完整的测试性验证试验，每个阶段在进行测试性设计改进时，相应的测试性模型、测试性虚拟样机、测试性实物样机都会进行改进，并且会根据改进后的模型和样机开展新的指标预计和试验，这些都为基于 Bayes 理论的测试性指标评估提供了大量满足“同总体”要求的先验信息。正如论文文献综述部分所述，基于 Bayes 理论的、用于测试性验证试验的指标评估已有大量的研究工作，这些研究成果可以直接用于考虑延缓纠正的测试性增长指标评估。因此本书仅提出图 5-3 所示的一种适用于延缓纠正的测试性增长 Bayes 评估方法框架，以该阶段下基于实物样机的试验数据为基准，结合测试性预计数据、虚拟试验数据和专家信息等先验信息对测试性指标进行评估。

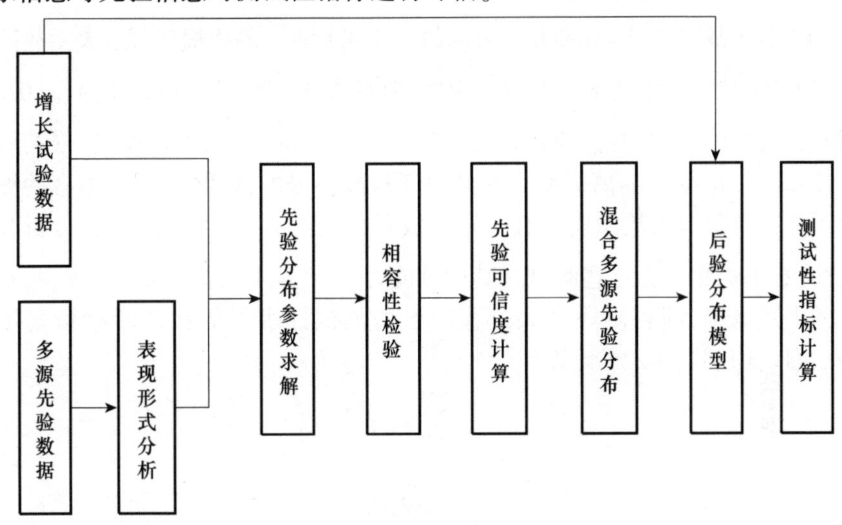

图 5-3　基于多源先验数据的测试性增长试验评估总体技术思路

首先根据先验数据的具体表现形式（包括成败型数据形式、FDR/FIR 点估计形式、区间估计形式等）选择对应的先验分布参数估计方法，再利用 Bayes 方法得到该阶段增长试验数据的先验分布参数；然后在一定置信水平下逐一对先验数据和增长试验数据的相容性进行检验，对通过检验的先验数据，计算每一组先验数据的可信度，并考虑可信度将各先验数据的先验分布进行融合，从而得到 FDR/FIR 的混合多源先验分布；最后融合增长试验数据，求得 FDR/FIR 的后验分布，并基于后验分布得到该阶段下的 FDR/FIR 计算评估结果。

5.2 描述测试性指标变化趋势的状态转移模型

在设备研制过程中,设备的结构有可能因为多种原因而发生变化,从而引起设备故障模式种类、故障模式故障率等 FMEA 信息的变化;并且由于设计师经验、设备复杂程度等因素的影响,测试性设计缺陷有时很难一次性完全移除。本节将存在这些情况的设计改进统称为非理想测试性设计改进。非理想测试性设计改进会对设备测试性指标增长过程产生影响,有时甚至会导致测试性指标的微小降低。为了能够考虑非理想测试性设计改进的影响,更加准确的跟踪和预计测试性增长试验过程,必须构建能够描述更复杂情况的测试性增长参数模型。

令 $N(k)$ 表示系统从试验阶段 0 到试验阶段 k 所经历的所有故障模式的集合,$\bar{d}_i(k)$ 表示故障模式 i 在阶段 k 时的故障不可检测/隔离概率,λ_{ik} 表示故障模式 i 在阶段 k 时的发生概率。若故障模式 i 在阶段 k 移除,则 $\bar{d}_i(l)=0,\lambda_{il}=0;l \geqslant k$。相反,若故障模式 i 在阶段 k 引入,$\bar{d}_i(k)=\bar{d}_{i\_\text{initial}}$,$\bar{d}_{i\_\text{initial}}$ 为故障模式 i 最初所具有的故障不可检测/隔离概率。虽然由于故障信号的传递性,设备原有的测试项目可能会对新引入故障模式有一定的故障检测能力,但在未经试验分析和验证之前,本书仍然认为这些测试对其检测能力 $\bar{d}_{i\_\text{initial}}=1$。基于如上考虑,每阶段试验的失败概率,即各阶段试验过程中设备测试性水平的状态转移概率参数 $p(k)$,可以通过式(5-22)计算。

$$p(k)=\frac{\sum_{i=1}^{N(k)}\lambda_{ik}\bar{d}_i(k)}{\sum_{i=1}^{N(k)}\lambda_{ik}} \tag{5-22}$$

定义 $y(k)$ 为测试性增长需求量,表示在测试性增长试验中为使设备 FDR/FIR 达到100%而需提高的 FDR/FIR 累积量。由于试验过程中测试性增长需求量增大的原因包括三种:① 新故障模式引入导致系统总 FDR/FIR 下降;② 已有故障模式检测/隔离能力下降;③ 已有故障模式的故障率发生变化导致系统 FDR/FIR 下降。于是 $y(k)$ 可用式(5-23)表示。

$$y(k)=\begin{cases} p(0),k=0 \\ \max\left\{\dfrac{\sum_{i=1}^{N(k)}\lambda_{i\_\text{initial}}\bar{d}_{i\_\text{initial}}}{\sum_{i=1}^{N(k)}\lambda_{i\_\text{initial}}},\dfrac{\sum_{i=1}^{N(k)}\lambda_{i\_\text{initial}}\bar{d}_{i\_\text{initial}}}{\sum_{i=1}^{N(k)}\lambda_{i\_\text{initial}}}+\sum_{i=1}^{k}\Delta y_i\right\},k\geqslant 1\end{cases} \tag{5-23}$$

式中，$\bar{d}_{i\_initial}$ 和 $\lambda_{i\_initial}$ 分别为故障模式 i 具有的故障不可检测/隔离概率和故障发生概率初值；Δy_i 为上述第②和第③种原因导致的设备测试性指标降低量，且有若 $p(i) < p(i-1)$，则 $\Delta y_i = 0$，若满足 $p(i) \geqslant p(i-1)$，则 $\Delta y_i = p(i) - p(i-1)$；根据式(5-23)可知，$y(k)$ 是试验阶段数 k 的单调不减函数，$y(k) \in (0,1]$。

令 $z(k)$ 表示系统在第 k 次测试性设计更新后测试性指标的实际增长量，那么增长需求值 $y(k)$ 与实际增长值 $z(k)$ 之间的差值就是式(5-22)所示的状态转移概率，如式(5-24)所示。

$$\begin{cases} p(k) = y(k) - z(k) \\ z(0) = 0 \end{cases} \tag{5-24}$$

接下来通过一个简单的案例来解释 $y(k)$ 和 $z(k)$ 的变化。假设某系统在试验开始阶段有五个故障模式，分别表示为 F1、F2、F3、F4 和 F5，这些故障模式的相关信息如表 5-4 所示。假设这些故障模式之间在测试上是相互独立的，每阶段允许失败的故障检测/隔离次数为 2。

表 5-4　示例对象参数值

		F1	F2	F3	F4	F5
$\lambda_i/10^{-6}/\text{h}$		0.50	0.40	0.30	0.20	0.30
$\bar{d}_i$	阶段 0	0.40	0.20	0.50	0.10	0.30
	阶段 1	0.32	0.20	0.35	0.10	0.30
	阶段 2	0.32	0.12	0.35	0.10	0.25

现在给出四种可能的情况：

(1) 在测试性增长过程中系统 FMEA 没有发生任何变化；

(2) 故障模式 F6 在第一次设计更新之后被引入系统中，其故障率为 $0.1 \times 10^{-6}/\text{h}$，其余故障模式信息不变；

(3) 故障模式 F3 在第二次设计更新之后被移除，其余故障模式信息不变；

(4) 故障模式 F3 在第二次设计更新之后被移除，其余故障模式信息不变，同时故障模式 F6 再被引入系统中，其故障率为 $0.1 \times 10^{-6}/\text{h}$。

于是对于这四种情况，系统测试性水平转移概率，测试性增长需求值，实际达到的测试性指标增长量可以用式(5-22)至式(5-24)分别计算，如表 5-5 所示。

表 5-5　不同情况下对象测试性增长过程数据

情况序号	阶段	$p(k)$	$y(k)$	$z(k)$
情况(1)	0	0.32	0.32	0
	1	0.27	0.32	0.05
	2	0.24	0.32	0.08

（续）

情况序号	阶段	$p(k)$	$y(k)$	$z(k)$
情况(2)	0	0.32	0.32	0
	1	0.31	0.35	0.04
	2	0.28	0.35	0.07
情况(3)	0	0.32	0.32	0
	1	0.27	0.32	0.05
	2	0.22	0.32	0.10
情况(4)	0	0.32	0.32	0
	1	0.27	0.32	0.05
	2	0.27	0.35	0.08

以情况(4)为例说明上述表格中各参数的计算过程。

当F6没有引入系统时，有

$$y(0)=p(0)=\frac{\sum_{i=1}^{5}\lambda_i d_i(0)}{\sum_{i=1}^{5}\lambda_i}=0.32 \tag{5-25}$$

$$z(0)=y(0)-p(0)=0 \tag{5-26}$$

$$p(1)=\frac{\sum_{i=1}^{5}\lambda_i d_i(1)}{\sum_{i=1}^{5}\lambda_i}=0.27 \tag{5-27}$$

$$y(1)=\max\left\{\frac{\sum_{i=1}^{5}\lambda_i d_i(0)}{\sum_{i=1}^{5}\lambda_i},\frac{\sum_{i=1}^{5}\lambda_i d_i(0)}{\sum_{i=1}^{5}\lambda_i}+\Delta y_1\right\}=0.32 \tag{5-28}$$

$$z(1)=y(1)-p(1)=0.05 \tag{5-29}$$

当F6引入系统，并且F3移除时，有

$$p(2)=\frac{\sum_{i=1}^{2}\lambda_i d_i(2)+\sum_{i=4}^{5}\lambda_i d_i(2)+\lambda_6\times 1}{\sum_{i=1}^{2}\lambda_i+\sum_{i=4}^{5}\lambda_i+\lambda_6}=0.27 \tag{5-30}$$

$$y(2)=\max\left\{\frac{\sum_{i=1}^{5}\lambda_i d_i(0)+\lambda_6\times 1}{\sum_{i=1}^{5}\lambda_i+\lambda_6},\frac{\sum_{i=1}^{5}\lambda_i d_i(0)+\lambda_6\times 1}{\sum_{i=1}^{5}\lambda_i+\lambda_6}+\Delta y_2\right\}=0.35 \tag{5-31}$$

$$z(2)=y(2)-z(2)=0.08 \tag{5-32}$$

假设系统最终要实现的测试性增长指标 $y(\infty)=c$，并且令 $y(0)=c-a$，其中 a 是由于非理想改进过程对系统测试性指标增长需求量的累计负影响，则测试性指标增长需求量的表达式可用一阶离散差分方程重新定义，如式(5-33)所示：

$$\begin{cases}y(k+1)=by(k)+c(1-b)\\y(0)=c-a\end{cases} \tag{5-33}$$

一般地，测试性设计缺陷在试验的最初阶段更容易被发现和解决，设备 FDR/FIR 会有明显的提高；随着测试性设计改进的进行，FDR/FIR 增长的速度会明显的减慢。因此，本书引用软件可靠性增长 GO 模型中的经典假设，假设测试性设计缺陷发现和测试性设计改进的能力与系统中残留的测试性设计缺陷的多少成正比，并用 $q(k)$ 表示。于是实际的测试性增长指标 $z(k)$ 变化可用式(5-34)表示。

$$\begin{cases}z(k+1)=z(k)+q(k+1)p(k)\\q(k+1)=\dfrac{\alpha\beta}{1-(1-\alpha)(1-\alpha\beta)^k}\end{cases} \tag{5-34}$$

式中，$\alpha>0,\beta<1$，且有 $q(1)=\beta,q(\infty)=\alpha\beta$。

利用式(5-33)和式(5-34)可以得到

$$p(k)=c-ab^k-\frac{\alpha\beta}{1-(1-\alpha)(1-\alpha\beta)^{k-1}}\left\{\frac{c}{\alpha\beta}[1-(1-\alpha\beta)^k]-a\frac{(1-\alpha\beta)^k-b^k}{1-\alpha\beta-b}\right\} \tag{5-35}$$

于是，设备测试性水平转移概率 $p(k)$ 由 $\{a,b,c,\alpha,\beta\}$ 五个参数决定，这些参数需要利用故障检测/隔离试验的成败型数据估计得到。

令 $\{a,b,c,\alpha,\beta\}$ 五个参数分别取值 $\{0.2,0.05,0.3,0.9,0.3\}$，代入式(5-33)至式(5-35)，可以得到如图 5-4 所示的 $y(k)$、$q(k)$、$z(k)$、$p(k)$ 的变化情况。

从图 5-4 中可以看出，随着测试性设计改进的推进，系统测试性增长需求量和实际增长量不断增加；随着实际增长量向增长需求量的逐渐逼近，系统测试性水平转移概率，即系统故障不可检测/隔离概率逐渐降低。图 5-4 中各表征量的变化趋势符合测试性增长试验假设，因此该模型符合建模需求。

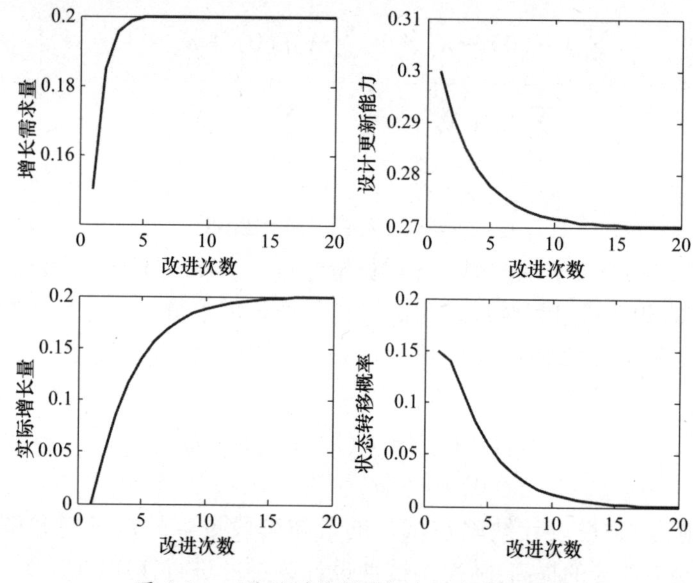

图 5-4 测试性增长模型组成元素变化趋势

5.3 基于马尔可夫链的测试性增长参数模型

如前节所述,测试性增长预计包括更新能力预计以及指标演化趋势预计两项内容。采用延缓纠正的测试性增长试验中,每阶段的试验都是一次完整的测试性验证试验,每阶段试验采用的样本量由测试性验证试验大纲规定,不需要预计未来阶段的试验样本量,因此,故障检测/隔离试验样本量是一个随机概率问题,前面研究的状态转移概率模型虽然能够预计设计改进后的测试性水平,但是由于模型中不包含对故障检测/隔离试验次数的描述,前文的测试性增长参数模型在用于采用及时纠正策略的测试性增长试验跟踪时,对于设备演化趋势的预计是无能为力的。为了解决这个问题,本节在前节研究的基础上,将根据及时纠正的特点对已有参数模型作进一步扩展研究。

非齐次泊松过程是可靠性增长模型中普遍应用的概念,该过程也同样可以描述基于及时纠正策略的测试性增长试验过程中测试性设计缺陷的发现和消除过程。假设 $N(t)$ 是试验过程中截止时刻 t 发现并改进的不可检测/隔离故障总数,则 $N(t)$ 是随时间单调不减的函数,并且函数值为非负整数。对于 $s < t$,$N(t) - N(s)$ 则是在(s,t) 时间区间内发现并移除的缺陷数。由于故障检测/隔离试验每次仅注入一个故障模式,所以在同一时刻发现并改进的不可检测/隔离故障模式不可能超过两个。

通常情况下设备需要经过若干次的测试性设计改进才能实现增长目标,而每次设计改进之后,设备的测试性指标都会发生变化。前一阶段测试性设计改进之后得到的故障检测/隔离概率直接影响下一阶段故障检测/隔离试验的样本总数。因此,可以说测试性增长试验过程中,相邻两个阶段的故障检测/隔离试验是相互依存的。马尔可夫更新过程是常用的描述这种依存关系的数学模型,于是基于及时纠正策略的测试性增长试验也可以用马尔可夫链模型描述。从这个意义上讲,测试性增长试验的非齐次泊松过程与马尔可夫更新过程是相同的。

构建基于马尔可夫链的测试性增长模型具体可以分为两步:一是从增长试验的整体角度出发构造马尔可夫链;二是从单次设计更新的角度出发构造马尔可夫转移概率函数(图 5-5)。

用 0、1 表示测试性试验的成败型试验结果,0 表示试验成功,1 表示试验失败,即

$$X_i = \begin{cases} 0,\text{试验成功} \\ 1,\text{试验失败} \end{cases} \tag{5-36}$$

假设第 i 次试验失败,第 $i+1$ 试验失败的概率是 q,则有

$$\begin{cases} \Pr\{X_{i+1}=1 \mid X_i=1\} = q \\ \Pr\{X_{i+1}=0 \mid X_i=1\} = 1-q \end{cases} \tag{5-37}$$

类似地,如果第 i 次试验成功,第 $i+1$ 试验成功的概率是 p,则有

$$\begin{cases} \Pr\{X_{i+1}=0 \mid X_i=0\} = p \\ \Pr\{X_{i+1}=1 \mid X_i=0\} = 1-p \end{cases} \tag{5-38}$$

于是测试性增长试验可以看作一系列相互关联的伯努利试验,它们之间的关联体现在下一次试验成功/失败的概率取决于上一次试验的试验结果,可以用 0 和 1 两状态马尔可夫链表示,转移矩阵为

$$P = \begin{bmatrix} p & 1-p \\ 1-q & q \end{bmatrix} \tag{5-39}$$

由于 p 和 q 都是概率值,并且 $p=q=1$,$p=q=0$ 两种极端情况在现实中几乎不存在,所以考虑 p,q 满足 $|p+q-1|<1$。如果 $p+q=1$,即 $p=1-q$,则表示系统测试性没有得到增长;如果 $p+q>1$,即 $p>1-q$,则表示系统测试性退化;如果 $p+q<1$,即 $p<1-q$,则表示系统测试性得到增长。

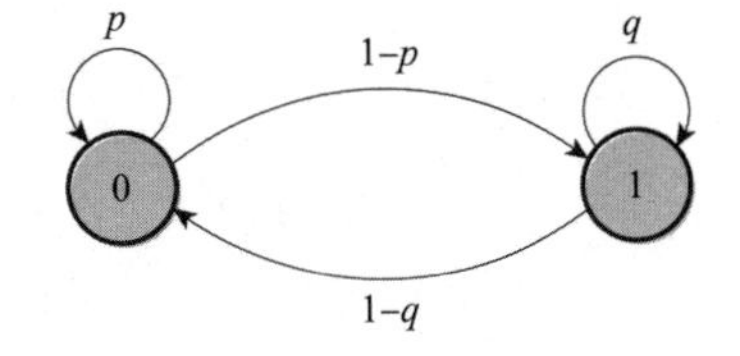

图 5-5　马尔可夫状态转移示意图

假设第 k 次设计更新后,系统的故障不可检测/隔离率为 $p(k)$,那么系统在任一故障检测/隔离试验结束之后须经历第 $k+1$ 次设计改进的概率可以用

式(5-40)表示。

$$
\begin{cases}
P_{k,k} = 1 - p(k) \\
P_{k,k+1} = p(k) \\
P_{k,v} = 0, v \neq k \text{或} k + 1
\end{cases}
\tag{5-40}
$$

在采用及时纠正策略的试验过程中,只有当故障检测/隔离试验失败次数达到规定次数 $m \geqslant 1$ 试验才会暂停并且进行设计改进。当试验过程处于动态规划过程时,m 的取值会随着试验过程的推进而不断变化。为了研究的方便,假设 m 取固定值。当 m 不固定时,仅需要对后文的公式做相应变化即可,本书不再赘述。

用 S_n 表示连续 n 次故障检测/隔离试验后累计的故障检测/隔离失败次数,即 $S_n = \sum_{i=1}^{n} X_i$。假设第 n 次试验后,试验失败总次数 $S_n = l$,则第 $n+1$ 次试验后,试验失败总次数 S_{n+1} 只能为 l 或者 $l+1$。当累计经历了 $l(l=0,1,\cdots)$ 次试验失败之后,系统经历的测试性设计更新次数为 $k = \lfloor l/m \rfloor$,其中 m 为每阶段允许失败的试验次数,$[A]$ 表示不大于 A 的整数。由式(5-40)可知,S_n 与 S_{n+1} 之间的转移概率与验证试验次数 n 无关,只与经历的试验阶段有关。于是第 $n+1$ 次试验后,S_{n+1} 变化的概率可用式(5-41)表示。

$$
\begin{cases}
P_{l,l}(n + 1) = 1 - p(\lfloor l/m \rfloor) \\
P_{l,l+1}(n + 1) = p(\lfloor l/m \rfloor) \\
P_{l,v}(n + 1) = 0, v \neq l \text{或} l + 1
\end{cases}
\tag{5-41}
$$

式中,$p(\lfloor l/m \rfloor)$ 表示在阶段 $\lfloor l/m \rfloor$ 故障检测/隔离试验失败的概率。

相应地,S_n 的演化过程可以用如图 5-6 所示的马尔可夫链表示。

令 $\pi_l(n)$ 表示系统在 n 次故障检测/隔离试验之后经历 l 次失败的概率,那么 $\pi_l(n)$ 可以用如式(5-42)所示的递推公式表示为

$$
\begin{cases}
\pi_0(n) = [1 - p(0)]^n, \text{当} n = 1,2,\cdots \\
\pi_l(n) = p(\lfloor (l-1)/m \rfloor) \sum_{s=1}^{n-l+1} \{ [1 - p(\lfloor l/m \rfloor)]^{s-1} \pi_{l-1}(n-s) \}, \\
\quad \text{当} l = 1,2,\cdots,n; n = 1,2,\cdots. \text{且} l \leqslant n \\
\pi_l(n) = 0, \text{当} l > n
\end{cases}
\tag{5-42}
$$

式中,$\pi_0(n)$ 为前 $n-1$ 试验输出结果均为成功的条件下,第 n 次试验仍然成功的概率,由于前 $n-1$ 均为成功结果,系统的故障不可检测/隔离概率保持为试验开始时的概率 $p(0)$;$\pi_l(n)$ 由两部分构成,第一部分表示在前 $n-1$ 次试验中已经累积了 $l-1$ 次失败的输出结果,而第 n 次试验输出结果同样为失败,第二部分

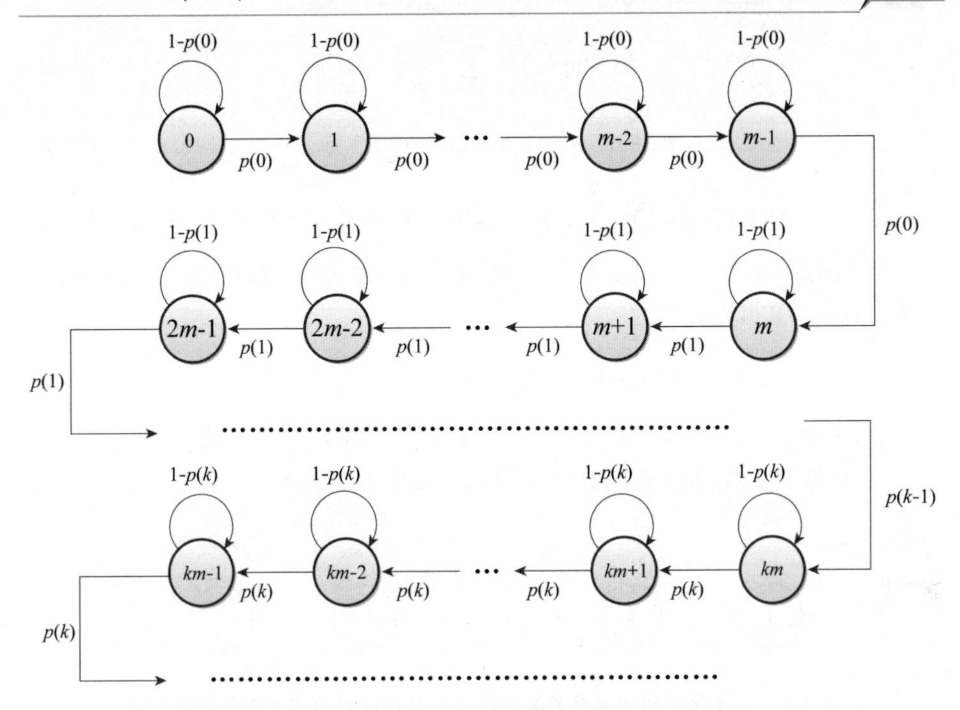

图 5-6　基于及时纠正策略的测试性增长试验过程马尔可夫链描述(一)

表示在前 $n-1$ 次试验中已经累积了 l 次失败的输出结果,而第 n 次试验输出结果为成功。

式(5-42) 经过整理可变为

$$\begin{cases}\pi_0(n)=[1-p(0)]^n;n=1,2,\cdots\\ \pi_l(n)=p(\lfloor(l-1)/m\rfloor)\sum_{s=1}^{n-l+1}\{[1-p(\lfloor l/m\rfloor)]^{s-1}\pi_{l-1}(n-s)\};\\ \qquad l=1,2,\cdots,n;n=1,2,\cdots\end{cases} \tag{5-43}$$

将前文研究的状态转移模型作为马尔可夫链转移概率,在给定五个参数的具体取值后就可以利用式(5-44) 至式(5-47) 计算:第 n 次故障检测/隔离试验失败的概率 $E(\mathrm{Pr}_n)$,n 次故障检测/隔离试验后系统累计经历的测试性设计改进次数 $E(\mathrm{Stage}_n)$,n 次故障检测/隔离试验后系统累计经历的试验失败次数 $E(\mathrm{Fail}_n)$,以及从阶段 0 到阶段 k 系统所经历的累计故障检测/隔离试验次数 $E(\mathrm{Trial}_k)$。

$$E(\mathrm{Pr}_n)=\sum_{l=0}^{n-1}\pi_l(n-1)p\left(\left|\frac{l}{m}\right|\right);n=1,2,\cdots \tag{5-44}$$

$$E(\text{Stage}_n) = \sum_{l=0}^{n} \left| \frac{l}{m} \right| \pi_l(n) \tag{5-45}$$

$$E(\text{Fail}_n) = \sum_{l=0}^{n} l\pi_l(n);n = 1,2,\cdots \tag{5-46}$$

$$E(\text{Trial}_k) = \sum_{j=0}^{k} \sum_{n=1}^{\infty} n\pi_{jm-m+1}(n-1)p(j);k = 0,1,2,\cdots \tag{5-47}$$

根据式(5-47),从阶段0到阶段k系统所经历的累计故障检测/隔离试验次数$E(\text{Trial}_k)$又可以表示为

$$E(\text{Trial}_k) = \sum_{j=0}^{k} \frac{m}{p(j)};k = 0,1,2,\cdots \tag{5-48}$$

式(5-47)与式(5-48)的等价关系可以通过归纳法递推证明。

当m等于1时,相应的马尔可夫链简化如图5-7所示。

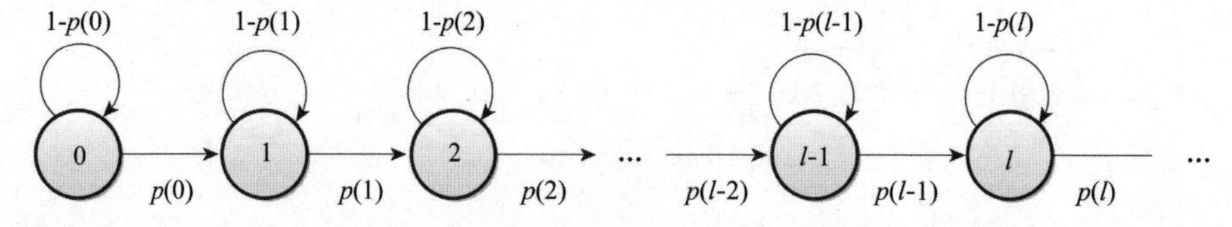

图5-7　基于及时纠正策略的测试性增长试验过程马尔可夫链描述(二)

同时,相应的马尔可夫转移概率公式可以简化为如式(5-49)至式(5-51)所示。

$$\begin{cases} P_{l,l}(n+1) = 1 - p(l) \\ P_{l,l+1}(n+1) = p(l) \\ P_{l,v}(n+1) = 0, v \neq l \text{或} l+1 \end{cases} \tag{5-49}$$

$$\begin{cases} \pi_0(n) = [1-p(0)]\pi_0(n-1);\pi_0(0) = 1;n = 1,2,\cdots \\ \pi_l(n) = p(l-1)\pi_{l-1}(n-1) + [1-p(l)]\pi_l(n-1);\pi_l(0) = 0; \\ \quad l = 1,2,\cdots,n;n = 1,2,\cdots \end{cases} \tag{5-50}$$

$$\begin{cases} \pi_0(n) = [1-p(0)]^n \\ \pi_l(n) = p(l-1)\sum_{s=1}^{n-l+1} \{[1-p(l)]^{s-1}\pi_{l-1}(n-s)\};l = 1,2,..,n \end{cases} \tag{5-51}$$

式(5-44)至式(5-47)相应的可以简化为

$$E(\text{Pr}_n) = \sum_{k=0}^{n-1} \pi_k(n-1)p(k);n = 1,2,\cdots \tag{5-52}$$

$$E(\text{Stage}_n) = E(\text{Fail}_n) = \sum_{k=0}^{n} k\pi_k(n);n = 1,2,\cdots \tag{5-53}$$

$$E(\mathrm{Trial}_k) = \sum_{j=0}^{k}\sum_{n=1}^{\infty} n\pi_j(n-1)p(j) = \sum_{j=0}^{k}\frac{1}{p(j)};k=0,1,2,\cdots \tag{5-54}$$

在增长试验之前,以试验次数 n 为横坐标,以 $1-E(\mathrm{Pr}_n)$ 为纵坐标,利用式(5-44) 至式(5-47) 就可以绘制出测试性增长试验的理想规划曲线。该曲线与前文试验规划曲线的不同在于,前文试验规划曲线仅能概括的表征每个试验阶段的期望故障检测/隔离试验次数,以及测试性指标增长趋势,即式(5-47)。而利用本节模型绘制的增长规划曲线为一条平滑曲线,描述了试验过程中任何一次故障检测/隔离试验成功的概率期望,更符合理想的测试性增长规划曲线定义;曲线包含了试验起始条件,期望的测试性指标增长速率,以及最终期待的增长目标。利用该模型绘制理想测试性增长规划曲线的步骤如下。

(1) 利用前述章节研究内容制定测试性增长规划,获取每阶段故障检测/隔离试验失败概率 $p(k)$;

(2) 不考虑试验过程中系统故障模式的变化,令 $a=0,b=1,c=p(0)$;

(3) 选取任意两个阶段计算故障检测/隔离试验失败概率降低的百分比 $q(i),q(j)$,代入式(5-34),利用参数估计方法得到 α 与 β 的估计值;

(4) 利用 $\{c,\alpha,\beta\}$ 的值绘制理想测试性增长曲线。

假设某系统在测试性增长试验开始之初共有 10 个故障模式,系统初始具有的故障检测失败概率为 0.2,增长试验目标为故障检测/隔离试验失败概率降至 0.1。系统设计师给出的平均纠正有效性系数为 0.5;试验管理者规定试验过程中每阶段允许失败的故障检测/隔离试验次数为 2 次。可得测试性增长试验规划:历经 9 个阶段的故障检测/隔离试验,8 次设计更新,故障检测/隔离试验试验失败概率将降低为 0.093。相应的期望试验过程曲线如图 5-8 中阶梯曲线所示。根据图中所示的设备在第1次和第2次设计改进之后所具有的FDR,根据式(0.9) 可以计算得到第 1 次设计更新和第 2 次设计更新时设计更新能力期望值 $q(1)$ 和 $q(2)$,将取值代入式(5-34) 可得方程组如式(5-55) 所示。求解该方程组可得 $\{\alpha,\beta\}=\{1,0.0915\}$。

$$\begin{cases} q(1)=\beta=0.0915 \\ q(2)=\dfrac{\beta}{1+\beta-\alpha\beta}=0.0914 \end{cases} \tag{5-55}$$

将 $\{\alpha,\beta\}=\{1,0.0915\}$ 及 $c=p(0)=0.2$ 代入式(5-35) 和式(5-44),得到的测试性增长理想规划曲线图 5-8 中光滑虚线所示。

5.4　基于 PSO-GA 的模型参数估计

为了绘制测试性增长试验跟踪与预计曲线,必须通过参数估计的方法得到

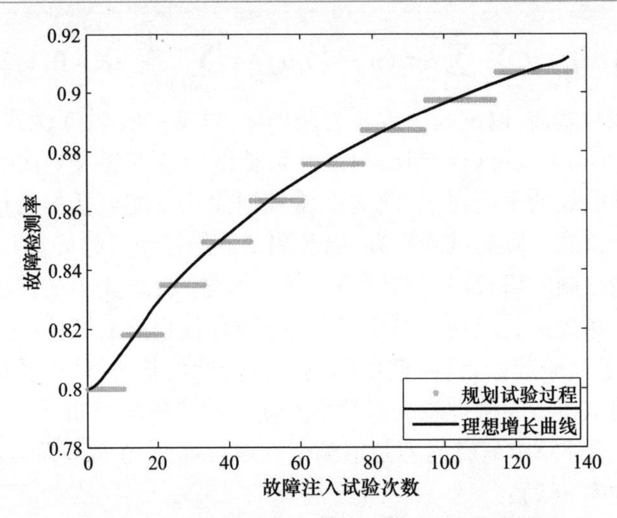

图 5-8　理想增长规划曲线与试验规划阶梯曲线

测试性增长参数模型中的五个参数。因此,本小节将首先分析极大似然估计的缺陷,然后采用混合粒子群遗传算法(Particle Swarm Optimization-Genetic Algorithm,PSO-GA)这种人工智能方法来近似估计模型参数。

5.4.1　极大似然估计的缺陷

假设某次试验采用及时纠正策略,在试验阶段 k,为了得到 m 次故障检测/隔离失败结果,每次失败前经历的故障检测/隔离试验样本总数分别为 $\{r_{k1},r_{k2},\cdots,r_{km}\}$,那么平均得到一次失败的试验结果就要经历 $r(k)=\left(\sum_{j=1}^{m}r_{kj}\right)/m$ 次故障检测/隔离试验。因为 $r(k)$ 服从几何分布,利用极大似然法估计 $\{c,a,b,\alpha,\beta\}$ 五个参数时,似然函数可表示为

$$J=-\ln L=-\sum_{k=0}^{n}\{(r(k)-1)\ln[1-p(k)]+\ln p(k)\} \tag{5-56}$$

式中,$p(k)$ 如式(5-35)所示,并且五个参数取值满足如下约束:

$$\begin{cases}0\leqslant c\leqslant 1\\ a-c\leqslant 0\\ 0\leqslant b\leqslant 1\\ 0\leqslant \alpha\leqslant 1\\ 0<\beta<1\end{cases} \tag{5-57}$$

利用极大似然法进行参数估计时,要求似然函数(5-56)取极小值,只需满足式(5-58)。

$$\frac{\partial J}{\partial x}=-\sum_{k=0}^{n}\left\{\left[\frac{1-r(k)}{1-p(k)}+\frac{1}{p(k)}\right]\frac{\partial p(k)}{\partial x}\right\}=0 \tag{5-58}$$

式中,$x \in \{c,a,b,\alpha,\beta\}$。

可以证明得到

$$\frac{\partial p(k)}{\partial c} = 1 - \frac{1-(1-\alpha\beta)^k}{1-(1-\alpha)(1-\alpha\beta)^{k-1}} > 0 \tag{5-59}$$

于是对于任意的 k 都必须满足式(5-60)。

$$\frac{1-r(k)}{1-p(k)} + \frac{1}{p(k)} = 0 \tag{5-60}$$

即

$$p(k) = c - ab^k - \frac{\alpha\beta}{1-(1-\alpha)(1-\alpha\beta)^{k-1}}\left\{\frac{c}{\alpha\beta}\left[1-(1-\alpha\beta)^k\right] - a\frac{(1-\alpha\beta)^k - b^k}{1-\alpha\beta-b}\right\} \tag{5-61}$$

于是当获得五组故障检测/隔离试验成败型数据之后,就可以联立求解方程组(5-62)获得$\{c,a,b,\alpha,\beta\}$的解析值,如果试验数据少于五组则不能求解。这就限制了测试性增长跟踪预计工作开展的时机。同时,由于模型的复杂性和非线性,极大似然方法不能得到较好的解析解,并且有可能得到多个解,或者没有解析解。

$$\begin{cases} p(0) = c - a = 1/r(0) \\ p(1) = c - ab - \beta(c-a) = 1/r(1) \\ p(2) = \cdots = 1/r(2) \\ p(3) = \cdots = 1/r(3) \\ p(4) = \cdots = 1/r(4) \end{cases} \tag{5-62}$$

5.4.2　混合 PSO-GA 优化算法

遗传算法和粒子群算法对于优化问题求解的贡献是有目共睹的,随着应用范围的扩大和求解问题的多样化,两个算法在理论研究方面都取得了大量的成果。两者在算法上具有相似性,同时也具有各自的特点。相似性表现在两者都起源于人类对生物学的研究,属于仿生计算范畴,因此,均使用适应值来评价个体优劣并进行一定的随机搜索,从而生成问题的近似最优解。不同之处主要表现在个体进化方式上,以及由此带来的问题。PSO 算法结构简单,每个粒子仅仅根据自身的位置和速度来决定搜索方向,运行速度快,并且个体迁移具有记忆功能;但是由于粒子仅仅通过当前搜索到的最优解进行信息共享,容易陷入局部极小,出现早熟收敛现象;标准 GA 中每个个体都具有变异能力,并且同一代的所有个体在交叉变异操作时具备固有的并行性,互不干扰,使得该算法非常适合于大规模并行计算,并且具有大范围的全局搜索能力,搜索时不易陷入局部最优;但是由于子代具有的总信息量受父代影响大,种群不可能发生大范围突变,导致

GA 搜索速度慢。越来越多的应用表明,将两者结合起来能够实现更好的计算效果,因此本书将遗传算法和粒子群算法相结合,提出一种混合算法来求解参数估计问题,从而克服极大似然法的不足,算法流程如图 5-9 所示。

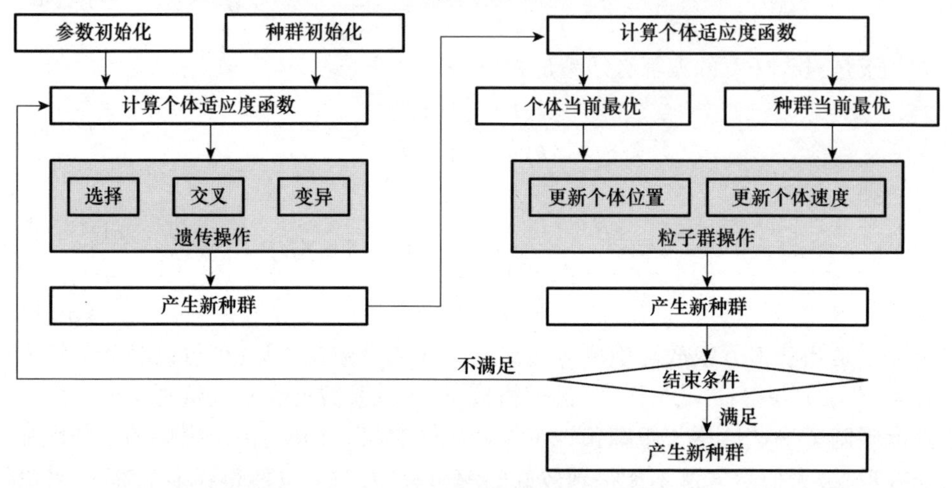

图 5-9 PSO-GA 算法的基本流程

从图 5-9 中可以看出,该算法通过循环使用 GA 和 PSO,综合了两种算法的优点,既能保证种群个体之间的信息共享机制,使寻优过程具有记忆性,又能在避免陷入局部最优的同时,加快搜索速度,提高寻优成功率。基于 PSO-GA 算法的测试性模型参数估计步骤描述如下。

步骤 1:参数初始化,令遗传算法中的遗传交叉、变异概率 $Pr_c = 0.8$, $Pr_m = 0.03$,粒子群算法中的粒子群惯性因子 $w_{\max} = 0.6$, $\omega_{\min} = 0.01$,学习因子 $c_1 = c_2 = 2$ 以及两者共同的参数种群规模 PopSize = 32,迭代次数 $N_{\max} = 100$。

步骤 2:种群初始化,随机产生初始种群 $Pop = (x_{ij})_{PopSize \times n}$,该种群中的个体数为 PopSize,且每个个体为 $n \times 1$ 维染色体,其中 n 为小数转化为格雷码之后的编码长度,n 越大,数值区间越精密,本书取 $n = 8$;

步骤 3:将式(5-63) 所示的最小二乘函数作为适应度函数,计算 Pop 中所有个体的适应度,从而度量种群中每个体对生存环境的适应程度,最小二乘函数值越低,个体适应度越大。

$$J = \sum_{j=0}^{k} [\hat{p}(j) - \hat{p}(j \mid \hat{a}, \hat{b}, \hat{c}, \hat{\alpha}, \hat{\beta})]^2 \tag{5-63}$$

式中,$\hat{p}(j)$ 为根据 Bayes 理论,利用试验数据评估得到的系统测试性指标;$\hat{p}(j \mid \hat{a}, \hat{b}, \hat{c}, \hat{\alpha}, \hat{\beta})$ 为给定参数值时计算得到的系统测试性指标。

步骤 4:采用轮盘者方法挑选染色体对,生成随机数 Rand,当 Rand < Pr_c 时,对所选择的一对染色体进行交叉操作,得到新种群 Pop′。

步骤 5：每次选择 Pop′中的一个个体，并生成随机数 Rand′，当 Rand′ < Pr_m 时对所选个体进行变异操作，使所有染色体二进制编码翻转，得到种群 Pop″。

步骤 6：计算 Pop″中所有个体的适应度函数，选择当前种群中每个位置的历史最优作为个体最优位置 Pbest，并令 Pbest 中具有最优适应度的个体作为全局最优位置 Gbest。

步骤 7：将种群中的所有个体转化为实数，并利用式(5-64)和式(5-65)对种群速度和位置进行更新，产生下一代种群 Pop。

$$v_j^{k+1} = wv_j^k + c_1r_1^k(\text{Pbest}_j - x_j^k) + c_2r_2^k(\text{Gbest} - x_j^k) \tag{5-64}$$

$$x_j^{k+1} = x_j^k + v_j^{k+1} \tag{5-65}$$

式中，x_j^{k+1} 和 v_j^{k+1} 分别为粒子 j 在第 $k+1$ 次迭代时具有的速度和位置；w 为惯性权重，$w = w_{\max} - N_P(w_{\max} - w_{\min})/N_{\max}$（$N_P$ 为当前迭代次数，$N_{\max}$ 为最大迭代次数）；r_1^k, r_2^k 为随机产生的一个介于(0,1)之间的正实数。

步骤 8：若迭代次数已经达到最大迭代次数 $N_{\max}$，则算法结束，输出全局最优位置 Gbest 作为问题最优；否则转步骤 3。

5.4.3　算法有效性验证

首先将 $\{c,a,b,\alpha,\beta\} = \{0.68,0.2,0.1,0.3,0.5\}$ 代入式(5-35)得到 $p(k)$ 的变化情况，并假设计算得到的 $p(k)$ 即为某系统在实际测试性增长试验过程中测试性指标真实值变化过程（表 5.6），然后假设某次试验采用及时纠正策略，每阶段允许失败的故障检测/隔离试验次数为 1。下面将通过两种方式来验证所提参数估计方法的有效性。

首先按照式(5-48)仿真生成经历了 100 次故障检测/隔离试验的测试性增长试验，该试验过程可以看作是试验的期待过程，试验中故障注入次数的期望值如表 5-6 第三行所示。然后利用 Matlab 软件中 geornd 函数随机仿真生成经历了 100 次故障检测/隔离试验的测试性增长试验，该试验过程可以看作一次真正的随机试验，单次试验中故障注入次数的随机值如表 5-6 第四行所示。

表 5-6　仿真试验过程数据

阶段数		0	1	2	3	4	5	6	7	8
FDR		0.5200	0.5800	0.7176	0.8015	0.8535	0.8881	0.9125	0.9303	0.9438
次数	期望值	2	2	4	5	7	9	11	14	18
	随机值	2	7	4	1	13	32	28	11	-

利用参数真值 $\{c,a,b,\alpha,\beta\} = \{0.68,0.2,0.1,0.3,0.5\}$ 绘制理想测试性增长曲线，然后利用仿真数据绘制测试性增长真实曲线，最后利用考虑序化增长约束的跟踪模型计算每阶段的失败概率，并利用由 PSO-GA 方法估计得到的模型参

数值$\{\hat{c},\hat{a},\hat{b},\hat{\alpha},\hat{\beta}\}$绘制测试性增长跟踪与预计曲线。参数估计时设置迭代次数为100次。图5-10和图5-11清晰地展现了本节所提参数估计方法的有效性:无论参数估计时利用的数据为多少组,无论试验数据是理想试验过程还是随机试验过程,利用PSO-GA方法估计测试性增长模型参数都能得到与真值符合度较高的跟踪预计曲线。

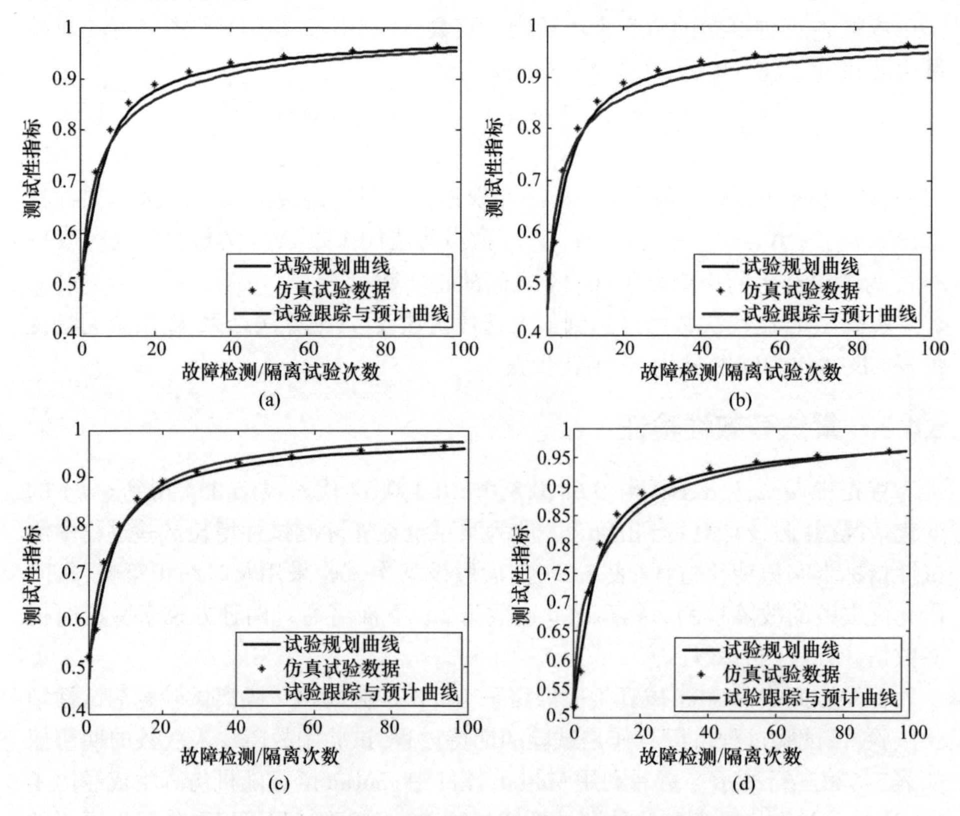

图5-10　利用期望试验数据绘制测试性增长跟踪与预计曲线

(a) 利用7组试验数据绘制　(b) 利用5组试验数据绘制

(c) 利用3组试验数据绘制　(d) 利用2组试验数据绘制

为了证明上述测试性增长跟踪预计结果并非偶然,利用表5-6中的随机试验数据进一步开展分析。首先利用表5-6中前五组成败型数据进行模型参数估计,10次估计结果如表5-7所示;然后根据参数估计结果绘制跟踪与预计曲线,各阶段的跟踪与预计效果如表5-8所示;最后将跟踪与预计结果与表5-6中的第二行数据进行比较,其中前五组数据被用来评价模型的增长跟踪能力,而剩余数据则用于评价模型的预计能力。表5-9和图5-12则分别列出了利用这10次参数估计结果进行测试性增长过程跟踪与预计时所产生的误差的统计指标。

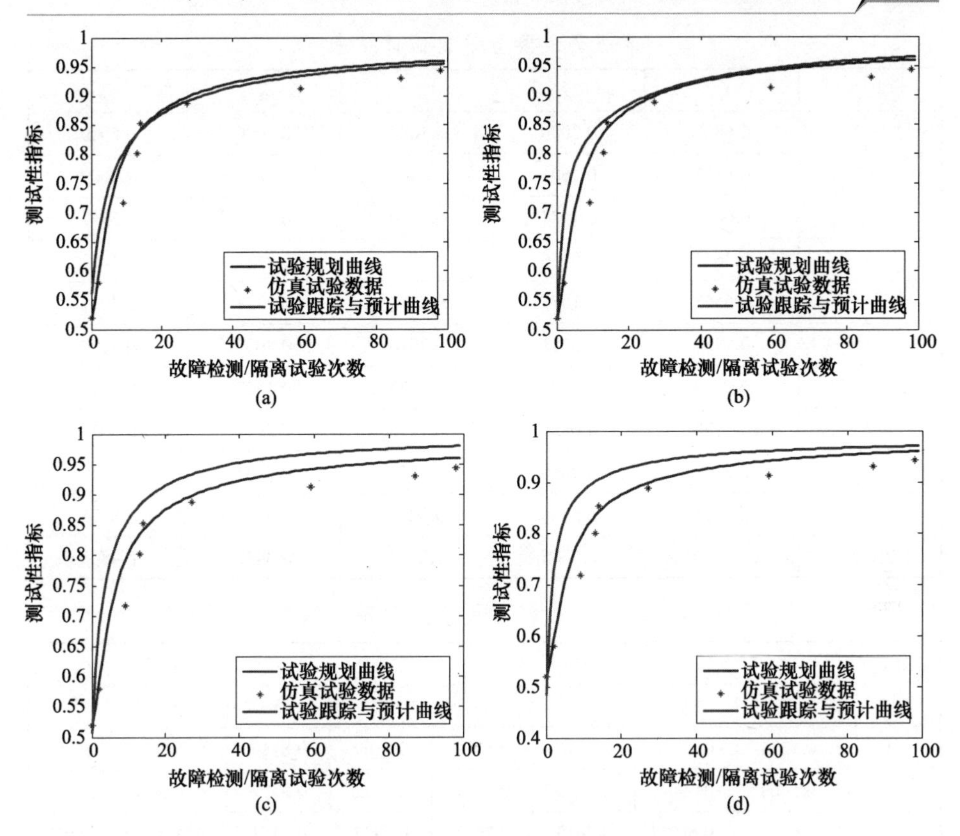

图 5-11　利用随机试验数据绘制测试性增长跟踪预计曲线

(a) 利用 7 组试验数据绘制　(c) 利用 3 组试验数据绘制

(b) 利用 5 组试验数据绘制　(d) 利用 2 组试验数据绘制

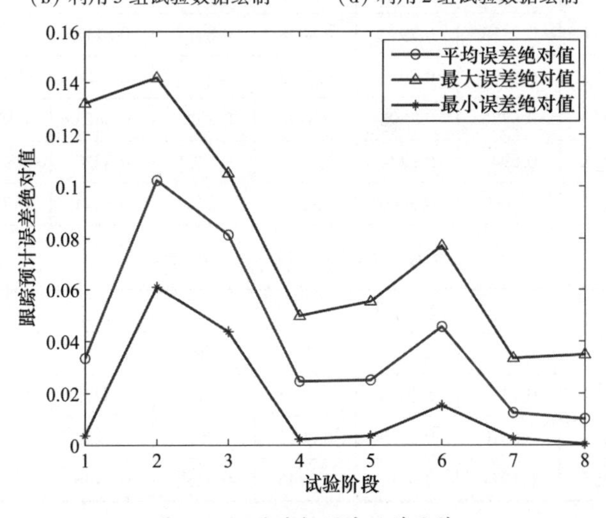

图 5-12　跟踪与预计误差统计

表 5-7　模型参数估计结果

	$\hat{c}$	$\hat{a}$	$\hat{b}$	$\hat{\alpha}$	$\hat{\beta}$
真值	0.6800	0.2000	0.1000	0.3000	0.5000
1	0.6367	0.1602	0.6406	0.1836	0.4609
2	0.6016	0.1484	0.7070	0.1367	0.5547
3	0.3633	0.0156	0.2891	0.7422	0.1602
4	0.6563	0.1875	0.8984	0.7227	0.3281
5	0.7734	0.3281	0.7070	0.3633	0.7109
6	0.9258	0.4805	0.6953	0.1328	0.8711
7	0.5195	0.0859	0.7695	0.3984	0.3633
8	0.7109	0.2656	0.5352	0.2031	0.6719
9	0.8125	0.3398	0.5273	0.4297	0.8125
10	0.7070	0.2305	0.8008	0.3438	0.4805

表 5-8　测试性增长跟踪与预计结果

阶段 序号	跟踪结果					预计结果		
	0	1	2	3	4	5	6	7
1	0.5234	0.6514	0.7816	0.8111	0.8169	0.8319	0.9050	0.9294
2	0.5469	0.6994	0.8216	0.8431	0.8472	0.8577	0.9100	0.9300
3	0.6523	0.6825	0.7615	0.7918	0.7982	0.8151	0.9005	0.9282
4	0.5313	0.6410	0.7877	0.8229	0.8296	0.8465	0.9182	0.9391
5	0.5547	0.7115	0.8209	0.8397	0.8435	0.8540	0.9182	0.9436
6	0.5547	0.7218	0.7976	0.8038	0.8055	0.8111	0.8788	0.9143
7	0.5665	0.6693	0.7989	0.8293	0.8352	0.8500	0.9175	0.9392
8	0.5547	0.6826	0.7998	0.8270	0.8326	0.8473	0.9210	0.9440
9	0.5273	0.6949	0.8224	0.8511	0.8571	0.8727	0.9457	0.9651
10	0.5234	0.6662	0.7960	0.8218	0.8267	0.8394	0.9028	0.9273

表 5-9　跟踪与预计误差统计

阶段 误差	跟踪结果					预计结果		
	0	1	2	3	4	5	6	7
最大	0.1323	0.1418	0.1049	0.0497	0.0554	0.0770	0.0336	0.0348
最小	0.0034	0.0610	0.0439	0.0023	0.0036	0.0154	0.0025	0.0003
平均	0.0335	0.1021	0.0812	0.0246	0.0250	0.0456	0.0124	0.0102

对比数据后可以得到结论:虽然每次参数估计得到的估计值都有所不同,甚至与真值有较大偏差,但是参数之间的相互关系与相互调整减小了最终跟踪预计误差,本书所提模型具有较好的适应性与灵活性。

另外,经过多次仿真对比后,与 GA 相比,利用 PSO-GA 算法得到的参数估计结果具有如下特点:

(1) 遗传算法的种群平均适应度有更快的收敛速度,而 PSO-GA 方法的种群平均适应度在搜索前期,表现出了更强的跳跃性;

(2) 遗传算法搜索得到的全局最优解的适用度比 PSO-GA 方法略优,但是 PSO-GA 方法的寻优速度更快;

(3) 利用同一组数据进行多次参数估计,可以发现利用 PSO-GA 方法得到的参数估计值方差比 GA 小,PSO-GA 具有比 GA 更优的稳健性。

这些对比结果也证明了前文关于 GA 和 PSO 算法特点的比较,即遗传算法能够避免早熟和局部最优,但其搜索速度却不如粒子群算法,将两者结合可以弥补互相的不足。

5.5　跟踪预计方法性能分析

本书已经指出,传统的极大似然法不适合于测试性增长概率模型参数估计,故利用 PSO-GA 人工智能方法求解参数。但是人工智能方法具有一定的随机性,会导致即使是同一批试验数据,也不能保证每次得到的参数估计完全一致,试验跟踪与预计曲线也会不尽相同。虽然 5.4 节示例从某些方面证明了增长模型对于参数的准确性具有较强的适应性,可以弥补 PSO-GA 参数估计方法的不足,但是为了不失一般性,有必要定量分析各个参数取值对测试性增长跟踪与预计效果的影响程度。

5.5.1　LH-OAT 方法介绍

LH(Latin Hypercube) 抽样方法是基于蒙特卡罗模拟仿真的抽样方法。该方法将每个参数在取值范围内分为多个离散的取值点(称为层次),然后每个参数在每个层次中抽取一个取值,与其他参数组成一个参数组合。OAT(Once-at - A-Time) 分析方法。顾名思义是每次仅改变一个参数取值,而其他参数保持不变的抽样方法。LH 抽样方法是在每个层次中随机抽样,可以确保参数敏感性分析的全局性,而 OAT 方法针对某一参数进行随机抽样,可获得该参数的相对敏感度。在 LH 方法抽样结果的基础上,采用 OAT 方法对抽样样本再做局部抽样,则可以更好地分析高维参数的敏感性。因此,本专著将 OAT 方法与 LH 相结合来(即 LH-OAT 法) 分析测试性增长模型参数的敏感性。

如图 5-13 所示为两参数 LH-OAT 抽样过程。首先,把每个参数的取值按照均匀随机分布均分成 N 层,从而组成 $N\times 2$ 的二维空间,共 N 种参数组合,每一种参数组合称为一个 LH 样本点。然后对所有组合进行如下操作:对于每个 LH 样本,改变 P_1 的取值,保持 P_2 取值不变,组成一个 OAT 样本点,在 OAT 抽样点的基础上,保持 P_1 取值不变,改变 P_2 的取值,组成另一个 OAT 样本点。于是对于 P_1、P_2 的考察由 N^2 个样本变为 $3N$ 个样本,大大减少了样本空间,提高了分析效率。图 5-13 中三角形表示 LH 抽样点,圆形表示 OAT 抽样点。

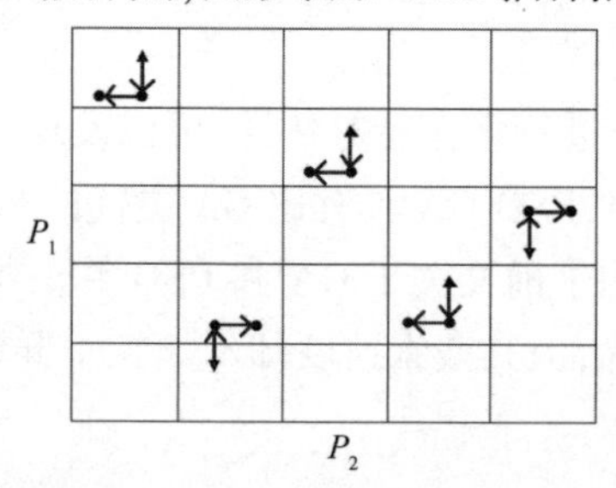

图 5-13　两参数的 LH-OAT 抽样过程

5.5.2　参数敏感性分析

基于 LH-OAT 的参数敏感性分析分为三部分:LH 分层抽样、OAT 局部抽样和效能计算。

(1)LH 分层抽样。

LH 分层抽样法利用蒙特卡罗抽样将每个参数都划分成 N 个均匀分布的抽样层。参数抽样在每层中只进行一次,并且每个参数的抽样都是相互独立的,抽样结果不会重复。针对测试性增长概率模型,LH 分层抽样具体步骤如下。

令分析参数集 $\boldsymbol{X}=\{x_1,x_2,x_3,x_4,x_5\}=\{c,a,b,\alpha,\beta\}$,每个参数的取值范围为 $[x_{i\_low},x_{i\_}\mathrm{up}]$,其中 x_{i_up} 为 x_i 的取值上限,x_{i_low} 为 x_i 的取值下限。对于每个参数 x_i 执行下述步骤 1 至步骤 3。

步骤 1:利用 Matlab 函数 randperm(·) 函数生成一个具有 N 个元素的向量 $\boldsymbol{R}$。$\boldsymbol{R}$ 中的元素为从 1 到 N 整数的随机排列。

步骤 2:生成一个具有 N 个元素的向量 $\boldsymbol{S}$,$\boldsymbol{S}$ 的第 j 个元素 $S_N(j)$ 可用式(5.66)计算。需要注意的是,根据各参数的物理意义,实际中 $x_2>x_1$ 是不可能存在的,因此当 $S_N(j)$ 中的 $x_2>x_1$ 时,需要用 $x_2=\max\{x_1-p(0),0\}$ 对 x_2 的取值进行调整,其中 $p(0)$ 为系统最初具有的故障不可检测/隔离率的估计值。

$$S_N(j)=x_{i\_low}+\frac{x_{i\_up}-x_{i\_low}}{N-1}(i-1)\tag{5-66}$$

步骤3:调整 $\boldsymbol{S}$ 中每个元素的位置,产生新的矩阵 $\boldsymbol{L}$,使 $\boldsymbol{L}(R(j))=\boldsymbol{S}(j)$,其中 $R(j)$ 为向量 $\boldsymbol{S}$ 的第 j 个元素取值。

最后,可以得到 $N\times 5$ 维矩阵 $\boldsymbol{LH}$,其中第 i 列元素为向量 $\boldsymbol{S}$,$\boldsymbol{LH}$ 的每一个行向量即为一个 $\boldsymbol{LH}$ 分层抽样样本。

(2) OAT 局部抽样。

根据 LH 分层抽样结果,对每一层样本再进行多次 OAT 抽样,每次抽样只改变分层抽样样本中的一个参数值。那么,对于测试性增长概率模型,为评价每个参数的性质,每个 LH 样本需要进行 $P=5N$ 次抽样,共产生 OAT 局部抽样样本 $6N$ 个。OAT 局部抽样方法步骤如下所示。

对于每个 $\boldsymbol{LH}$ 抽样样本 $\boldsymbol{LH}(j)$ 分别执行步骤 1 至步骤 2。

步骤 1:利用 Matlab 中 randperm(　) 函数生成一个具有 5 个元素的向量 $\boldsymbol{R}$。$\boldsymbol{R}$ 中的元素为从 1 到 5 整数的随机排列。

步骤 2:Loopi = 1:5 生成 $\boldsymbol{LH}(j)$ 的 OAT 抽样样本矩阵 $\boldsymbol{O}_j$。

步骤 2.1:利用 Matlab 中 Rand(　) 函数生成随机数 R,定义一个示性整数 t,如果 $R>0.5$,则 $t=1$,否则 $t=-1$。

步骤 2.2:定义微小扰动 $\Delta(i)$,保持其他参数不变,对参数 x_i 增加扰动 $\Delta(i)$,生成 $\boldsymbol{LH}(j)$ 的第 i 个 OAT 样本为 $O_j(i)$。需要注意的是实际中 $x_2>x_1$ 是不可能存在的,因此,当 $O_j(i)$ 中的 $x_2>x_1$ 时,需要用 $x_2=\max\{x_1-p(0),0\}$ 对 x_2 的取值进行调整,其中 $p(0)$ 为系统最初具有的故障不可检测/隔离率的估计值。

$$\Delta(i)=\frac{x_{i\_\mathrm{up}}-x_{i\_\mathrm{low}}}{2N}\times t \tag{5-67}$$

(3) 效能计算。

利用式(5-68) 和 LH-OAT 抽样样本计算第 j 个 LH 抽样样本 $\boldsymbol{LH}(j)$ 的局部效应:

$$S_{i,j}=\left|\frac{\left(\dfrac{\mathrm{Pr}_n(O_j(i))-\mathrm{Pr}_n(\boldsymbol{LH}(j))}{(\mathrm{Pr}_n(O_j(i))+\mathrm{Pr}_n(\boldsymbol{LH}(j)))/2}\right)}{\Delta_j(i)}\right| \tag{5-68}$$

式中,$\mathrm{Pr}_n(\ )$ 为模型参数取值为抽样样本时,利用(5-64) 计算得到的故障检测/隔离失败概率值;$S_{i,j}$ 为第 j 个 $\boldsymbol{LH}$ 样本 $\boldsymbol{LH}(j)$ 的第 i 个 OAT 样本对 $\boldsymbol{LH}(j)$ 的局部效应值,相当于参数 x_i 的局部效应;$\Delta_j(i)$ 为 $\boldsymbol{LH}(j)$ OAT 样本中第 i 个参数 x_i 的扰动。

在此基础上,利用式(5-69) 计算参数 x_i 对所有 LH 样本扰动带来的平均局部效应 $\mathrm{SM}(i)$。

$$\mathrm{SM}(i)=\sum_{j=1}^{N}S_{ij}/N \tag{5-69}$$

最后根据平均局部效应SM(i)取值,获得概率模型参数对$E(\mathrm{Pr}_n)$影响的敏感性排序。根据平均局部效应的大小,敏感性等级分为三级,分别为

(1) 高敏感:SM $\geqslant 1$。

(2) 中敏感:$0.5 \leqslant$ SM < 1。

(3) 低敏感:SM < 0.5。

5.5.3 示例验证

令$\{c,a,b,\alpha,\beta\}$五个参数分别取值$\{0.68,0.2,0.1,0.3,0.5\}$,每个参数的变化范围为

$$\begin{cases}0.38 \leqslant c \leqslant 0.98 \\ 0 \leqslant a \leqslant 0.5 \\ 0 \leqslant b \leqslant 0.4 \\ 0.01 \leqslant \alpha \leqslant 0.6 \\ 0.2 \leqslant \beta \leqslant 0.8\end{cases} \tag{5-70}$$

令每阶段允许失败的故障检测/隔离试验次数为1。利用LH-OAT方法计算每个参数对第n次故障检测/隔离试验的期望失败概率的敏感性,计算结果如图5-14所示。

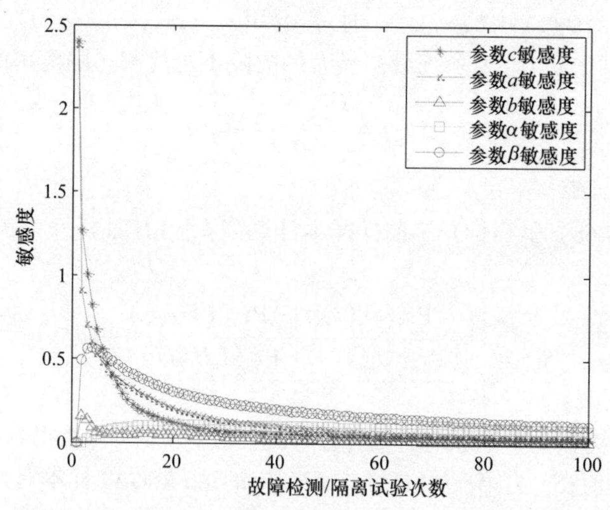

图5-14 模型参数敏感度变化趋势

从图5-14中可以发现,总体上故障检测/隔离试验失败概率跟踪预计值对模型参数的敏感度随着试验的进行而逐渐降低,在大约20次故障检测/隔离试验试验之后均降低至低敏感度范围。从变化趋势上,可以发现α和b取值的变化对测试性增长跟踪及预计效果的影响始终较小;而c、α和β取值的变化主要

影响早期跟踪预计结果;在试验初期,参数 c 和 α 的影响极其明显,远远大于 β 的影响,但随着试验的进行,β 的影响程度逐渐超越 c 和 α。

对比表5-9中数据可知,虽然某些参数估计得到的估计值与真值相比有较大的偏差,但是模型跟踪预计效果却并不受很大影响,仍然保持了较高的精度。图5-12中误差变化趋势也证明了参数估计的偏差对早期试验阶段的测试性增长跟踪效果影响较大,误差大体上呈现逐渐递减的趋势,该结论也与参数敏感性分析结果一致。这说明本专著提出的测试性增长概率模型具有较好的适应性,PSO-GA 参数估计方法能够满足测试性增长跟踪与预计的需要。

5.6　本章小结

测试性增长试验跟踪与预计对于测试性增长试验的高效有序开展具有重要作用。测试性增长试验跟踪类似于测试性验证试验中的测试性指标评估,可以使设计师和试验管理者及时掌握设备测试性指标的变化情况;测试性增长试验预计可以使试验管理者了解设备测试性指标在未来试验过程中可能的变化情况及试验结束时所能达到的测试性水平。本章围绕测试性增长试验跟踪与预计开展了研究。

Bayes 方法是常用测试性指标评估方法,该方法可在试验样本总数较小的情况下获得置信水平较高的评估结论,非常适合于测试性增长试验跟踪。对于采用及时纠正的测试性增长试验,试验样本量随机性较大,并且可用的先验信息不多,因此,已有的 Bayes 评估方法不适合于采用该策略的测试性增长试验跟踪。针对这种情况,本章分别提出了考虑试验规划信息和考虑序化增长约束的两种测试性指标评估方法。然后利用多个仿真案例分析了所提方法的优缺点和适用范围,证明了本书所提方法的有效性。对于采用延缓纠正的测试性增长试验,已有的 Bayes 测试性指标评估方法即可较好的解决测试性增长试验跟踪问题,因此,本章仅根据测试性增长试验数据的特点,针对延缓纠正策略提出了考虑多源信息综合评估的技术框架,具体实现方法可参见相关文献。

测试性增长参数模型是实现测试性增长试验跟踪与预计的有力工具。本章首先针对试验过程中故障模式可能发生变化的情况,研究了在考虑测试性设计缺陷非理想改进情况下,设备测试性指标的变化规律,进而以设备故障不可检测/隔离概率作为状态转移概率,以故障检测/隔离试验样本数为时间历程,建立了基于马尔可夫链的测试性增长参数模型。然后在分析极大似然法不足的前提下,提出了混合 PSO-GA 算法的模型参数估计方法。将测试性增长试验跟踪结果作为模型输入,利用基于 PSO-GA 算法的模型参数估计方法,可以得到测试性增长模型参数估计值,从而绘制测试性增长跟踪与预计曲线。仿真结果表明,本章所提模型能够较好的描述设备测试性指标在测试性增长过程中的变化情况,所提参数估计方法具有较强的灵活性和适应性,参数估计误差小;利用所提模型和方法能够有效地对测试性增长试验进行跟踪与预计。

第6章　基于 Bayesian 变动统计理论的测试性增长评估模型建模技术

在测试性增长试验过程中需要跟踪测试性增长过程，评价测试性增长效果，计算测试性指标，即开展测试性增长评估技术研究，测试性增长评估是根据试验数据统计分析设备的 FDR/FIR 水平是否达到了测试性增长试验要求。由前文分析可知，测试性增长试验是一个“试验 - 析 - 改进 - 试验”反复迭代的过程，如果将每一个“试验 - 分析 - 改进 - 试验”过程看作一个试验阶段，设备在测试性增长试验的每个阶段都要经历故障注入与检测／隔离、缺陷分析、设计改进的过程，然而由于故障注入试验的有损行甚至破坏性，受试验费用约束，基于故障注入的测试性增长试验数据属于“小子样”情况，然而在设备研制过程中，均存在用于测试性增长评估的数据，由于缺乏相应理论的支持，无法高效利用这些代价昂贵的试验数据，造成多源数据的浪费。

本章首先分析了基于经典统计理论的测试性增长评估模型的局限性，分析研究了故障检测／隔离数据量、统计推断方法与评估精度、置信水平的关系模型；在此基础上，基于前文分析得出基于故障注入试验或者是收集设备自然发生的故障，进而获取到的测试性检测／隔离成败型试验数据属于“小子样”情况，针对基于经典统计理论测试性增长评估在“小子样、多来源、异总体”增长试验数据存在的评估精度低、置信水平低等问题，提出了基于 Bayesian 变动统计理论的测试性增长评估模型建模方法。

6.1　基于经典统计理论的测试性增长评估模型建模技术

根据增长试验数据评估确定的不是系统 FDR/FIR 本身，而是它们的统计估计量，那么就有必要研究关于 FDR/FIR 估计的精确性和可信性。FDR/FIR 增长评估的精确性用均方差和置信区间长度表示，估计的可信性用置信水平表示。要保证测试性增长试验评估结论的高精度、高置信水平，相应的决策必须依赖一定量的信息和优良的统计推断方法。

本节首先分析了经典测试性预计模型的局限性，指出开展测试性增长评估工作必须依靠测试性增长试验数据，接下来，在分析经典测试性增长评估模型基础上,分析研究故障检测/隔离数据量、统计推断方法与评估精度、置信水平的关系模型,并分析指出测试性预计模型的局限性。

6.1.1 测试性预计模型及其局限性分析

故障检测率的定义为:用规定的方法正确检测到的故障数 N_D 与故障总数 N 之比,用百分数表示。实际中用于统计的故障检测率计算模型为

$$r_{FD} = \frac{N_D}{N} \times 100\% \tag{6-1}$$

式中,N 为统计时间段内发生的故障总数;N_D 为用规定的方法正确检测到的故障数。为使统计得到指标更接近真实值,统计时间段一般规定要足够长。

测试性预计一般是先建立故障-测试相关性矩阵,然后推理计算相关性矩阵得到可检测故障模式和可隔离故障模式,最后在预计公式中代入故障率值计算测试性指标。

例如,故障检测率的预计公式定义为

$$\hat{r}_{FD} = \frac{\lambda_D}{\lambda} = \frac{\sum \lambda_{Di}}{\sum \lambda_i} \times 100\% \tag{6-2}$$

式中,λ_D 为可被检测到的故障模式的总故障率;λ 为所有故障模式的总故障率;λ_{Di} 为第 i 个可检测到的故障模式的故障率;λ 为第 i 个故障模式的故障率。

下面论述故障检测率预计式(6-2)与故障检测率的定义式(6-1)的关系。设 $N(t)$ 为从初始时刻到时间 t 内,发生的故障总数,是个随机变量,不妨令:

$$W(t) = E[N(t)] \tag{6-3}$$

式中,$W(t)$ 为时间间隔 $(0,t]$ 内发生的故障次数的期望值。

当 t 足够大时(一般为产品使用寿命),则故障发生间隔时间的平均长度 μ 近似为

$$\mu = \frac{t}{W(t)} \tag{6-4}$$

记平均故障间隔时间为 t_M,则有 $\mu = t_M$。

在时间间隔 $(0,t]$ 内的平均故障数可近似表示为

$$E[N(t)] = W(t) \approx \frac{t}{\mu} = \frac{t}{t_M} \tag{6-5}$$

故障检测率的定义式为

$$r_{FD} = \frac{N_D}{N} \times 100\% \tag{6-6}$$

在测试性预计中,不考虑测试的不确定性,假设测试是完全确定的、可靠的,

即只要故障可被测试覆盖就等价于故障能被正确检测,测试与故障的关系是完全确定的,基于此假设,式(6-6) 可表示为

$$r_{\mathrm{FD}} = \frac{N_C}{N} \times 100\% \tag{6-7}$$

式中,N_{C} 为测试能覆盖到的故障模式个数。

假设规定的时间段为$(0,t]$,则在$(0,t]$ 内故障数 N 为各故障模式发生次数之和,即

$$N = \sum_{i=1}^{n} N_i \tag{6-8}$$

式中,N_i 为第 i 种故障模式发生次数总数;n 为故障模式种类数。

假设每种故障模式的故障率为常数,所有的故障模式都有可能发生,组件故障可修复,每个故障都是完美维修(即修复如新) 且是故障后才修(即事后维修),从故障发生到得到维修的时间以及实际维修所花费时间都忽略不计,则有

$$N = \sum_{i=1}^{n} N_i = \sum_{i=1}^{n} W_i(t) \approx \sum_{i=1}^{n} \frac{t}{\mu_i} = \sum_{i=1}^{n} \frac{t}{t_{\mathrm{M}i}} \tag{6-9}$$

式中,$t_{\mathrm{M}i}$ 为第 i 种故障模式的平均发生间隔时间。

同样有

$$N_{\mathrm{C}} = \sum_{i=1}^{n_c} N_i = \sum_{i=1}^{n_c} W_i(t) \approx \sum_{i=1}^{n_c} \frac{t}{\mu_i} = \sum_{i=1}^{n_c} \frac{t}{t_{\mathrm{M}i}} \tag{6-10}$$

式中,n_c 为测试可覆盖到的故障模式总类数。

由于假设故障率都为常数,则各零部件的寿命分布都为指数分布,则有

$$t_{\mathrm{M}i} = \frac{1}{\lambda_i} \tag{6-11}$$

将式(6-11) 代入公式(6-7) 可得

$$\hat{r}_{\mathrm{FD}} = \frac{N_{\mathrm{C}}}{N} \times 100\% = \frac{\sum_{i=1}^{n_c} \frac{t}{t_{\mathrm{M}i}}}{\sum_{i=1}^{n} \frac{t}{t_{\mathrm{M}i}}} \times 100\% = \frac{\sum_{i=1}^{n_c} t\lambda_i}{\sum_{i=1}^{n} t\lambda_i} \times 100\% = \frac{\sum_{i=1}^{n_c} \lambda_i}{\sum_{i=1}^{n} \lambda_i} \times 100\% \tag{6-12}$$

式(6-12) 即为故障检测率的预计公式。若考虑不可修复组件,产品发生故障后立即换成新组件,相当于完美维修(修复如新),系统恢复正常工作。另外,故障隔离率的预计公式也可以按上述方法推理得出,不再赘述。

综上所述,故障检测率计算式和故障检测率预计公式两者等价的假设条件较多,包括故障率常值假设、故障 - 测试关联关系确定性假设、完美维修假设、事后维修假设、维修时间忽略不计假设等。在这些假设情况下,相邻两次故障时间

间隔服从指数分布,根据齐次泊松过程的定义和性质,该故障发生过程为齐次泊松过程,测试性预计公式的理论基础和依据是齐次泊松过程。

由于采用了较多假设,测试性预计只是一种理想值,很多实际情况没有考虑。例如,实际测试存在不确定性,测试并不是每次都能正确检测到故障;设备中各组件的寿命分布多种多样,包括指数分布、正态分布、对数正态分布、威布尔分布、伽马分布等,故障率都为常值,过于理想化;各组件的维修模式、维修效果也多种多样,不可能都是事后维修和完美维修等。

因此,测试性预计只能初步给出理想条件下设备的测试性指标,真实的测试性指标一般小于预计值,测试性预计不能代替测试性验证。在此需要指出,有些文献把基于相关性模型和故障率数据计算得到的测试性指标作为设备的测试性指标最终评价结果是不对的,这只能称作是测试性预计结果,而不是测试性指标真实值。只有长时间统计大量的故障检测/隔离数据后才能得到接近真值的测试性指标估计值。

由于考虑的实际因素较多,测试性验证比测试性预计能更加客观的反映设备的测试性水平。必须通过测试性验证来客观检验设备的测试性水平,使之达到规定的测试性要求,努力做到设备测试性水平的"优生",确保定型、生产后的设备是满足要求的和易于测试的好设备。

6.1.2 FDR/FIR 估计方法

假设统计到的检测/隔离成败型数据个数为 N,其中检测/隔离成功次数为 S,失败次数为 F,则 $N = S + F$,这些试验数据可以通过故障注入试验或外场使用试验得到。本节先总结归纳基于经典统计理论的 FDR/FIR 估计方法。

6.1.2.1 FDR/FIR 点估计

FDR/FIR 的点估计值为

$$\hat{q} = \frac{S}{N} \tag{6-13}$$

点估计方法的优点是计算方便。当 N 足够大时,点估计结果足够接近 FDR/FIR 真值。当 N 很小时,点估计结果与 FDR/FIR 真值的偏差较大。但是点估计不能回答估计的精确性和把握性问题。

6.1.2.2 FDR/FIR 区间估计

与点估计不同,区间估计能够解决估计的精确性问题并能计算误差概率。在没有关于分布的先验信息情况下,E.Neuman(1935)提出的置信区间法是建立区间估计的基本方法。观测结果的函数作为置信区间的界限,这些界限伴随着误差的风险。这一误差概率 α_0 称为显著水平,而 $1 - \alpha_0$ 称为置信水平或者置信度。显著水平可用和的形式表示:

$$\alpha_0 = \alpha_1 + \alpha_2 \tag{6-14}$$

式中,α_1 为区间左边出现参数真值的概率;α_2 为区间右边出现参数真值的概率。

如果已知参数估计分布密度形式 $f(\theta)$,那么对置信区间的计算就在于求解下列方程:

$$\begin{cases} \alpha_1 = \int_{-\infty}^{\theta_L} f(\theta)\,d\theta \\ \alpha_2 = \int_{\theta_H}^{\infty} f(\theta)\,d\theta \end{cases} \tag{6-15}$$

式中,θ_L 为置信区间的下限;θ_H 为置信区间的上限。

利用区间估计可以把被测设备的 FDR/FIR 指标、精确性、可信性与故障检测/隔离数据量结合起来。为了确立这种结合,必须根据对总体分布类型的了解,确定准确的抽样特性分布函数。假设置信水平为 ϑ,则 FDR/FIR 的区间估计方法分别如下。

(1) 单侧置信下限估计。

通常,FDR/FIR(q) 估计置信上限 q_H 越大越好,因此可以不考虑。最值得关心的是置信下限 q_L 值是否太低。为此,可采用单侧置信下限估计,就是根据已得到的数据寻求一个区间 $[q_L,1]$ 使下式成立,即

$$P(q_L \leqslant q \leqslant 1) = \vartheta \tag{6-16}$$

由前面关于 FDR/FIR 检验模型的分析,对于 FDR/FIR 的验证试验为成败型试验,可用下式来确定 q 的单侧置信下限值 q_L,即

$$\sum_{d=0}^{F} \binom{N}{d} q_L^{(N-d)} (1 - q_L)^d = 1 - \vartheta \tag{6-17}$$

(2) 双侧置信区间估计。

如果想要了解设备 FDR/FIR 的量值所在范围,那么可以采用置信区间估计,即寻求一个随机区间 $[q_L,q_H]$ 使下式成立,即

$$P(q_L \leqslant q \leqslant q_H) = \vartheta \tag{6-18}$$

对于成败型试验,可用下式来确定 q 的置信下限值 q_L 和置信上限值 q_H,即

$$\begin{cases} \sum_{d=0}^{F} \binom{N}{d} q_L^{(N-d)} (1 - q_L)^d = 1 - \dfrac{1+\vartheta}{2} \\ \sum_{d=0}^{F-1} \binom{N}{d} q_H^{(N-d)} (1 - q_H)^d = \dfrac{1+\vartheta}{2} \end{cases} \tag{6-19}$$

为求解式(6-19),在给定的 ϑ,对应于 $1 - \dfrac{1+\vartheta}{2}$,由 (N,F) 查单侧置信下限数表可得到 q_L。对应于 $\dfrac{1+\vartheta}{2}$,由 $(N,F-1)$ 查单侧置信上限数表可得到 q_H。于

是得到置信水平为 ϑ 时的双侧置信区间 $[q_L, q_H]$。

参数估计的分布形式是由所研究的随机变量抽样特性概率密度函数确定的，通过利用二项分布与 Beta 分布、F 分布的关系，利用相应分布的置信分布概率密度函数的求解可以求解式(6-19)。

6.1.3 故障检测/隔离数据量与 FDR/FIR 点估计精度关系建模与分析

将 FDR/FIR 真值 μ 与点估计值 γ_T 偏差的绝对值作为精度指标 σ，σ 表征 FDR/FIR 点估计值对 FDR/FIR 真值估计的准确度。6.1.2 介绍的 FDR/FIR 评估采用经典统计方法，经典统计方法是以频率稳定性为基础的，对 FDR/FIR 要求高的设备往往需要统计大量的故障检测/隔离成败型数据，因此，我们首先给出经典统计理论的大数定律和中心极限定理，以此为理论基础建立故障检测/隔离数据量 N 与 FDR/FIR 点估计精度 σ 的关系模型，并对模型性质做充分分析。

6.1.3.1 基本定理

定理 6-1（辛钦大数定律）：设 $\{X_N\}$ 独立同分布，存在 $\mu = E(X_N)$，$\sigma^2 = D(X_N)$，任给 $\varepsilon > 0$，总有 $\lim\limits_{N\to+\infty} P(|\overline{X}_N - \mu| \geqslant \varepsilon) = 0$，此时称 $\overline{X}_N$ 依概率收敛于 μ，记作 $\overline{X}_N \xrightarrow{P} \mu$ 其中

$$\overline{X}_N = \frac{1}{N}\sum_{i=1}^{N} X_i \tag{6-20}$$

定理 6-2（Bernoulli 大数定律）：设 N_A 是 N 重伯努力试验中事件 A 发生的次数，$p = P(A)$，则 $\frac{N_A}{N} \xrightarrow{p} p$。

大数定律从理论上说明 $\overline{X}_N$ 依概率收敛于 μ，但并没有说明 $\overline{X}_N$ 接近于 μ 的状态。而中心极限定理则进一步给出 $\overline{X}_N$ 的渐进分布更精确的表述。

定理 6-3（勒维-林德伯格极限定理）：设 $\{X_N\}$ 独立同分布，$\mu = E(X_N)$，$\sigma^2 = D(X_N)(k = 1,2,\cdots)$；令 $Y_N = \frac{\overline{X}_N - \mu}{\sigma/\sqrt{N}}$，其分布函数为 $F_N(x)$；则 $F_N(x) \to \Phi(x)$，此时称 Y_N 依分布收敛于 ξ，记作 $Y_N \xrightarrow{L} \xi$，其中，ξ 为服从标准正态分布的随机变量，即 $\xi \sim N(0,1)$；$\Phi(x)$ 为标准正态分布的分布函数。

定理 6-4（隶莫弗-拉普拉斯极限定理）：在 N 重伯努力试验中，$\frac{N_A - Np}{\sqrt{Npq}} \xrightarrow{L} \xi$，其中，$N_A$ 为事件 A 发生的次数，$\xi \sim N(0,1)$。

6.1.3.2　故障检测/隔离数据量与 FDR/FIR 点估计精度、置信水平关系建模

采用式(6-8) 得到 FDR/FIR 的点估计值为 $\gamma_T, E(\gamma_T)=\mu, D(\gamma_T)=\frac{\mu(1-\mu)}{N}$。依据中心极限定理可知：当 N 充分大时，$\frac{\gamma_T-\mu}{\sqrt{\mu(1-\mu)/N}} \sim N(0,1)$。对于给定的故障检测/隔离数据量 N，使得 γ_T 与 μ 的距离不超过 σ 的概率为 $1-\alpha_1$（规定的置信水平），即

$$P(|\gamma_T-\mu| \leqslant \sigma)=1-\alpha_1 \tag{6-21}$$

即

$$P\left[\left|\frac{\gamma_T-\mu}{\sqrt{\mu(1-\mu)/N}}\right| \leqslant \frac{\sigma}{\sqrt{\mu(1-\mu)/N}}\right]=1-\alpha_1 \tag{6-22}$$

当 N 充分大时，近似地有

$$P\left[\left|\frac{\gamma_T-\mu}{\sqrt{\mu(1-\mu)/N}}\right| \leqslant u_{1-\alpha_1/2}\right]=1-\alpha_1 \tag{6-23}$$

于是

$$\frac{\sigma}{\sqrt{\mu(1-\mu)/N}}=u_{1-\alpha_1/2} \tag{6-24}$$

解式(6-24) 得

$$N=\frac{\mu(1-\mu)}{\sigma^2}u_{1-\alpha_1/2}^2 \tag{6-25}$$

式中，$u_{1-\alpha_1/2}$ 为标准正态分布 $N(0,1)$ 的 $1-\alpha_1/2$ 分位点。

因为 μ 是产品 FDR/FIR 的真值，是一个未知量，在对设备进行测试性设计时，承制方是根据使用方提出的要求来进行设计的，使用方提出的故障检测率的要求值 q_1 一般都比较高，是一个大于 0.5 的值，因此一般认为 $\mu > q_1 > 0.5$。在这种情况下按式(6-26) 来计算故障检测/隔离数据量与精度、置信水平之间的关系。

$$N=\frac{q_1(1-q_1)}{\sigma^2}u_{1-\alpha_1/2}^2 \tag{6-26}$$

式(6-26) 描述的就是故障检测/隔离数据量与评估精度、置信水平的关系模型。

6.1.3.3　关系模型分析

(1) 故障检测/隔离数据量与 FDR/FIR 点估计精度关系模型分析。

由式(6-26) 可以知道，用点估计值来估计 FDR/FIR 真值时，σ 与 $1/\sqrt{N}$ 成正比，变化曲线如图 6-1 所示。

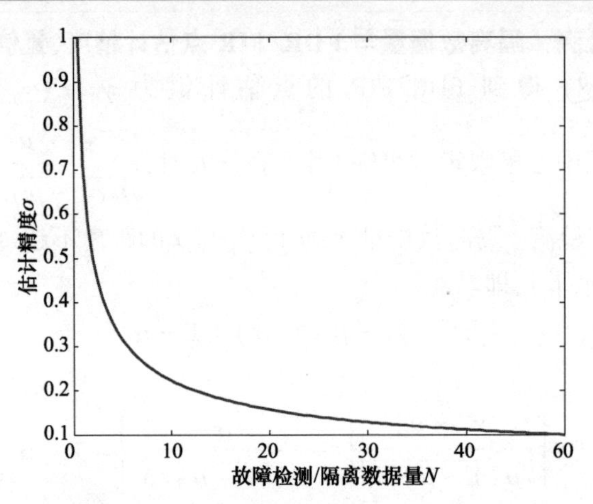

图 6-1　故障检测／隔离数据量 N 与 FDR/FIR 点估计精度 σ 的关系

分析图 6-1 可知：当 $N < 4$ 时，估计精度变化很快；当 $N = 4 \sim 30$ 时，估计精度下降速度较慢；当 $N > 30$ 时，估计精度几乎不变化。可以得出，采用点估计计算 FDR/FIR 时，只有当 $N > 30$ 时，FDR/FIR 点估计值比较接近 FDR/FIR 真值；若 N 较小，则 FDR/FIR 点估计值偏离真值较大，估计精度较低。

(2) 故障检测／隔离数据量与 FDR/FIR 点估计精度、置信水平关系模型仿真分析。

给定不同 FDR/FIR 指标要求值，按式(6-26) 通过仿真运算，可以得到给定故障检测／隔离数据量 N 与 FDR/FIR 点估计精度 σ、置信水平$(1-\alpha_1)$之间的关系，如表 6-1 所示。

表 6-1　故障检测／隔离数据量与 FDR/FIR 点估计精度、置信水平的仿真分析结果

最低可接收值 q_1	估计精度 σ	不同置信水平$(1-\alpha_1)$下需要的故障检测／隔离数据量			
		$1-\alpha=0.60$	$1-\alpha=0.70$	$1-\alpha=0.80$	$1-\alpha=0.90$
0.95	0.05	14	21	32	52
	0.03	38	57	87	145
0.90	0.05	26	39	60	98
	0.03	71	108	165	271
0.85	0.05	37	55	84	139
	0.03	101	153	233	384
0.80	0.05	46	69	106	174
	0.03	127	191	293	482

分析表 6-1 中的数据可以得出如下结论。

(1) 当置信水平 $1-\alpha_1$ 和最低可接收值 q_1 确定，统计到的故障检测／隔离数

据量 N 越大，则 FDR/FIR 估计精度越高（即 σ 越小）；相反，统计到的故障检测/隔离数据量 N 越小，则 FDR/FIR 估计精度越小（即 σ 越大）。

（2）当最低可接收值 q_1 和精度要求 σ 确定，统计到的故障检测/隔离数据量 N 越大，则 FDR/FIR 估计置信水平越高（即 $1-\alpha_1$ 越大）；相反，统计到的故障检测/隔离数据量 N 越小，则 FDR/FIR 估计置信水平越小（即 $1-\alpha_1$ 越小）。

6.1.4　故障检测/隔离数据量与 FDR/FIR 区间估计精度、置信水平关系建模与分析

6.1.4.1　故障检测/隔离数据量与 FDR/FIR 区间估计置信水平关系建模

设置信水平为 ϑ，成败型试验数据为 (N,F)，则 FDR/FIR 的单侧置信下限 q_L 可通过下式求得：

$$P(q_L \leqslant q \leqslant 1) = \vartheta \tag{6-27}$$

故障检测/隔离数据为成败型数据，则可用下式来确定 q_L 值，即

$$\sum_{k=0}^{F} C_N^k q_L^{N-k}(1-q_L)^k = 1-\vartheta \tag{6-28}$$

另外，考虑随机变量 $X(0<x<1)$ 服从 Beta 分布，则其概率分布函数为

$$F_\beta(x;\rho_1,\rho_2) = \frac{1}{B(\rho_1,\rho_2)}\int_0^x t^{\rho_1-1}(1-t)^{\rho_2-1}\mathrm{d}t \tag{6-29}$$

式中，$0<x<1$；$\rho_1,\rho_2>0$。

Beta 函数的表达式为

$$B(\rho_1,\rho_2) = \int_0^1 t^{\rho_1-1}(1-t)^{\rho_2-1}\mathrm{d}t \tag{6-30}$$

由式(6-29)可得

$$F_\beta(x;\rho_1,\rho_2) = 1 - F_\beta[(1-x);\rho_2,\rho_1] \tag{6-31}$$

由于

$$\frac{1}{B(F+1,N-F)}\int_{p_L}^1 t^F(1-t)^{N-F-1}\mathrm{d}t = \frac{1}{B[F,N-(F-1)]}\int_{p_L}^1 t^{F-1}(1-t)^{N-(F-1)-1}\mathrm{d}t + \frac{N!}{F!\,(N-F)!}p_L^F(1-p_L)^{N-F} \tag{6-32}$$

同理，有

$$\frac{1}{B(F,N-(F-1))}\int_{p_L}^1 t^{F-1}(1-t)^{N-(F-1)-1}\mathrm{d}t = \frac{1}{B[F-1,N-(F-2)]}\int_{p_L}^1 t^{F-2}(1-t)^{N-(F-2)-1}\mathrm{d}t + \frac{N!}{(F-1)!\,[N-(F-1)]!}p_L^{F-1}(1-p_L)^{N-(F-1)} \tag{6-33}$$

依此类推,有

$$\frac{1}{B(2,N-1)}\int_{p_L}^{1}t^1(1-t)^{N-2}\mathrm{d}t=\frac{1}{B(1,N)}\int_{p_L}^{1}t^0(1-t)^{N-1}\mathrm{d}t+\frac{N!}{1!\ (N-1)!}p_L{}^1(1-p_L)^{N-1} \tag{6-34}$$

$$\frac{1}{B(1,N)}\int_{p_L}^{1}t^0(1-t)^{N-1}\mathrm{d}t=\frac{N!}{0!\ (N-0)!}p_L^0(1-p_L)^N \tag{6-35}$$

从式(6-35)开始,依次向上代入,直到式(6-20)为止,可得

$$\begin{aligned}\sum_{k=0}^{F}C_N^k p_L^k(1-p_L)^{N-k}&=\frac{1}{B(F+1,N-F)}\int_{p_L}^{1}t^F(1-t)^{N-F-1}\mathrm{d}t\\&=1-F_\beta[p_L;F+1,N-F]\end{aligned} \tag{6-36}$$

令 $q_L=1-p_L$,并由式(6-28)、式(6-31)、式(6-36)可得

$$1-\vartheta=\frac{1}{B(N-F,F+1)}\int_0^{q_L}x^{N-F-1}(1-x)^F\mathrm{d}x \tag{6-37}$$

因此,如果已知试验数据为(N,F),那么以 ϑ 的置信水平认为 $q>q_L$,此处 q_L 就是FDR/FIR置信水平为 ϑ 的单侧置信下限值。

另外,对于服从 F 分布的随机变量 Y,其概率分布函数为

$$F_F(y;\nu_1,\nu_2)=\frac{(\nu_1/\nu_2)^{\frac{1}{2}\nu_1}}{B(\nu_1/2,v_2/2)}\times\int_0^y t^{\frac{\nu_1}{2}-1}\left(1+\frac{\nu_1}{\nu_2}t\right)^{-\frac{1}{2}(\nu_1+\nu_2)}\mathrm{d}t \tag{6-38}$$

若令随机变量 $X=\left(1+\dfrac{\nu_1}{\nu_2}Y\right)^{-1}$,则

$$F_F(y;\nu_1,\nu_2)=\frac{1}{B(\nu_1/2,\nu_2/2)}\int_x^1 t^{\frac{\nu_2}{2}-1}(1-t)^{\frac{\nu_1}{2}-1}\mathrm{d}t=1-F_\beta(x;\nu_2/2,\nu_1/2) \tag{6-39}$$

因此,有

$$F_\beta(1-x;\nu_1/2,\nu_2/2)=F_F(y;\nu_1,\nu_2) \tag{6-40}$$

将式(6-40)代入式(6-37),并由 $y=\dfrac{\nu_1}{\nu_2}(1/x-1)$,可得

$$\begin{aligned}\sum_{k=0}^{F}C_N^k p_L^k(1-p_L)^{N-k}&=1-F_\beta(p_L;F+1,N-F)\\&=1-F_F\left[\frac{(F+1)}{(N-F)}\frac{1-p_L}{p_L};2(F+1),2(N-F)\right]\end{aligned} \tag{6-41}$$

由式(6-40)、式(6-41),并令 $q_L = 1 - p_L$ 可得

$$\frac{(N-F)}{(F+1)}\frac{1-q_L}{q_L} = F_\vartheta[2(F+1),2(N-F)] \tag{6-42}$$

则

$$q_L = \frac{1}{1+\dfrac{F+1}{N-F}F_\vartheta[2(F+1),2(N-F)]} \tag{6-43}$$

式中,$F_\vartheta[2(F+1),2(N-F)]$ 为 F 分布的 $1-\vartheta$ 下侧分位数。

式(6-28)、式(6-37) 和式(6-43) 描述了故障检测/隔离数据量与 FDR/FIR 估计结果置信水平的关系模型。不同的是,式(6-28) 描述的是基于二项分布的故障检测/隔离数据量与 FDR/FIR 估计结果置信水平的关系模型。式(6-37) 描述的是基于 Beta 分布的故障检测/隔离数据量与 FDR/FIR 估计结果置信水平的关系模型。式(6-43) 描述的是基于 F 分布的故障检测/隔离数据量与 FDR/FIR 估计结果置信水平的关系模型。

6.1.4.2　模型仿真分析

对于给定的成败型试验数据(N,F),可以依据式(6-37)、式(6-43) 求得 FDR/FIR 在不同置信水平下的置信下限值,再结合式(6-19) 可以求得 FDR/FIR 在相应置信水平下的置信区间估计结果。通过仿真分析,表6-2给出不同试验数据量、不同置信水平下 FDR/FIR 置信区间估计结果。

表 6-2　故障检测/隔离数据量与 FDR/FIR 区间估计置信水平、置信区间长度的仿真结果

N	F	$\vartheta = 0.8$ 下的估计结果		$\vartheta = 0.9$ 下的估计结果	
		置信下限估计	置信区间估计	置信下限估计	置信区间估计
$N = 10$	$F = 2$	0.619	[0.550,0.884]	0.550	[0.493,0.913]
	$F = 4$	0.419	[0.354,0.733]	0.354	[0.304,0.850]
$N = 30$	$F = 2$	0.863	[0.832,0.982]	0.832	[0.805,0.972]
	$F = 4$	0.786	[0.751,0.941]	0.751	[0.832,0.982]
$N = 70$	$F = 2$	0.940	[0.926,0.992]	0.926	[0.913,0.995]
	$F = 4$	0.906	[0.889,0.975]	0.889	[0.874,0.980]
$N = 150$	$F = 2$	0.972	[0.965,0.996]	0.965	[0.959,0.998]
	$F = 4$	0.956	[0.947,0.988]	0.947	[0.940,0.991]

分析表 6-2 中的数据可以得到以下结果。

(1) 随着故障检测/隔离数据量 N 的增加,FDR/FIR 估计置信区间的长度在缩短,估计精度在提高。

(2) 随着故障检测/隔离数据量 N 的增加,在置信区间长度相同的情况下,相应结果的置信水平提高。

(3) 由式(6-27)至式(6-43)的推导过程可以看出,无论是采用二项分布,还是采用 Beta 分布、F 分布,在相同的故障检测/隔离数据量下,求得的 FDR/FIR 估计结果是相同的。

测试性外场使用信息是设备在真实环境下对故障检测/隔离情况的综合表现。一方面,它比模拟试验环境更为真实,且花费的费用较少;另一方面,可对设备整机和无法在实验室进行试验的大型设备进行考核和验证。然而在工程实践中,对于高新设备系统来说,一开始研制的数量少,设备的采办对设备的高可靠性要求,同时高性能容错系统在设备中的应用,使得在较短的外场使用阶段获得大量的故障及其检测/隔离数据是很困难的。而由以上分析可以知道,较小样本下的评估结论很难反映测试性设计水平的可靠性。受试验周期的限制,若想在短时间内对设备投入使用初期的 FDR/FIR 水平做出评估,必须融合其他可用的试验信息、专家信息、历史信息等,作相应处理,扩大用于评估的数据量。

6.1.5 小结

本节首先推导得出测试性指标预计公式的理论基础和依据是齐次泊松过程,分析得出测试性预计的局限性在于需要较多假设条件,预计结果过于理想,从理论上分析和证明了测试性预计不能代替测试性验证。接下来,建立了故障检测/隔离数据量与 FDR/FIR 综合评估结论精度、置信水平的关系模型,分析了故障检测/隔离数据量对评估结论置信水平的影响,分析发现故障检测/隔离数据量为"小子样"情况下的评估结论置信水平较低。上述分析结果、模型以及所描述的本质关系为后续有针对性地开展测试性综合评估方法研究提供了技术指导并奠定了理论基础。

6.2 基于 Bayesian 变动统计理论的测试性增长评估模型建模技术

无论是基于故障注入的测试性增长试验还是收集设备自然发生故障的测试性增长试验,由于故障注入试验的有损性甚至破坏性,每一试验阶段得到的故障检测/隔离数据属于"小子样"数据;并且测试性增长过程的存在,每一试验阶段后的 FDR/FIR 分布参数不固定,属于"异总体"情况。设备的技术继承性好,新设备研制往往含有大量的对已有设备或技术的继承和改进,存在大量历史信息。设备研制部门、测试性设计部门拥有许多经验丰富的专家,对设备测试性设计具有一定经验,丰富的专家经验数据是对“小子样”数据的一个有益补充。

本节研究基于 Bayes 变动理论的测试性综合评估方法。以 Bayes 变动统计理论为主线,充分有效地融合设备测试性可更换单元试验数据、专家经验、研制阶段增长试验信息,其目的是扩大用于外场综合评估的数据量,在较短的外场使用周期内,给出较高精度、较高置信水平的评估结论,进而加速设备的定型。

6.2.1　基于 Bayes 变动统计理论的测试性增长评估总体技术思路

图 6-2 所示为本书构建的基于 Bayes 变动统计理论的测试性增长评估总体技术思路,主要分为:先验信息分析、确定先验分布、确定后验分布、计算后验积分、接收/拒收判定和模型稳健性分析等几个步骤。

首先,分析研制阶段增长试验中存在的信息类型,如可更换单元测试性试验数据、相似产品信息、专家信息等,根据这些信息确定不同试验阶段 FDR/FIR 的先验估计值;然后,在此基础上研究选用多元 Dirichlet 分布为先验分布形式,利用 FDR/FIR 先验估计值确定先验分布参数,将先验信息转化为先验分布;接下来,融合多阶段增长试验数据和外场使用数据,以扩大用于评估的数据量,求得 FDR/FIR 的 Bayes 后验分布表达式,后验分布的推断计算分别采用解析法和 *MCMC* 方法,得到设备 FDR/FIR 的 Bayes 点估计、置信区间估计和置信下限估计值;最后,依据接收/拒收判据给出一定置信水平下的评估结论。同时,为进一步研究先验分布变化对 FDR/FIR 估计精度的影响,确定先验分布参数选取原则。

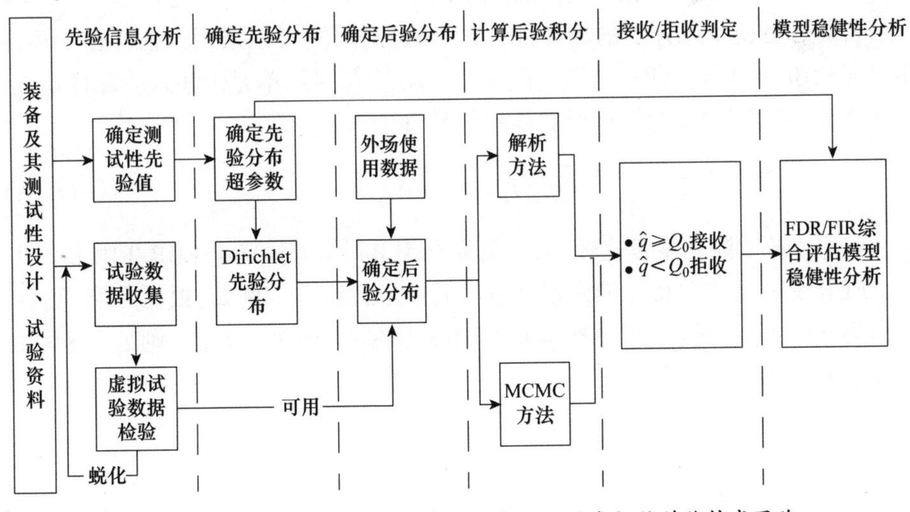

图 6-2　基于 Bayes 变动统计理论的测试性综合评估总体技术思路

6.2.2 基于 Bayesian 变动统计理论的测试性增长评估

6.2.2.1 系统 FDR/FIR 先验值确定方法

对于复杂设备,在设备投入使用之前,存在大量可更换单元试验信息和专家经验信息可供应用。以下先对由可更换单元测试性试验信息和专家信息确定设备 FDR/FIR 先验值的方法进行研究。

(1) 由可更换单元试验信息确定系统 FDR/FIR 先验值。

复杂设备系统级测试性试验需要各个可更换单元的协同、集成,共享设计中的模型和参数,并考虑环境的交互影响,而这些往往很难做到。因此,在设计研制阶段,一般缺少相应的试验手段评测整体设备的 FDR/FIR 水平,设备整体的测试性试验信息较少,而可更换单元级测试性试验信息相对较多,可采用一定的分析计算,将可更换单元测试性试验信息折合为设备系统测试性信息,得到系统测试性先验值。

复杂设备系统 FDR/FIR 函数可表示为可更换单元(可以为分系统、SRU、LRU 等)FDR/FIR 的结构函数,记为

$$T_{\mathrm{S}} = G(T_1, T_2, \cdots, T_m) \tag{6-44}$$

式中,T_{S} 为系统 FDR/FIR 值;$T_i, i=1,\cdots,m$ 为第 i 个可更换单元的 FDR/FIR 值;m 为可更换单元个数。

式(6-44) 包含两个方面:① 计算可更换单元 FDR/FIR 值;② 推导系统 FDR/FIR 结构函数并计算系统 FDR/FIR 值。

若对可更换单元开展的故障注入试验较充分,则可以采用点估计作为可更换单元FDR/FIR值。即 n_i 为第 $i(i=1,\cdots,m)$ 个可更换单元的注入故障样本数,f_i 为检测/隔离失败次数,由经典概率统计理论得

$$T_i = \frac{n_i - f_i}{n_i} \tag{6-45}$$

若注入的故障样本量比较小,则需要利用 Bayes 方法确定 FDR/FIR 值。

FDR/FIR 的先验信息通常以连续区间的形式给出。例如,根据专家经验可给出第 $i(i=1,\cdots,m)$ 个可更换单元FDR/FIR的 $T_i \in [T_{i,\mathrm{L}}, T_{i,\mathrm{H}}]$,则 T_i 先验均值和方差为

$$\begin{cases} \mu_i = \dfrac{T_{i,\mathrm{L}} + T_{i,\mathrm{H}}}{2} \\ V_i = \dfrac{(T_{i,\mathrm{H}} - T_{i,\mathrm{L}})^2}{12} \end{cases} \tag{6-46}$$

通常认为FDR/FIR的计算模型服从二项分布,因此,以Beta(a,b) 分布作为

FDR/FIR 的先验分布,采用式(6-47) 的最优化模型求解 Beta(a,b) 中的参数。

$$\begin{cases}\min(V_i - V(a,b))^2 \\ \text{s.t.}\begin{cases}\mu(a,b) = \mu_i \\ a > 0, b > 0\end{cases}\end{cases} \tag{6-47}$$

式中,$V(a,b)$ 为 Beta(a,b) 分布的二阶矩值;$\mu(a,b)$ 为 Beta(a,b) 分布均值。

Beta(a,b) 表达式为

$$\text{Beta}(x;a,b) = \frac{\Gamma(a+b)}{\Gamma(a)\Gamma(b)}x^{a-1}(1-x)^{b-1} \tag{6-48}$$

结合可更换单元少量的成败型试验数据(n_i, f_i),利用 Bayes 公式计算得后验分布,如式(6-49),据此便可求得 T_i 的后验均值和方差。

$$T_i \sim \text{Beta}(a + n_i - f_i, b + f_i) \tag{6-49}$$

即基于 Bayes 方法求得 T_i 的后验均值和方差分别为

$$\begin{cases}U_i = \dfrac{a + n_i - f_i}{a + b + n_i} \\ \text{VAR}_i = \dfrac{(a + n_i - f_i)(b + f_i)}{(a + b + n_i)^2(a + b + n_i + 1)}\end{cases} \tag{6-50}$$

设系统故障检测率为FDR_S,故障隔离率为FIR_S,则由可更换单元FDR_i/ FIR_i信息计算FDR_S/ FIR_S 的公式如下:

$$\begin{cases}\text{FDR}_S = \dfrac{\sum_{i=1}^{m}\lambda_i \text{FDR}_i}{\sum_{i=1}^{m}\lambda_i} \\ \text{FIR}_S = \dfrac{\sum_{i=1}^{m}\lambda_i \text{FIR}_i}{\sum_{i=1}^{m}\lambda_i}\end{cases} \tag{6-51}$$

式中,λ_i 为第 i 个可更换单元的故障率值。

随着研制阶段的进行,可对可更换单元的故障率值及时更新。至此,利用可更换单元 FDR/FIR 试验数据可求得系统 FDR/FIR 值,以此作为测试性综合评估的先验值,而这往往作为设计单位提供的 FDR/FIR 指标值。

以第 3 章介绍的稳定跟踪平台系统故障检测率为指标,举例说明由可更换单元 FDR 试验信息求得系统 FDR 的过程。平台有九个 SRU 组成,首先根据专家对各个 SRU 给出的先验区间估计结果,利用式(6-46) 所示的优化模型求得各个 *SRU* 的 FDR 所服从的先验 Beta 分布,在根据每个 SRU 的成败型试验数据(n_i, f_i),$i = 1,2,\cdots,9$,利用 Bayes 公式求得 FDR 所服从的后验 Beta 分布,基于后验

Beta 分布表达式利用式(6-50) 求得 FDR 的后验均值和后验方差,如表 6-3 所示,表 6-3 最后一列为每个 SRU 故障率大小,单位为10^{-6}/h。

表 6-3 稳定跟踪平台各可更换单元 FDR 试验信息与故障率数据

SRU 名称	先验区间估计	先验分布	n_i	f_i	后验分布	后验均值	后验方差	故障率
运动控制器	[0.58,0.62]	Beta(172,115)	50	16	Beta(186,131)	0.59	7.56×10^{-4}	1.00
电机驱动器	[0.67,0.71]	Beta(43,19)	30	8	Beta(65,27)	0.71	0.0022	3.21
电机	[0.78,0.82]	Beta(152,38)	8	2	Beta(158,40)	0.80	8.39×10^{-4}	0.62
减速器	[0.88,0.92]	Beta(99,11)	7	0	Beta(106,11)	0.91	7.22×10^{-4}	1.00
速率陀螺	[0.73,0.77]	Beta(168,56)	16	4	Beta(180,60)	0.75	7.78×10^{-4}	1.21
数据采集板	[0.78,0.82]	Beta(152,38)	26	4	Beta(174,42)	0.81	7.22×10^{-4}	2.21
主控计算机	[0.64,0.68]	Beta(123,63)	10	4	Beta(129,67)	0.67	0.0011	0.91
控制电路板	[0.85,0.89]	Beta(120,18)	24	4	Beta(140,22)	0.86	7.20×10^{-4}	1.21
数字接收机	[0.48,0.52]	Beta(37,37)	8	4	Beta(41,41)	0.50	0.0030	6.51

将各个 SRU 的 FDR 后验均值和相应的故障率数据代入系统 FDR 结构函数(式 6 - 50),得到稳定跟踪平台系统 FDR 估计值为 0.696。

(2) 由专家信息确定系统 FDR/FIR 先验值。

在设备测试性研制的不同阶段,专家对系统 FDR/FIR 的先验估计值通常以连续区间的形式给出。例如,可给出第 k 个阶段系统 FDR/FIR 估计值 $q_k \in [q_{k,\mathrm{L}}, q_{k,\mathrm{H}}]$。不同的专家给出的 $q_k \in [q_{k,\mathrm{L}}, q_{k,\mathrm{H}}]$ 区间大小不同,根据对专家经验的信任程度,赋予不同专家不同权重,表示对其提供信息的信任程度,依据此权重实现各位专家提供的系统 FDR/FIR 信息融合。

设共有 n 位专家,一共给出 n 个连续区间 $[q_{k,\mathrm{L}}^i, q_{k,\mathrm{H}}^i]$, $i = 1, \cdots, n$,专家权重为 ω_i,基于经典概率统计理论综合各位专家信息后的系统 q_k 先验均值和方差为

$$\begin{cases} E(q_k) = \sum\limits_{i=1}^{n} \omega_i \dfrac{q_{k,\mathrm{L}}^i + q_{k,\mathrm{H}}^i}{2} \\ \mathrm{Var}(q_k) = \dfrac{1}{n} \sum\limits_{i=1}^{n} \left[\dfrac{\omega_i^2 (q_{k,\mathrm{L}}^i - q_{k,\mathrm{H}}^i)^2}{12} + \dfrac{\omega_i^2 (q_{k,\mathrm{L}}^i + q_{k,\mathrm{H}}^i)^2}{4} \right] - \dfrac{1}{n^2} \left[\sum\limits_{i=1}^{n} \dfrac{\omega_i (q_{k,\mathrm{L}}^i + q_{k,\mathrm{H}}^i)}{2} \right]^2 \end{cases} \tag{6-52}$$

对于研制初期的设备来说,由于没有相关的试验数据,导致专家对设备的 FDR/FIR 到底为多少把握不大,给出的区间估计长度较大;随着试验的开展,专家给出的区间估计变得更为准确,区间长度逐渐减小。

6.2.2.2 FDR/FIR 的 Bayes 综合评估模型

Bayes 变动统计思想与理论在可靠性增长评估中已成功应用,这里我们引入

该方法进行测试性综合评估,并融合一切有效的测试性仿真分析数据、专家对测试性水平的估计值和各可更换单元测试性试验数据等,以研制阶段测试性增长试验数据和外场使用数据为依据,建立基于 Bayes 变动统计理论的测试性综合评估模型。首先给出模型假设条件,建立 Dirichlet 多元先验分布,先验分布中的参数通过上面求得的测试性先验值确定;然后检验测试性增长试验数据的增长趋势是否合理;在此基础上,融合增长试验数据和外场使用数据,利用 Bayes 公式求得后验分布解析表达式,基于后验分布获取 FDR/FIR 的 Bayes 点估计、置信区间估计、置信下限估计等,给出 FDR/FIR 接收/拒收的综合评估结论。由于后验分布的推导与 Dirichlet 分布性质有关,以下先讨论 Dirichlet 分布的有关性质。

Dirichlet 分布是 Beta 分布的直接推广,由于 Beta 分布与许多分布(正态、Gamma、均匀、F、χ^2)有着密切关系,在分布理论中占有重要地位。类似地,Dirichlet 分布在多元分布理论中的地位也很重要,它起着沟通分布间桥梁的作用。

定义 6-1:设 $X=(x_1,\cdots,x_n)'$ 是一随机向量,如果它满足以下条件:

(1) 对任意的 $1\leqslant i\leqslant n$,有 $x_i\geqslant 0$,且 $\sum\limits_{i=1}^{n}x_i=1$;

(2) $(x_1,\cdots,x_{n-1})$ 的分布密度为

$$p(x_1,\cdots,x_{n-1})=\begin{cases}\dfrac{\Gamma\left(\sum\limits_{i=1}^{n}a_i\right)}{\prod\limits_{i=1}^{n}\Gamma(a_i)}\prod\limits_{i=1}^{n-1}x_i^{a_i-1}\left(1-\sum\limits_{i=1}^{n-1}x_i\right)^{a_n-1}, & \text{若 } x_i\geqslant 0, i=1,\cdots,n-1, \sum\limits_{i=1}^{n-1}x_i<1\\ 0, & \text{其他情形}\end{cases}$$

其中,$a_i>0,i=1,\cdots,n$,则称 $\boldsymbol{X}$ 服从 Dirichlet 分布,并记 $(x_1,\cdots,x_{n-1})'\sim D_n(a_1,\cdots,a_{n-1};a_n)$ 或 $(x_1,\cdots,x_n)\sim D_n(a_1,\cdots,a_n)$。特别地,当 $n=2$ 时,就是常见的 Beta 分布 $\mathrm{Beta}(a_1,a_2)$。

Dirichlet 分布具有以下性质:

性质 1:设 $x_1,\cdots,x_n$ 为相互独立的随机变量,且 $x_i\sim\Gamma(a_i,1),i=1,\cdots,n$,令 $y_i=x_i/(x_1+\cdots+x_n),i=1,\cdots,n$,则

$$(y_1+\cdots+y_n)\sim D_n(a_1,\cdots,a_n)$$

性质 2:设 $(x_1,\cdots,x_n)\sim D_n(a_1,\cdots,a_n)$,则

$$(x_1,\cdots,x_m)\sim D_{m+1}(a_1,\cdots,a_m;a_{m+1},\cdots,a_n),m<n$$

特别有

$$x_i\sim\mathrm{Beta}(a_i,\sum_{j\neq i}a_j),i=1,\cdots,n$$

即每一个分量均服从 Beta 分布。

性质 3:设$(x_1,\cdots,x_n) \sim D_n(a_1,\cdots,a_n)$,则

$$(x_1+\cdots+x_m) \sim \mathrm{Beta}(a_1+\cdots+a_m, a_{m+1}+\cdots+a_n), 1 \leqslant m < n$$

此性质还可推广至更一般的情况,令

$$y_1 = x_1 + \cdots + x_{n_1}$$
$$y_2 = x_{n_1+1} + \cdots + x_{n_2}$$
$$\vdots$$
$$y_m = x_{n_{m-1}+1} + \cdots + x_n$$

则

$$(y_1,\cdots,y_m) \sim D_m(a_1^*,\cdots,a_m^*)$$

其中

$$a_1^* = a_1 + \cdots + a_{n_1}$$
$$a_2^* = a_{n_1+1} + \cdots + a_{n_2}$$
$$\vdots$$
$$a_m^* = a_{n_{m-1}+1} + \cdots + a_n$$

性质 4:设$(x_1,\cdots,x_{n-1})' \sim D_n(a_1,\cdots,a_{n-1};a_n)$,则它的混合原点矩为

$$u'_{q_1,\cdots,q_{n-1}} = E(x_1^{q_1},\cdots,x_{n-1}^{q_{n-1}}) = \frac{\Gamma(a_1+q_1)\cdots\Gamma(a_{n-1}+q_{n-1})\Gamma(a_n)\Gamma(a)}{\Gamma(a_1)\cdots\Gamma(a_n)\Gamma(a+q_1+\cdots+q_{n-1})}$$

其中,$a = a_1 + \cdots + a_n$。

特别地

$$E(x_i) = a_i/a, \mathrm{Var}(x_i) = a_i(a-a_i)/[a^2(a+1)], i = 1,\cdots,n$$
$$\mathrm{Cov}(x_i,x_j) = -a_ia_j/[a^2(a+1)], i \neq j, i,j = 1,\cdots,n$$

性质 5:设$(x_1,\cdots,x_{n-1})' \sim D_n(a_1,\cdots,a_{n-1};a_n)$,则

$$\left(\frac{x_{n-1}}{1-x_1-\cdots-x_{n-2}} \mid x_1,\cdots,x_{n-2}\right) \sim \mathrm{Beta}(a_{n-1},a_n)$$

结合图 6-3 给出应用 Bayes 方法评估 FDR/FIR 的假设条件。

(1) 每一阶段的增长试验分为两部分:一是通过注入一定数量的故障识别测试性设计缺陷,当发现有不能正确检测/隔离的故障时,只对故障部件做简单的维修,以保证设备能正常运行,并不更改测试性设计;二是测试性增长,对于不能正确检测/隔离的故障,识别并确定新的故障模式、测试空缺、模糊点、测试容差或阀值等缺陷,改进故障检测/隔离方法,使系统的故障检测/隔离能力不断增长。这种测试性增长试验规划方式采用延缓纠正模式。

(2) 设备在研制阶段共进行了 m 个阶段的测试性增长试验,增长试验的环境和设备的实际工作环境基本相同。设第 i 阶段共注入 n_i 个故障,有 $f_i(0 \leqslant f_i \leqslant$

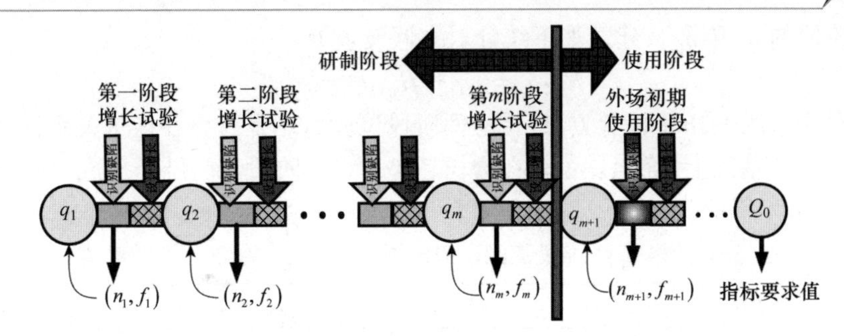

图 6-3　全寿命周期不同阶段测试性增长试验过程示意图

n_i)，$i = 1, 2, \cdots, m$ 个故障没有被成功检测/隔离，(n_i, f_i) 最能真实地反映出设备第 i 阶段增长试验前的 FDR/FIR 水平，记为 q_i，其中第 m 个阶段的增长试验是定型阶段的测试性验证试验。

(3) m 阶段测试性增长试验后设备投入外场使用(试用)，外场统计到的故障检测/隔离成败型数据记为(n_{m+1}, f_{m+1})，其 FDR/FIR 水平统一记为 q_{m+1}。

(4) 考虑测试性增长的极限情况，为了满足后文 Dirichlet 函数的边界条件，这里假设第 $m + 3$ 个阶段的 FDR/FIR 估计值 $q_{m+3} = 1$。

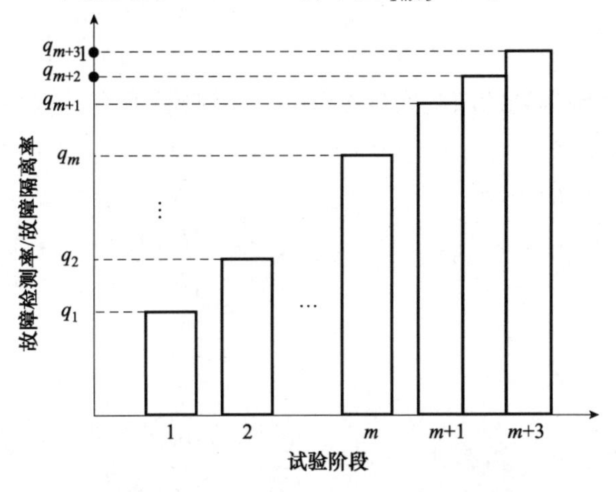

图 6-4　FDR/FIR 的全寿命周期变化趋势

(5) 假设测试性增长试验的效果是良好的，存在如下序化关系

$$0 \leqslant q_1 \leqslant q_2 \leqslant \cdots \leqslant q_m \leqslant q_{m+1} \leqslant 1 \tag{6-53}$$

式(6-53) 称为顺序约束模型。

在全寿命周期的不同阶段，设备测试性变化趋势如图 6-4 所示，横坐标为设备的试验阶段或称寿命周期阶段，纵坐标为设备的 FDR/FIR 值。

要想正确利用研制阶段增长试验数据，必须对得到的不同阶段增长试验的成败型数据进行趋势检验，检验增长试验数据是否符合序化关系式(6-53)。对

相邻阶段的 q_i 和 q_{i+1}，建立如下统计对立假设：

$$H_0: q_i = q_{i+1} \leftrightarrow H_1: q_i \neq q_{i+1}$$

首先采用 Fisher 检验方法，检验两阶段试验数据是否存在连带关系，在存在连带关系的基础上，确定是否存在增长趋势。将两阶段试验结果排成 2 × 2 列联表，如表 6-4 所示。

表 6-4　相邻两阶段 FDR/FIR 成败型数据的 2 × 2 列联表

指标	阶段 i	阶段 $i+1$	总计
检测／隔离失败次数	f_i	f_{i+1}	$f_i + f_{i+1}$
检测／隔离成功次数	s_i	s_{i+1}	$s_i + s_{i+1}$
总计	n_i	n_{i+1}	$n_i + n_{i+1}$

在 $f_i + f_{i+1}, s_i + s_{i+1}, n_i + n_{i+1}, n_i, n_{i+1}$ 均不变的前提下，先计算列联表的超几何分布概率

$$p(n_i + n_{i+1}, n_{i+1}; f_i + f_{i+1}, f_{i+1}) = \frac{\binom{f_i + f_{i+1}}{f_{i+1}}\binom{s_i + s_{i+1}}{s_{i+1}}}{\binom{n_i + n_{i+1}}{n_{i+1}}} \tag{6-54}$$

然后计算各种排列的超几何分布概率，以及计算所有排列（包括观测结果）的概率之和，记为 P。

若 $f_{i+1}/n_{i+1} < f_i/n_i$，则

$$P = \sum_{x=0}^{f_{i+1}} p(n_i + n_{i+1}, n_{i+1}; f_i + f_{i+1}, x) = \sum_{x=0}^{f_{i+1}} \binom{f_i + f_{i+1}}{x}\binom{s_i + s_{i+1}}{n_{i+1} - x} \Big/ \binom{n_i + n_{i+1}}{n_{i+1}} \tag{6-55}$$

若 $f_{i+1}/n_{i+1} > f_i/n_i$，则

$$P = \sum_{x=0}^{f_i} p(n_i + n_{i+1}, n_i; f_i + f_{i+1}, x) = \sum_{x=0}^{f_i} \binom{f_i + f_{i+1}}{x}\binom{s_i + s_{i+1}}{n_i - x} \Big/ \binom{n_i + n_{i+1}}{n_i} \tag{6-56}$$

对给定的显著性水平 α（工程上一般取 $\alpha \leqslant 0.2$，若在工程上已经表明设备 FDR/FIR 确有增长，则 α 可取 0.3、0.4 甚至更高）。若 $P > \alpha$，则两阶段 FDR/FIR 不存在变量间任何连带的证据，即接受 H_0；若 $P \leqslant \alpha$，则拒绝 H_0，认为两阶段 FDR/FIR 间存在显著的连带关系。在存在显著连带关系的基础上，若 $f_{i+1}/n_{i+1} < f_i/n_i$，认为从阶段 i 到阶段 $i+1$FDR/FIR 有显著增长，准备将其用于 FDR/FIR 的 Bayes 综合评估；若 $f_{i+1}/n_{i+1} > f_i/n_i$，则认为从阶段 i 到阶段 $i+1$FDR/FIR 有显著蜕化。

6.2.2.3　FDR/FIR 的 Bayes 先验分布

(1) Dirichlet 先验分布定义。

在 6.2.1.2 的假设条件下，设 $\boldsymbol{q}=(q_1,q_2,\cdots,q_{m+1})$，$\boldsymbol{\alpha}=(\alpha_1,\alpha_2,\cdots,\alpha_{m+1};\alpha_{m+2},\alpha_{m+3})$，对满足序化关系式(6-53) 的 $\boldsymbol{q}$，采用参数为 $\boldsymbol{\alpha}$、β 的 Dirichlet 先验分布进行描述，也就是说，$\boldsymbol{q}$ 服从这样的分布，其概率密度函数为

$$\pi(\boldsymbol{q}\mid\boldsymbol{\alpha},\beta)=\frac{\Gamma(\beta)}{\prod_{i=1}^{m+3}\Gamma(\beta\alpha_i)}\prod_{i=1}^{m+3}(q_i-q_{i-1})^{\beta\alpha_i-1} \tag{6-57}$$

式中，β 为先验参数；$\alpha_i>0$，$\sum_{i=1}^{m+3}\alpha_i=1$，$q_0=0$，$q_{m+3}=1$。

由 Dirichlet 分布性质 2 可知，式(6-57) 的各个边缘分布为 Beta 分布，即

$$q_i\sim \mathrm{Beta}(\beta\alpha_i^*,\beta(1-\alpha_i^*)) \tag{6-58}$$

$$q_i-q_j\sim \mathrm{Beta}(\beta(\alpha_i^*-\alpha_j^*),\beta(1+\alpha_j^*-\alpha_i^*)),i>j \tag{6-59}$$

$$\frac{q_j}{q_i}\sim \mathrm{Beta}(\beta\alpha_j^*,\beta(\alpha_i^*-\alpha_j^*)),i>j \tag{6-60}$$

式中，$\alpha_i^*=\sum_{k=1}^{i}\alpha_k$。

因此，由式(6-57) 确定的分布实际上是一个多元 Beta 分布。进一步由 Beta 分布的性质得：

$$\begin{cases}E(q_i)=\alpha_i^*\\[2mm]\mathrm{Var}(q_i)=\dfrac{\alpha_i^*\times(1-\alpha_i^*)}{\beta+1}\end{cases} \tag{6-61}$$

由式(6-61) 进一步推得：

$$\alpha_i=E[q_i]-E[q_{i-1}] \tag{6-62}$$

如果对设备每一阶段 FDR/FIR 都有所了解，就很容易确定参数 $\boldsymbol{\alpha}$ 值。参数 $\boldsymbol{\alpha}$ 表示阶段间 FDR/FIR 增长的幅度。通常在设备研制的早期阶段，FDR/FIR 增长的幅度较大，此时对应的 $\boldsymbol{\alpha}$ 较大；在后期阶段，FDR/FIR 提高比较困难，此时对应的 $\boldsymbol{\alpha}$ 值较小，这符合 FDR/FIR 的增长规律。参数 β 反映了技术人员对 FDR/FIR 先验估计值的置信水平，对给定的 $\boldsymbol{\alpha}$ 值，β 值越大(小)，则得到的先验标准差越小(大)，从而说明对 FDR/FIR 估计值的置信水平越高(低)。

(2) 确定先验分布参数。

在 6.2.1.2 的假设(2)、假设(3) 下，借鉴参考文献的方法，通过令式(6-57) 的联合分布的极大值点等于相应的 FDR/FIR 先验点估计值来确定先验参数，不同点在于，由图 6-4 可以看出，有 $m+1$ 个阶段的试验数据可用，做变量替换令 $m'=m+1$ 得：

$$\tilde{\boldsymbol{q}} = (\tilde{q}_1, \tilde{q}_2, \cdots, \tilde{q}_{m+1}) = \left(\frac{\beta\alpha_1^* - 1}{\beta - (m' + 3)}, \frac{\beta\alpha_2^* - 2}{\beta - (m' + 3)}, \cdots, \frac{\beta\alpha_{m+1}^* - (m + 1)}{\beta - (m' + 3)}\right) \tag{6-63}$$

首先,由设备可更换单元 FDR/FIR 信息、多位专家的信息,依据本章 6.2.1.1 节介绍的方法确定设备 FDR/FIR 先验值,也就是可以确定 $\tilde{\boldsymbol{q}} = (\tilde{q}_1, \tilde{q}_2, \cdots, \tilde{q}_{m+1})$。然后,根据技术人员对这些先验值的确信程度,确定 β 值。将 $\tilde{\boldsymbol{q}}$ 代入式(6-63) 依次求解,得到 $\boldsymbol{\alpha}$ 的向量值。

6.2.2.4 FDR/FIR 的 Bayes 后验分布

由 6.2.1.2 节模型假设(2) 可知,在第 j 个增长试验阶段内,似然函数为

$$L(q_j; n_j, f_j) = \binom{n_j}{f_j} q_j^{n_j - f_j} (1 - q_j)^{f_j} \tag{6-64}$$

设备进行了 j 个阶段增长试验后,似然函数为

$$L(\boldsymbol{q}; \boldsymbol{n}^{(j)}, \boldsymbol{f}^{(j)}) = \prod_{i=1}^{j} \binom{n_i}{f_i} q_i^{n_i - f_i} (1 - q_i)^{f_i} \tag{6-65}$$

式中,$\boldsymbol{n}^{(j)} = (n_1, \cdots, n_j)$;$\boldsymbol{f}^{(j)} = (f_1, \cdots, f_j)$。

由先验分布式(6-57)、似然函数式(6-65),利用 Bayes 定理知 $\boldsymbol{q}$ 的后验分布的核为

$$g(\boldsymbol{q} \mid \boldsymbol{\alpha}, \beta) \propto \prod_{i=1}^{j} q_i^{n_i - f_i} (1 - q_i)^{f_i} (q_i - q_{i-1})^{\beta\alpha_i - 1} \times \prod_{i=j+1}^{m+3} (q_i - q_{i-1})^{\beta\alpha_i - 1} \tag{6-66}$$

根据二项式定理有

$$(1 - q_i)^{f_i} = \sum_{k_i=0}^{f_i} \binom{f_i}{k_i} (-1)^{k_i} q_i^{k_i} \tag{6-67}$$

则式(6-67) 改写为

$$g(\boldsymbol{q} \mid \boldsymbol{\alpha}, \beta) \propto \left(\sum_{k_1=0}^{f_1} \cdots \sum_{k_j=0}^{f_j} \prod_{i=1}^{j} \binom{f_i}{k_i} (-1)^{k_j} q_i^{n_i - f_i k_i} (q_i - q_{i-1})^{\beta\alpha_i - 1}\right) \times \prod_{i=j+1}^{m+3} (q_i - q_{i-1})^{\beta\alpha_i - 1} \tag{6-68}$$

6.2.2.5 FDR/FIR 的后验估计值

在 6.1.2.2 的假设条件下,开展测试性综合评估,主要关心设备进行了 j 个阶段试验后,利用得到的试验数据判断设备的测试性设计水平是否满足合同指标的要求,也就是评估 $\hat{q}_{m+1}$ 的大小。若 $j = m + 1$,则利用 $m + 1$ 个阶段的试验数据确定 $\hat{q}_{m+1}$ 的大小属于数据评估问题,若 $j < m + 1$,则利用 j 个阶段的试验数据确

定 $\hat{q}_{m+1}$ 的大小属于预计问题,这也是 Dirichlet 分布的优点。无论 j 与 $m+1$ 的关系如何,要想利用前 j 个阶段的试验数据确定 $\hat{q}_{m+1}$ 的大小,需要对后验分布式(6-68)关于 $q_1, q_2, \cdots, q_{j-1}$ 进行积分。本节分别采用解析法和 MCMC 方法求解 FDR/FIR 的后验估计值。

(1) 解析法。

根据 Beta 函数定义式:

$$\int_a^b (x-a)^m (b-x)^n \mathrm{d}x = (b-a)^{m+n+1} B(m+1, n+1) \tag{6-69}$$

式中,$B(m+1, n+1) = \dfrac{\Gamma(m+1)\Gamma(n+1)}{\Gamma(m+n+2)}$。

注意到变量约束:$0 \leqslant q_1 \leqslant q_2 \leqslant \cdots \leqslant q_{j-1} \leqslant q_j$,利用式(6-69)对后验分布式(6-68)关于 $q_1, q_2, \cdots, q_{j-1}$ 积分得

$$g(\boldsymbol{q}_j \mid \boldsymbol{\alpha}, \beta) \propto \sum_{k_1=0}^{f_1} \cdots \sum_{k_j=0}^{f_j} \frac{W(\boldsymbol{n}^{(j)}, \boldsymbol{f}^{(j)}, \boldsymbol{k}^{(j)}, \boldsymbol{\alpha}, \beta)}{\overline{W}} D(\boldsymbol{q}_j \mid \beta^u, \boldsymbol{\alpha}^u) \tag{6-70}$$

其中,$\boldsymbol{q}_j = (q_j, \cdots, q_{m+2})$,$\boldsymbol{k}^{(j)} = (k_1, \cdots, k_j)$。

$$W(\boldsymbol{n}^{(j)}, \boldsymbol{f}^{(j)}, \boldsymbol{k}^{(j)}, \boldsymbol{\alpha}, \beta) = (-1)^{k_j^*} \left\{ \prod_{i=1}^{j} \binom{f_i}{k_i} B(S_i + \beta\alpha_i^*, \beta\alpha_{i+1}) \right\} \frac{\Gamma(S_j + \beta\alpha_{j+1}^*)}{\Gamma(S_j + \beta)} \tag{6-71}$$

$$D(\boldsymbol{q}_j \mid \beta^u, \boldsymbol{\alpha}^u) = \frac{\Gamma(\beta^u)}{\prod_{i=j}^{m+3} \Gamma(\beta^u \alpha_i^u)} q_i^{(\beta^u\alpha_i^u - 1)} \prod_{i=j+1}^{m+3} (q_i - q_{i-1})^{\beta^u\alpha_i^u - 1} \tag{6-72}$$

而 $\overline{W} = \sum_{k_1}^{f_1} \cdots \sum_{k_j=0}^{f_j} W(\boldsymbol{n}^{(j)}, \boldsymbol{f}^{(j)}, \boldsymbol{k}^{(j)}, \boldsymbol{\alpha}, \beta)$ 是一个正规化常数,它使式(6-70)成为一个概率密度函数。β^u、$\alpha^u = (\alpha_j^u, \cdots, \alpha_{m+3}^u)$ 分别为

$$\beta^u = \beta + S_j \tag{6-73}$$

$$\alpha_i^u = \begin{cases} \dfrac{S_i + \beta\alpha_i^*}{\beta^u}, i = j \\ \dfrac{\beta\alpha_i}{\beta^u}, i = j+1, \cdots, m+3 \end{cases} \tag{6-74}$$

$$S_i = \sum_{g=1}^{i} (k_g + n_g - f_g), k_j^* = \sum_{g=1}^{j} k_g \tag{6-75}$$

可见 $\boldsymbol{q}_j$ 的后验分布式(6-78)是若干形如式(6-57)的多元 Beta 分布的加权平均,故 $\boldsymbol{q}_k(k \geqslant j)$ 的后验边缘分布为若干 Beta 分布的加权平均。即

$$g(q_k \mid \boldsymbol{\alpha},\beta) \propto \sum_{k_1=0}^{f_1} \cdots \sum_{k_j=0}^{f_j} \frac{W(\boldsymbol{n}^{(j)}, \boldsymbol{f}^{(j)}, \boldsymbol{k}^{(j)}, \boldsymbol{\alpha}, \beta)}{\overline{W}} \mathrm{Beta}(S_j + \beta\alpha_k^*, \beta(1 - \alpha_k^*)) \tag{6-76}$$

因此有

$$E[q_k \mid |, \mid] = \sum_{k_1=0}^{f_1} \cdots \sum_{k_j=0}^{f_j} \frac{W(\boldsymbol{n}^{(j)}, \boldsymbol{f}^{(j)}, \boldsymbol{k}^{(j)}, \boldsymbol{\alpha}, \beta)}{\overline{W}} \left\{ \frac{S_j + \beta\alpha_k^*}{S_j + \beta} \right\} \tag{6-77}$$

$$\mathrm{Var}[q_k \mid \boldsymbol{n}, \boldsymbol{f}] = \sum_{k_1=0}^{f_1} \cdots \sum_{k_j=0}^{f_j} \frac{W(\boldsymbol{n}^{(j)}, \boldsymbol{f}^{(j)}, \boldsymbol{k}^{(j)}, \boldsymbol{\alpha}, \beta)}{\overline{W}} \left\{ \frac{\beta(S_j + \beta\alpha_k^*)(1 - \alpha_k^*)}{(S_j + \beta + 1)(S_j + \beta)^2} \right\} \tag{6-78}$$

$q_k(k \geqslant j)$ 的置信下限为

$$\sum_{k_1=0}^{f_1} \cdots \sum_{k_j=0}^{f_j} \frac{W(\boldsymbol{n}^{(j)}, \boldsymbol{f}^{(j)}, \boldsymbol{k}^{(j)}, \boldsymbol{\alpha}, \beta)}{\overline{W}} I_{\bar{q}_k}(S_j + \beta\alpha_k^*, \beta(1 - \alpha_k^*)) = 1 - \gamma \tag{6-79}$$

式中,$I_{\bar{q}_k}(a,b)$ 是参数为 a、b 的不完全Beta函数,$\bar{q}_k$ 为置信水平 $1-\gamma$ 下FDR/FIR的置信下限。

同理,可得 $q_k(k < j)$ 的均值为

$$E[q_k \mid \boldsymbol{n}, \boldsymbol{f}] = \sum_{k_1=0}^{f_1} \cdots \sum_{k_j=0}^{f_j} \frac{W(\boldsymbol{n}^{(j)}, \boldsymbol{f}^{(j)}, \boldsymbol{k}^{(j)}, \boldsymbol{\alpha}, \beta)}{\overline{W}} \left\{ \prod_{i=k}^{j-1} \frac{S_i + \beta\alpha_i^*}{S_i + \beta\alpha_{i+1}^*} \right\} \left\{ \frac{S_j + \beta\alpha_j^*}{S_j + \beta} \right\} \tag{6-80}$$

特殊地,当 $j = m+1$ 时,利用研制阶段的增长试验数据和外场统计到的试验数据对 q_{m+1} 进行Bayes后验估计,相应后验均值、后验方差、后验置信下限的计算公式为

$$\begin{cases} E[q_{m+1} \mid \boldsymbol{n}, \boldsymbol{f}] = \displaystyle\sum_{k_1=0}^{f_1} \cdots \sum_{k_{m+1}=0}^{m+1} \frac{W(\boldsymbol{n}^{(m+1)}, \boldsymbol{f}^{(m+1)}, \boldsymbol{k}^{(m+1)}, \boldsymbol{\alpha}, \beta)}{W} \left\{ \frac{S_{m+1} + \beta\alpha_{m+1}^*}{S_{m+1} + \beta} \right\} \\ \mathrm{VAR}[q_{m+1} \mid \boldsymbol{n}, \boldsymbol{f}] = \displaystyle\sum_{k_1=0}^{f_1} \cdots \sum_{k_{m+1}=0}^{m+1} \frac{W(\boldsymbol{n}^{(m+1)}, \boldsymbol{f}^{(m+1)}, \boldsymbol{k}^{(m+1)}, \boldsymbol{\alpha}, \beta)}{W} \left\{ \frac{\beta(S_{m+1} + \beta\alpha_{m+1}^*)(1 - \alpha_{m+1}^*)}{(S_{m+1} + \beta + 1)(S_{m+1} + \beta)^2} \right\} \\ \displaystyle\sum_{k_1=0}^{f_1} \cdots \sum_{k_{m+1}=0}^{m+1} \frac{W(\boldsymbol{n}^{(m+1)}, \boldsymbol{f}^{(m+1)}, \boldsymbol{k}^{(m+1)}, \boldsymbol{\alpha}, \beta)}{W} I_{\bar{q}_{m+1}}(S_{m+1} + \beta\alpha_{m+1}^*, \beta(1 - \alpha_{m+1}^*)) = 1 - \gamma \end{cases} \tag{6-81}$$

式(6-81)的求解非常复杂,本书利用matlab语言编制求解式(6-81)的程序。只要输入已知增长试验数据、现场统计数据、α 和 β 值,即可求得不同先验信息下 q_{m+1} 的点估计及方差、置信下限值等。

(2)MCMC方法。

前文给出的是通过解析分析求得 q_{m+1} 的边缘后验分布,然后得到相应的后验统计量。当试验阶段多,且每阶段试验数据量大时,用解析法求解要花费很长的时间,在此引入 MCMC 数值方法求解。

FDR/FIR 的 Bayes 综合评估需要求得的后验统计量有:后验均值及相应的后验方差、后验置信区间、后验置信下限值等。后验统计量计算都可归结为后验分布积分计算。具体地,设 $g(x), x \in \Omega$ 为后验分布,后验统计量可写成某函数 $f(x)$ 关于 $g(x)$ 的期望:

$$E_{\Omega} f = \int_{\Omega} f(x) g(x) \mathrm{d}x \tag{6-82}$$

对于简单的后验分布,可直接采用解析推导、正态近似、数值积分、静态 Monte-Carlo 等近似计算。但当后验分布复杂、维数高、分布形式非标准时,上述方法难以实施,故引入 MCMC 方法。MCMC 方法在统计物理学中得到广泛应用,但其在 Bayes 统计、显著性检验、极大似然估计等方法的应用则是近十年内的事。最简单、应用最广泛的 MCMC 方法是 Gibbs 抽样,在介绍 Gibbs 抽样算法之前,先给出满条件分布的概念。

MCMC 主要应用在多变量,非标准形式,且各变量间相互不独立时分布的模拟。显然,在作如此模拟时,条件分布起很大作用。MCMC 方法大多建立在形如 $g(x_T \mid x_{-T})$ 的条件分布上,其中 $x_T = \{x_i, i \in T\}$, $x_{-T} = \{x_i, i \notin T\}$, $T \subset N = \{1, \cdots, n\}$。注意到在上述条件分布中所有的变量全部出现(或出现在条件中,或出现在变元中),这种条件分布称为满条件分布。

在导出满条件分布时,应注意到这样一个简单而有效的事实:对任意的 $x \in \Omega$ 和任意的 $T \subset N$。

$$g(x_T \mid x_{-T}) = \frac{g(x)}{\int g(x) \mathrm{d}x_T} \propto g(x) \tag{6-83}$$

即,在 $g(x)$ 的乘积项中,只有与 x_T 有关的项需保留,因为后验分布密度函数通常是一些乘积项。同时,复杂的后验分布的正则化常数往往无法计算,而 MCMC 方法的一个显著优点是,在应用 MCMC 时,$g(x)$ 以及满条件分布可以相差一个比例常数。

Gibbs 抽样是一种 MCMC 算法,其基本思想是:从满条件分布中迭代进行抽样,当迭代次数够多时,就可得到来自联合后验分布的样本,进而得到来自边缘分布的样本。

设未知参数 $\boldsymbol{\theta} = (\theta_1, \cdots, \theta_k)$ 的后验分布为 $g(\boldsymbol{\theta} \mid \underline{x})$,其与似然函数和先验分布的乘积成比例。若给定 $\theta_j, j \neq i$,则 $g(\boldsymbol{\theta} \mid \underline{x})$ 仅为 θ_i 的函数,此时称 $g(\theta_i \mid \underline{x}, \theta_j, j \neq i)$ 为参数 θ_i 的满条件分布。Gibbs 抽样算法如下:

设 $\boldsymbol{\theta}^0=(\theta_1^0,\cdots,\theta_k^0)$ 为任意初值,逐一从下述满条件分布抽样:

从满条件分布 $g(\theta_1\mid\theta_2^0,\theta_3^0,\cdots,\theta_k^0,\underline{x})$ 中抽取 θ_1^1

从满条件分布 $g(\theta_2\mid\theta_1^1,\theta_3^0,\cdots,\theta_k^0,\underline{x})$ 中抽取 θ_2^1

从满条件分布 $g(\theta_i\mid\theta_1^1,\cdots,\theta_{i-1}^1,\theta_{i+1}^0,\cdots,\theta_k^0,\underline{x})$ 中抽取 θ_i^1

⋮

从满条件分布 $g(\theta_k\mid\theta_1^1,\cdots,\theta_{k-1}^1,\underline{x})$ 中抽取 θ_k^1

依次进行 n 次迭代后,得到 $\boldsymbol{\theta}^n=(\theta_1^n,\cdots,\theta_k^n)$,则 $\boldsymbol{\theta}^1,\boldsymbol{\theta}^2,\cdots,\boldsymbol{\theta}^n,\cdots$ 是马尔可夫链的实现值。此时 θ^n 依分布收敛于平稳分布 $g(\boldsymbol{\theta}\mid\underline{x})$。

需要计算的后验估计可写成某函数 $\phi(\boldsymbol{\theta})$ 关于后验分布 $g(\boldsymbol{\theta}\mid\underline{x})$ 的期望

$$E[\phi(\boldsymbol{\theta})\mid\underline{x}]=\int_{\Omega}\phi(\boldsymbol{\theta})g(\boldsymbol{\theta}\mid\underline{x})\mathrm{d}\boldsymbol{\theta} \tag{6-84}$$

从不同 $\boldsymbol{\theta}^\theta$ 出发,Markov 链经过迭代后,可认为各时刻 $\boldsymbol{\theta}^n$ 的边缘分布都为平稳分布 $g(\boldsymbol{\theta}\mid\underline{x})$,此时收敛。而在收敛前的一段时间,例如 m 次迭代中,各状态的边缘分布还不能认为是 $g(\boldsymbol{\theta}\mid\underline{x})$,因此,应用后面的 $n-m$ 个迭代值计算,即

$$\tilde{\phi}(\boldsymbol{\theta})=\frac{1}{n-m}\sum_{t=m+1}^{n}\phi(\boldsymbol{\theta}^t) \tag{6-85}$$

式(6-85) 称为遍历平均,由遍历性定理,有 $\tilde{\phi}(\boldsymbol{\theta})\to E[\phi(\boldsymbol{\theta})\mid\underline{x}],n\to\infty$,即 $\tilde{\phi}(\boldsymbol{\theta})$ 是期望 $E[\phi(\boldsymbol{\theta})\mid\underline{x}]$ 的一致估计,表明当 n 足够大时,$\boldsymbol{\theta}^n$ 可认为是来自后验分布 $g(\boldsymbol{\theta}\mid\underline{x})$ 的一个样本,θ_i^n 可视为来自边缘分布 $g(\theta_i\mid\underline{x})$ 的一个样本。

由 Gibbs 抽样算法可以看出,判断 Gibbs 抽样何时收敛到平稳分布 $g(\boldsymbol{\theta}\mid\underline{x})$ 是一个重要问题,目前尚无简单有效的判断方法。本章采用以下方法:由 Gibbs 抽样同时产生多个 Markov 链,在经过一段时间后,如果这几条链稳定下来,则 Gibbs 抽样收敛。

Gibbs 抽样算法最终归结为从各分量满条件分布进行抽样,实际应用中由于后验分布比较复杂,导致满条件分布往往不是标准分布函数,对其进行抽样存在困难,需求助于随机抽样策略。

由 6.1.2.2 节假设(2) 可知有 $m+1$ 阶段的试验数据可用,对于一定的 $q_i(1\leqslant i\leqslant m+1)$,联合后验分布式(6-68) 的满条件分布在后验分布中保留与 q_i 有关的项即可

$$g(q_i\mid\boldsymbol{q}_{-i})\propto(q_i-q_{i-1})^{\beta\alpha_i-1}(q_{i+1}-q_i)^{\beta\alpha_{i+1}-1}(1-q_i)^{f_i}q_i^{n_i-f_i} \tag{6-86}$$

由式(6-86) 可以看出,满条件分布的先验分布是截尾 Beta 分布,因此抽样可以分为以下几个步骤。

(1) 从 (q_{i-1},q_{i+1}) 区间上截尾 Beta 分布中抽取 q_i。

(2) 从 $U(0,1)$ 中抽取 u,计算

$$p = \frac{(1 - q_i)^{f_i} q_i^{n_i - f_i}}{(1 - \hat{q}_i)^{f_i} \hat{q}_i^{n_i - f_i}} \tag{6-87}$$

其中

$$\hat{q}_i = \begin{cases} q_{i+1}, & \dfrac{n_i - f_i}{n_i} \geqslant q_i \\ \dfrac{n_i - f_i}{n_i}, & q_{i-1} < \dfrac{n_i - f_i}{n_i} \\ q_{i-1}, & \dfrac{n_i - f_i}{n_i} \leqslant q_{i-1} \end{cases} \tag{6-88}$$

如果 $u \leqslant p$,接受 q_i,否则返回(1)。

对于区间[q_{i-1}, q_{i+1}]上的截尾 Beta 分布,通过尺度变换得

$$q_i \sim q_{i-1} + (q_{i+1} - q_{i-1}) \cdot \mathrm{Beta}(\beta\alpha_i, \beta\alpha_{i+1}) \tag{6-89}$$

式中,Beta(·,·)为(0,1)上标准 Beta 分布。

对于 $q_k(k > m + 1)$,q_i 的满条件分布的核为

$$g(q_k \mid \boldsymbol{q}_{-k}) \propto (q_k - q_{k-1})^{\beta\alpha_k - 1} (q_{k+1} - q_k)^{\beta\alpha_{k+1} - 1} \tag{6-90}$$

式(6-90)为区间[q_{k-1}, q_{k+1}]上的截尾 Beta 分布,易于抽样。

在 Bayes 决策问题中用来表示未知参数 q 的点估计的决策函数 $\delta(x)$ 称为 q 的 Bayes 估计,记为 $\delta^{\pi}(x)$,其中 π 表示所使用的先验分布。在常用损失函数下,Bayes 估计有如下几个结论。

定理6-5:在给定先验分布 $\pi(q)$ 和平方损失 $L(q,\delta) = (\delta - q)^2$ 下,q 的 Bayes 估计 $\delta^{\pi}(x)$ 为后验分布 $g(q \mid x)$ 的均值,即 $\delta^{\pi}(x) = E(q \mid x)$。

定理6-6:在给定先验分布 $\pi(q)$ 和绝对损失 $L(q,\delta) = |\delta - q|$ 下,q 的 Bayes 估计 $\delta^{\pi}(x)$ 为后验分布 $g(q \mid x)$ 的中位数。

在取得 q_i 的后验分布抽样数据后,利用定理6-5和定理6-6可以计算得到 q_i 的后验期望和中位数及相应的分位数。其中,后验期望和中位数分别是参数在平方损失和绝对损失下的 Bayes 点估计值。

6.2.2.6 FDR/FIR 接收/拒收判定

设最后求得 FDR/FIR 置信水平为 ϑ 的置信下限值为 $\hat{q}_{\vartheta,\mathrm{L}}$,设备研制合同里提出的 FDR/FIR 最低可接收值为 Q_0。用于 FDR/FIR 综合评估的接收/拒收判据如下:如果 $\hat{q}_{\vartheta,\mathrm{L}} \geqslant Q_0$,则以 ϑ 的置信水平认为设备满足合同规定的指标要求,接收;否则拒收。

6.3 模型稳健性分析

前文提出并建立的FDR/FIR的Bayes综合评估模型与方法要投入应用还需搞清楚它对设备FDR/FIR真值的拟合程度。Bayes分析方法经过几十年的应用发展,其理论体系已基本完善,多领域应用已经证明其理论的正确性。因此,可以说如果经过6.2节的分析得到的FDR/FIR综合评估结果偏离FDR/FIR真值,误差一定来源于先验信息而不是理论本身。用于分析的数据一部分来源于增长试验数据和外场使用试验,在经过Fisher检验后,增长试验数据可信;外场使用信息是设备FDR/FIR水平最真实的体现,其可信度毋庸置疑庸置疑。而另一部分数据来源于专家经验数据、FDR/FIR可更换单元试验数据等,这些信息将为开展测试性综合评估提供一定的帮助,但若这些信息不准确,将会引入较大的误差。

在FDR/FIR的Bayes综合评估模型中,先验信息体现在先验参数上,本节研究先验信息和先验参数对FDR/FIR后验估计的影响。借鉴已有文献的研究思路和方法,通过模型仿真分析研究模型性质,考察模型的稳健性,为模型应用提供科学依据。

6.3.1 仿真方法

模型仿真的目的在于考察模型先验信息和先验参数对FDR/FIR估计的影响,分析模型对其变化的敏感程度,属模型稳健性研究内容。模型先验参数主要包括形状参数α和尺度参数β。由于参数α表示阶段间FDR/FIR增长的幅度,因此采用FDR/FIR先验估计和β值变化体现先验信息和先验参数的变化。考虑FDR/FIR先验估计值偏低、准确和偏高三种情形,β分别取30、40和50。取五个试验阶段组成的试验过程进行仿真,试验阶段数据越多,模型计算越复杂。具体仿真初值如表6-5所示。

表6-5 仿真初值表

试验阶段	1	2	3	4	5
FDR/FIR 真值	0.40	0.70	0.84	0.92	0.95
FDR/FIR 先验估计偏低	0.35	0.65	0.79	0.88	0.93
FDR/FIR 先验估计准确	0.40	0.70	0.84	0.92	0.95
FDR/FIR 先验估计偏高	0.45	0.75	0.89	0.96	0.98

 假设每阶段成败型数据个数为10,首先由每个试验阶段FDR/FIR真值进行

基于二项分布的随机数抽样,得到 10 个仿真试验成功数;然后由 FDR/FIR 先验估计值和β值计算得到先验参数α;利用FDR/FIR的Bayes综合评估计算模型和方法,得到各阶段的 FDR/FIR 估计值。重复以上过程 2000 次,求得各试验阶段FDR/FIR 估计的平均值。

6.3.2　仿真结果分析

按照上述仿真流程计算各试验阶段的FDR/FIR估计,图6-5 ~ 图6-7分别给出 2000 次循环后先验估计偏低、偏高、准确三种情况下各阶段 FDR/FIR 估计的平均值。由图6-5可知,当FDR/FIR先验估计偏低时,随着β取值增加FDR/FIR估计值偏离 FDR/FIR 真值越大,这表明在 FDR/FIR 先验估计偏低时,应选择较小的β值。由图 6-6 可知当 FDR/FIR 先验估计偏高时,β 取值增加 FDR/FIR 估计值偏离真值越大,但在后期试验阶段偏离程度逐渐减小,说明模型具有一定校正能力,此外较小β值产生的 FDR/FIR 估计偏差相对较小。由图 6-7 可知当FDR/FIR 先验估计较准确时,三种β取值情况下 FDR/FIR 估计均接近于FDR/FIR 真值,在后期试验阶段β值越大FDR/FIR 估计越接近 FDR/FIR 真值,此时β取值对FDR/FIR估计影响不大,虽然如此,也应选择较大的β值以保证结果尽可能准确。

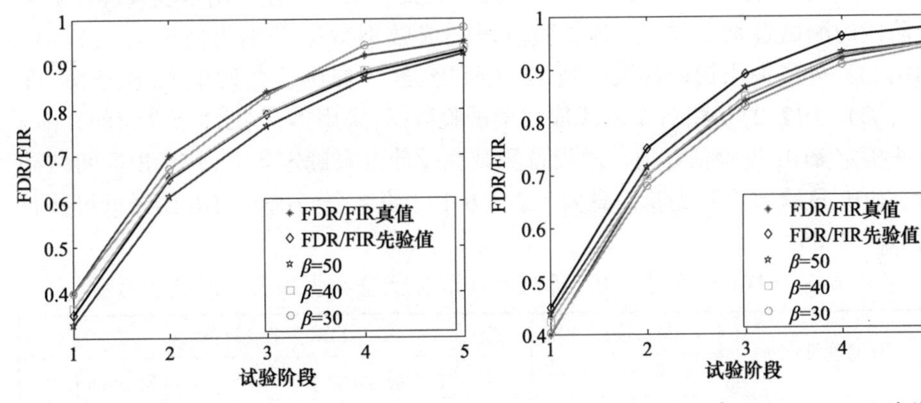

图 6-5　先验估计偏低时 FDR/FIR 估计值　　图 6-6　先验估计偏高时 FDR/FIR 估计值

综合上述上面三种情况,β取值越大FDR/FIR估计越接近于FDR/FIR先验估计值,这也说明β值表示对 FDR/FIR 先验估计的确信程度,当对先验估计把握较大时,应选取较大β值,否则,应选取较小β值,这样才能保证较小的估计偏差。

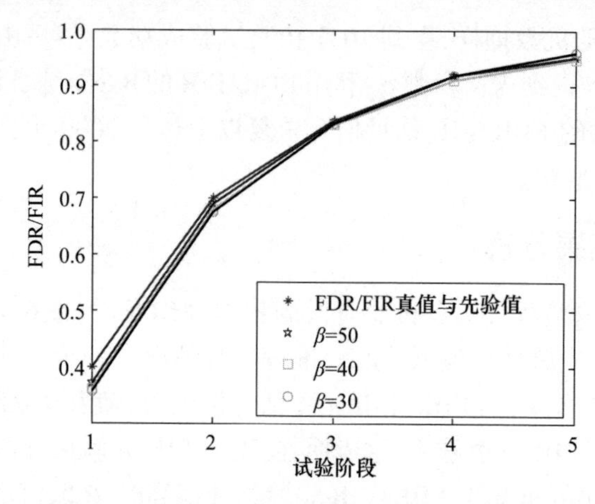

图 6-7　先验估计取真值时 FDR/FIR 估计值

6.4　案例验证

6.4.1　FDR 先验信息

以 FDR 的测试性增长综合评估为例,假设对某设备在研制阶段共进行了三个阶段的测试性增长试验,各试验阶段的成败型数据分别为:(5,5)、(7,4)、(10,2)。外场使用初期共统计到 12 次报警,经维修确认共发生 12 次故障,即 $(n_4, f_4)=(12,0)$。由各个阶段成败型试验数据,采用本章 6.2.1 节介绍的 Bayes 方法确定 FDR 先验估计值。由设备测试性设计专家确定各阶段 FDR 区间估计值。FDR 试验数据及先验信息列于表 6-6 中。研制合同规定 FDR 的最低可接收值 $Q_0 = 0.85$。

表 6-6　FDR 先验估计值、研制阶段增长试验数据以及外场使用数据

试验阶段 i	试验信息		FDR 先验估计值	
	n_i	f_i	$\tilde{q}_i$(Bayes 方法)	$[q_{i,\mathrm{L}}, q_{i,\mathrm{H}}]$
1	5	5	0.50	[0.30,0.60]
2	7	4	0.75	[0.65,0.85]
3	10	2	0.88	[0.80,0.96]
外场使用阶段	12	0	0.93	[0.89,0.97]
后续试验 1	—	—	0.96	[0.94,0.98]
后续试验 2	—	—	1	[0.98,1.00]

在全寿命周期过程中,研制阶段测试性增长试验数据与外场使用阶段试验数据的关系如图 6-8 所示。研究的目的在于利用一切可用的数据,采用 Bayes 方

法分析该设备的 FDR 是否满足合同指标要求，即计算 $\hat{q}_4$，并判断是否大于 $Q_0=0.85$，给出一定置信水平下的接收/拒收评估结论。

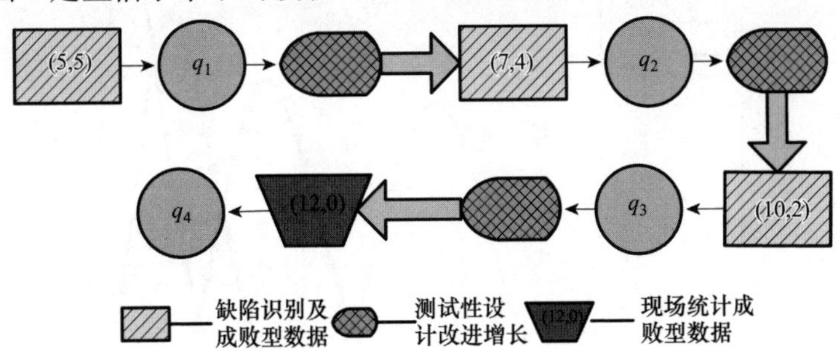

图 6-8　研制阶段测试性增长试验数据与外场使用数据之间的关系

6.4.2　增长趋势检验

首先，利用 Fisher 检验对阶段间 FDR 进行增长检验。取显著性水平 $\alpha_0=0.2$，由式(6-55)得第一阶段试验到第二阶段试验的检验量 $P_1\approx 0.156<0.2$，第二阶段试验到第三阶段试验的检验量 $P_2=0.145<0.2$，第三阶段试验到外场统计试验的检验量 $P_3=0.195<0.2$，表明在研制阶段存在 FDR 增长，满足顺序约束模型，可利用增长试验数据进行 q_4 的综合评估，进而给出评估结论。

6.4.3　FDR 先验分布

由可更换单元试验数据求得各阶段 FDR 估计为 $\widetilde{\boldsymbol{q}}=(0.50,0.75,0.88,0.93,0.96)$。取 $\beta=50$，将其代入式(6-63)求得 $\boldsymbol{\alpha}=(0.45,0.235,0.132,0.063,0.048,0.074)$，$\boldsymbol{\alpha}^*=(0.45,0.685,0.817,0.878,0.926,1)$。

将 $\boldsymbol{\alpha}=(0.45,0.235,0.132,0.063,0.048,0.074)$ 和 $\beta=50$ 代入式(6-58)得到各阶段 FDR 先验边缘分布，如图 6-9 所示。从图中可以看出由先验信息得到的各阶段 FDR 先验分布自左向右移动，表明在研制周期内随设备增长试验的开展，FDR 估计值逐步增加。

6.4.5　解析法计算 FDR 后验估计值及效果分析

6.4.5.1　在提高 FDR 估计精度方的效果分析

已知 FDR 的先验估计值和各个阶段成败型试验数据，利用本章 6.2.1.5 的方法得到在不同的增长试验后 FDR 的 Bayes 点估计和估计方差，结果列于表 6-7 中，其中 $D^{(0)}$ 为由先验分布得到的 $q_1\sim q_4$ 的先验均值和先验方差。$D^{(i)}$，$1\leqslant i\leqslant 4$ 表示利用前 i 阶段增长试验数据求得的 $q_i\sim q_4$ 的后验均值及后验方差。

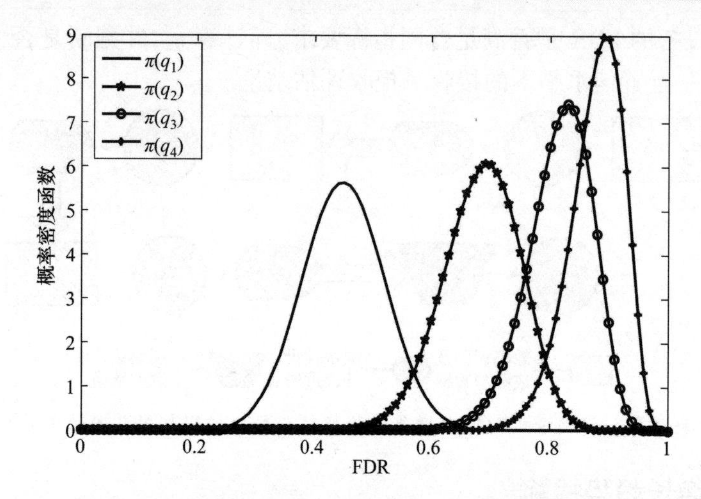

图 6-9 不同阶段的 FDR 先验分布概率密度函数

表 6-7 基于不同研制阶段增长试验数据的 FDR 后验均值及后验方差

	$D^{(0)}$	$D^{(1)}$	$D^{(2)}$	$D^{(3)}$	$D^{(4)}$
q_1	0.4500(0.0049)	0.4091(0.0051)	—	—	—
q_2	0.6850(0.0042)	0.6616(0.0047)	0.6326(0.0053)	—	—
q_3	0.8170(0.0029)	0.8034(0.0033)	0.7866(0.0038)	0.7869(0.0037)	—
q_4	0.8780(0.0021)	0.86899(0.0024)	0.8557(0.0028)	0.8594(0.0027)	0.9482(0.0018)

分析表 6-7 中的数据可以得出。

(1) 随着研制试验的深入,设备 FDR 估计的标准差逐渐减小,表明估计误差随着试验数据的增加而减小,估计精度提高;

(2) 表 6-7 中最后一行、第 3 列中的标准差偏大(分析是由于确定的第二阶段的先验值偏高造成的),而随后的标准差都保持减小的趋势,说明本章研究的 FDR 分析模型的自校正能力。

图 6-10 至图 6-13 给出在每个增长试验结束后,利用式(6-68)求得的 q_4 后验边缘概率密度,其中 $\pi(q_4)$ 表示 q_4 的先验边缘概率密度,$g(q_4 \mid D^{(i)})$ 表示第 i 阶段缺陷识别试验后 q_4 的后验边缘概率密度。

分析图 6-10 至图 6-13 得知,随着研制阶段增长试验的开展,增长试验数据不断对 q_4 的后验概率密度函数进行修正,q_4 的后验估计值逐步增加。

6.4.5.2 在提高 FDR 估计精度和置信水平方面的效果分析

已知 FDR 的先验估计值和各个阶段成败型试验数据,利用本章 6.2.1.5 的方法得到在外场使用阶段 FDR 不同置信水平下的置信下限值、置信区间长度及相应的评估结论,结果列于表 6-8 中。

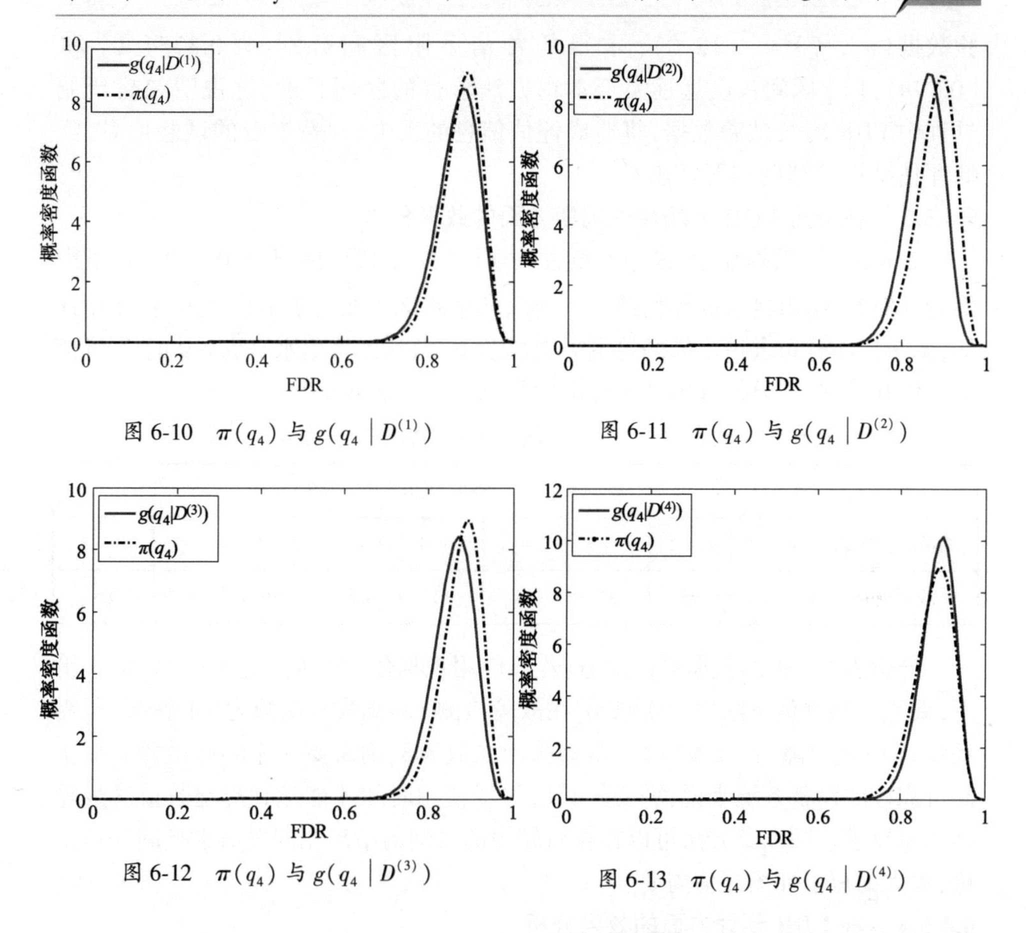

图 6-10　$\pi(q_4)$ 与 $g(q_4 \mid D^{(1)})$

图 6-11　$\pi(q_4)$ 与 $g(q_4 \mid D^{(2)})$

图 6-12　$\pi(q_4)$ 与 $g(q_4 \mid D^{(3)})$

图 6-13　$\pi(q_4)$ 与 $g(q_4 \mid D^{(4)})$

表 6-8　不同先验信息下 q_4 置信下限值及评估结论

先验数据	相应置信水平下置信下限值与评估结论					
	v = 80%	评估结论	v = 90%	评估结论	v = 95%	评估结论
全部数据	0.8757	接收	0.8526	接收	0.8331	拒收
仅外场使用数据	0.8745	接收	0.8254	拒收	0.7791	拒收

分析表 6-8 中的计算结果可以得到：

（1）采用本章研究的方法，充分融合三个研制阶段增长试验数据和外场使用数据，得到置信水平为 0.9 的置信下限值 $\hat{q}_4 = 0.8526 > 0.85$，以 0.9 的置信水平接收，若只使用外场统计到的数据，只能以 0.8 的置信水平接收；

（2）对于相同的置信水平分别为 v = 90%，v = 95%，采用本章方法求得的置信下限区间分别为[0.8256,1]和[0.8331,1]，而若只使用外场统计到的试验数据(n_4, f_4) = (12,0)，求得的置信下限区间分别为[0.8254,1]和[0.7791,1]，区间长度远远大于本章方法求得的区间长度，这说明忽略研制过程中FDR增长试验数据，将造成评估信息的丢失，浪费宝贵的试验信息，降低评估结论的精度和置信水平。

6.4.5.3 在缩短FDR外场评估周期方面的效果分析

表6-8中的数据显示，采用本章方法求得的q_4的置信水平为0.9的置信下限值为0.8526，给出接收的评估结论。若只利用测试性外场使用数据进行FDR评估，基于二项分布求得不同的检测失败次数下，若达到置信水平为0.9的q_4置信下限值0.8526，需要统计的外场故障次数结果列于表6-9中。

表6-9 达到规定置信下限值需要统计的外场故障次数

	q_4 = 0.8526，置信水平为0.9								
检测失败次数	f = 0	f = 1	f = 2	f = 3	f = 4	f = 5	f = 6	f = 7	f = 8
故障次数	15	25	35	44	53	61	70	78	86

分析表6-9中的数据可以知道：若只使用现场使用数据，在0.9的置信水平下，要想达到置信下限值为0.8526，在故障检测/隔离失败次数为0的情况下，需要统计15次故障；若故障检测/隔离失败次数为8，则需要统计86次故障。对于高可靠性的设备系统来说，需要较长的外场使用时间才能达到规定数量的故障样本量要求。而本章方法可以在相对较短的时间内给出相同置信水平的评估结论，大大缩短了外场评估周期。

6.4.5.4 在FDR预计方面的效果分析

表6-10 利用研制阶段增长试验数据预计设备使用初期的FDR水平

先验数据	q_4不同置信水平v下的置信下限预计值及评估结论					
	v = 80%	评估结论	v = 90%	评估结论	v = 95%	评估结论
无试验数据	0.8566	接收	0.8434	拒收	0.8229	拒收
仅第一阶段	0.8395	拒收	0.8311	拒收	0.8091	拒收
一、三阶段	0.8159	拒收	0.8148	拒收	0.7909	拒收
前三阶段	0.8173	拒收	0.8171	拒收	0.7934	拒收
q_3	0.8080	拒收	0.8060	拒收	0.7300	拒收

若在外场使用阶段没有统计到故障数据，即$n_4 = 0$。在这种情况下进行测试性综合评估，可用的数据只有研制阶段收集到的增长试验数据及FDR的先验值

等。在这种情况下,利用本章 6.2.1.5 节介绍的方法求解 q_4 值属 q_4 预计问题。表 6-10 分析了利用不同先验数据求得的 q_4 的置信预计下限值及评估结论。

分析表 6-10 中的数据可以知道:

(1) 若外场使用阶段没有统计到故障数据,利用本书方法可以通过研制阶段增长试验数据和先验信息预计 q_4 值;

(2) 当 q_4 的预计值大于 0.85 时,可以利用研制阶段的增长试验数据给出接收的评估结论。即若研制阶段开展的测试性增长试验充分且有效,是可以利用增长试验给出设备 FDR 接收和拒收的评估结论的;

(3) 比较表 6-10 中最后两行数据可以知道,若不采用本书方法,用 q_3 估计值作为 FDR 的外场使用值,由于没有考虑最后一次增长试验,评估结论偏于保守。

6.4.6 MCMC 法计算 FDR 后验估计值

当试验阶段多,且每阶段试验数据量大时,用解析法求解 $\boldsymbol{q}$ 的后验统计量要花费很长的时间,在此引入 MCMC 数值方法,下面举例介绍 MCMC 方法在求解 $\boldsymbol{q}$ 后验统计量中的应用。已知 $\boldsymbol{\alpha}=(0.45,0.235,0.132,0.063,0.048,0.074)$,$\beta=50$,将试验数据和先验参数代入满条件分布式(6-86)和式(6-90),取迭代初值 $\boldsymbol{q}^{(0)}=(0.46,0.72,0.85,0.89,0.93,0.95)$,采用 Gibbs 抽样算法计算各阶段设备 FDR 的 Bayes 估计。各阶段 FDR 抽样值如图 6-14 至图 6-17 所示,分析得出 q_1 的抽样点值集中在 0.48 附近,q_2 的抽样点值集中在 0.75 附近,q_3 的抽样点值集中在 0.87 附近,q_4 的抽样点值集中在 0.92 附近。

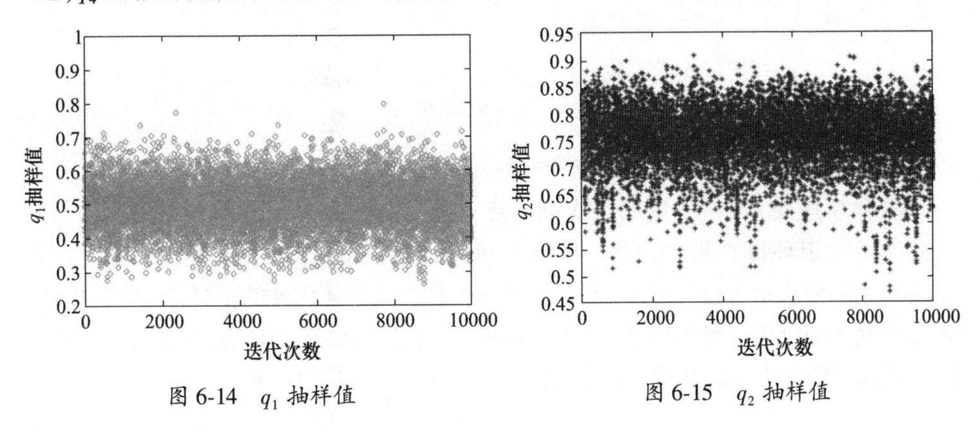

图 6-14　q_1 抽样值　　　图 6-15　q_2 抽样值

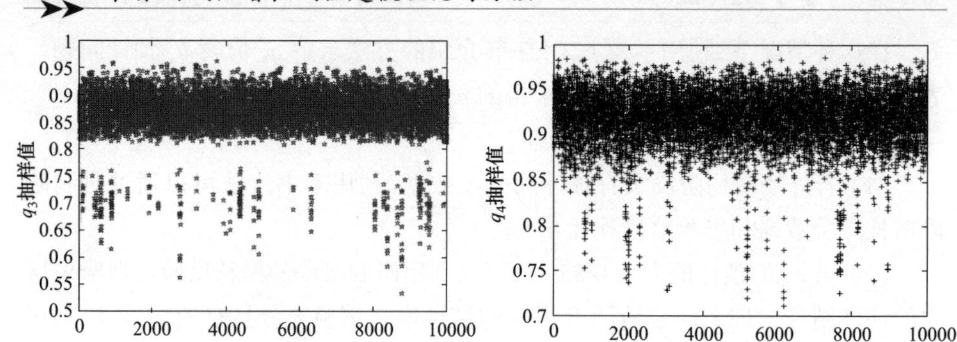

图 6-16　q_3 抽样值　　　　图 6-17　q_4 抽样值

为判断 Gibbs 抽样的收敛性，分别以 $\boldsymbol{q}^{(0)}=(0.46,0.72,0.85,0.89,0.93,0.95)$，$q^{(1)}=(0.40,0.70,0.80,0.85,0.90,0.92)$，$\boldsymbol{q}^{(2)}=(0.50,0.74,0.88,0.91,0.95,0.98)$，$\boldsymbol{q}^{(3)}=(0.41,0.69,0.79,0.87,0.91,0.94)$ 为初值，产生四条 Markov 链，取 q_4 的抽样值做成散点图，如图 6-18 所示。

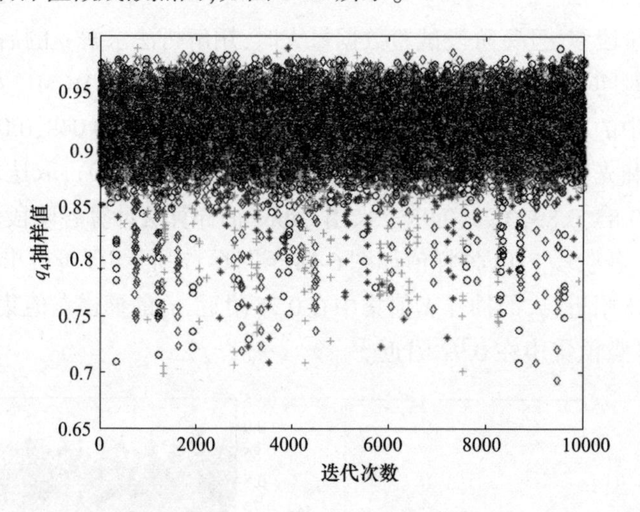

图 6-18　四条 Markov 链抽样迭代过程

由图6-18可以看出，从第一次抽样点开始，四条Markov链就交织在一起，并且由遍历性定理计算得到，从一开始 Gibbs 抽样就是收敛的。为保险起见，以 1001 ~ 10000次 $\boldsymbol{q}'=(q_1,q_2,q_3,q_4)$ 抽样数据作为Bayes估计的抽样值，采用本章 MCMC 仿真的方法，得到设备各阶段 FDR 的均值及方差、相应置信水平下的置信下限值、置信区间值及相应的评估结论，结果列于表 6-11 中。

表 6-11　各阶段 FDR 的 Bayes 后验估计及评估结论

先验反据	均值	标准差	中位数	95% 置信区间	80% 置信下限值及评估结论		90% 置信下限值及评估结论		95% 置信下限及评估结论	
q_1	0.48	0.0050	0.48	[0.34,0.62]	0.42	—	0.39	—	0.36	—
q_2	0.73	0.0038	0.74	[0.58,0.83]	0.68	—	0.64	—	0.61	—
q_3	0.86	0.0029	0.87	[0.69,0.92]	0.81	拒收	0.81	拒收	0.73	拒收
q_4	0.90	0.0018	0.90	[0.77,0.95]	0.87	接收	0.85	接收	0.80	拒收

表 6-11 中,均值和中位数分别是参数在平方损失和绝对损失下的 Bayes 点估计;一般地,计算 $\alpha/2$ 和 $1-\alpha/2$ 两个分位数,就可求出参数的 $1-\alpha$ 置信区间,其中 α 为置信水平,如 2.5% 和 97.5% 两个分位数构成 FDR 的 95% 置信区间。表 6-11 还给出置信水平分别为 80%、90%、95% 下 FDR 的置信下限值及相应的评估结论。

对比表 6-8 和表 6-11 中的评估结论可以看出,采用解析计算方法和 MCMC 方法对 q_4 进行综合评估,都能给出置信水平为 0.9 的接收的评估结论,置信水平为 0.95 的拒收的评估结论,评估结论是一致的。

为进一步说明 MCMC 方法的计算精度,表 6-12 给出采用解析法与 MCMC 方法给出的 q_4 的估计结果。由表 6-12 可以看出,两种方法的计算结果基本相近。

表 6-12　解析法与 MCMC 方法结果对比

方法	均值	方差	$v=80\%$	$v=90\%$	$v=95\%$
解析法	0.948	0.0018	0.876	0.853	0.833
MCMC 法	0.940	0.0018	0.870	0.850	0.800

6.5　本章小结

针对“小子样”情况下的测试性外场综合评估问题,提出了基于 Bayes 变动统计理论的 FDR/FIR 综合评估模型和方法研究。以 Dirichlet 分布为先验分布,应用设备 FDR/FIR 可更换单元试验信息和专家经验数据,融合研制阶段测试性增长试验数据、外场使用数据推导了基于 Bayes 变动统计理论的 FDR/FIR 联合后验分布。针对模型和方法中后验推断计算问题,分别给出了解析计算和 MCMC 数值近似计算方法,并对模型和方法的稳健性进行了分析研究。本章的主要研究结论如下。

(1) 无论有无测试性外场使用数据,只要有研制阶段测试性增长试验数据、测试性摸底试验数据以及专家经验等先验信息,就可基于 Bayes 变动统计理论进行测试性评估。随着先验信息的增加及外场使用数据的增加,评估精度和置信水平将会得到改善和提高,这也说明本章所提方法的科学性和有效性,为设备开展“小子样”测试性综合评估提供了切实可行和有效的模型方法和技术手段。

(2) 对于具有一定偏差的先验参数,本章提出的基于Bayes变动统计理论的模型与方法具有自校准能力,保证了方法的有效性。

(3) 与仅基于外场使用数据的方法相比,本章方法给出的评估结论的置信水平更高。

(4) 与仅基于外场使用数据的方法相比,本章方法可在相对较短的使用时间内给出相同或更高置信水平的评估结论,缩短了外场统计评估周期,加速了设备定型。

(5) 若外场使用阶段没有统计到故障数据,运用本章方法可利用研制阶段增长试验数据等给出置信水平相对较低的评估结论,若研制阶段增长试验开展得充分且有效,可利用研制阶段增长试验数据给出较高置信水平的 FDR/FIR 评估结论,甚至无需再开展外场统计验证。

(6) 由于考虑了测试性增长过程的存在,利用本章方法得到的 FDR/FIR 估计结果避免了传统方法评估结论偏保守的问题。

第 7 章　基于熵损失函数的测试性增长评估模型建模技术

设备测试性增长试验数据有“小子样、多阶段、异总体”特点，加上可用的先验信息不多，故采用传统的 Bayesian 方法不能较好的建立测试性增长数学模型。许多专家研究了将此类数据转化折合的方法和技术，这在一定程度上解决了这一矛盾，但随之而来的新问题是折合方法存在较大的主观性，评估结论变动性较大，置信水平降低；赵晨旭提出的考虑增长试验规划信息建模的方法对规划信息的准确性要求较高，有时并不实用。

为了解决以上测试性增长建模存在的多种问题，准确有效地掌握测试性增长试验过程中测试性指标的变化规律。本章在考虑测试性增长序化约束关系下研究了熵损失函数下基于多层 Bayesian 和基于 E-Bayesian 方法的测试性增长数学模型。基于某型机载稳定跟踪平台的增长试验数据验证了所建模型的有效性。

7.1　熵损失函数下的测试性增长 Bayesian 模型

以测试性水平的关键指标故障检测率为例展开研究。假设理想情况下开展了 m 个阶段的测试性增长试验，故障检测率 q_i 满足式(7-1) 的序化约束关系：

$$0 \leqslant q_1 \leqslant q_2 \leqslant \cdots \leqslant q_m \leqslant 1 \tag{7-1}$$

故障检测率的分布函数为

$$f(q_i;n_i,x_i) = \begin{pmatrix} n_i \\ x_i \end{pmatrix} q_i^x (1-q_i)^{n-x} \tag{7-2}$$

式中，n_i 为第 i 个阶段故障个数；$x_i(0 \leqslant x_i \leqslant n_i)$，$i=1,2,\cdots,m$ 为检测的故障个数。

如果 $\hat{q}_i$ 是 q_i 估计值，则由于估计误差引起的熵损失为似然函数比对数的数学期望，即

$$L(q_i,\hat{q}_i) = E_q\left\{\ln\frac{f(q_i,x_i,n_i)}{f(\hat{q}_i,x_i,n_i)}\right\} = E_q\left\{x_i\ln\frac{q_i}{\hat{q}_i} + (n_i-x_i)\ln\frac{1-q_i}{1-\hat{q}_i}\right\} \tag{7-3}$$

由 $E(n)=\dfrac{x_i}{q_i}$ 可得

$$\frac{E(n)-x_i}{x_i}=\frac{1-q_i}{q_i} \tag{7-4}$$

$$L(q_i,\hat{q}_i)=x_iE_q\left\{\ln\frac{q_i}{\hat{q}_i}+\frac{1-q_i}{q_i}\ln\frac{1-q_i}{1-\hat{q}_i}\right\} \tag{7-5}$$

在熵损失函数取值最小值条件下，对于任何先验分布，q_i 的 Bayesian 估计为

$$\hat{q}_i(x)=\frac{1}{1+E\left[\dfrac{1-q_i}{q_i}\mid n_i\right]} \tag{7-6}$$

证明如下：当 q_i 的估计值为 $\hat{q}_i$ 时，在式(7-3) 取极小值的情况下，所产生的 Bayesian 风险为

$$h(\hat{q}_i,q_i)=E(L(q_i,\hat{q}_i)\mid n_i)=E\left\{x_iE_q\left\{\ln\frac{q_i}{\hat{q}_i}+\frac{1-q_i}{q_i}\ln\left\{\frac{1-q_i}{1-\hat{q}_i}\right\}\mid n_i\right\}\right. \tag{7-7}$$

若使 $h(\hat{q}_i,q_i)$ 取极小值，只需使后验风险达到最小。则式(7-8) 取最小值即可

$$x_iE\left\{\left[\ln\frac{q_i}{\hat{q}_i}\mid n_i+\frac{1-q_i}{q_i}\ln\left\{\frac{1-q_i}{1-\hat{q}_i}\right]\mid n_i\right\}\right.$$

$$=x_iE\left\{\ln q_i\mid n_i-\ln\hat{q}_i\mid n_i+\frac{1-q_i}{q_i}[\ln(1-q_i)\mid n_i-\ln(1-\hat{q}_i)\mid n_i]\right\} \tag{7-8}$$

$h(\hat{q}_i,q_i)$ 取最小值，只需满足下式即可

$$\frac{\partial h(\hat{q}_i,q_i)}{\partial\hat{q}_i}=-\frac{1}{\hat{q}_i}E[q_i\mid n_i]+\frac{1}{1-\hat{q}_i}E[(1-q_i)\mid n_i]=0 \tag{7-9}$$

$$\hat{q}_i(x)=\frac{1}{1+E\left[\dfrac{1-q_i}{q_i}\mid n_i\right]} \tag{7-10}$$

证毕。

增长试验数据的似然函数如式(7-2) 所示，故可取共轭 Beta 分布作为故障检测率 q_i 的先验分布，即

$$\pi(q_i)=\begin{cases}\dfrac{q_i^{a-1}(1-q_i)^{b-1}}{B(a,b)}, & 0<q_i<1\\ 0, & \text{其他}\end{cases} \tag{7-11}$$

式中，$B(a,b)=\dfrac{\Gamma(a)\Gamma(b)}{\Gamma(a+b)}$；$a$ 与 b 是两个参数。

根据 Bayesian 公式得 q_i 的后验密度为

$$g(q_i \mid a,b) \propto q_i^{a+x_i-1}(1-q_i)^{b+n_i-x_i-1} \tag{7-12}$$

由式(7-12)可以看出，后验分布服从 $\mathrm{Beta}(a+x_i,b+n_i-x_i)$，$q_i$ 具体表示为

$$g(q_i \mid a,b)=\frac{\begin{pmatrix}n_i\\x\end{pmatrix}q_i^{x_i}(1-q_i)^{n_i-x_i}\dfrac{q_i^{a-1}(1-q_i)^{b-1}}{B(a,b)}}{\displaystyle\int\begin{pmatrix}n_i\\x\end{pmatrix}q_i^{x_i}(1-q_i)^{n_i-x_i}\dfrac{q_i^{a-1}(1-q_i)^{b-1}}{B(a,b)}}=\frac{q_i^{x_i+a-1}(1-q_i)^{n_i+b-x_i-1}}{B(x_i+a,n_i+b-x_i)} \tag{7-13}$$

根据式(7-6)可得

$$\begin{aligned}E\left[\frac{1-q_i}{q_i} \mid n_i\right]&=\int_0^1\frac{1-q_i}{q_i}g(q_i \mid a,b)\,dq_i=\frac{\Gamma(a+x_i-1)\Gamma(a+b-x_i+1)}{\Gamma(a+x_i)\Gamma(b+n_i-x_i)}\\&=\frac{a+n_i-x_i}{b+x_i-1}\end{aligned} \tag{7-14}$$

由式(7－10)可得

$$\hat{q}_i(x)=\frac{1}{1+E\left[\dfrac{1-q_i}{q_i} \mid n_i\right]}=\frac{1}{1+\dfrac{a+n_i-x_i}{b+x_i-1}}=\frac{a+x_i-1}{a+b+n_i-1} \tag{7-15}$$

式(7-15)即为熵损失函数下测试性增长的 Bayesian 模型。

7.2　熵损失函数下测试性增长的多层 Bayesian 跟踪模型

目前已有大量文献研究验前参数的确定，然而现有这些研究中存在较大主观性。针对这一问题，有文献研究了基于试验规划信息的测试性增长数学模型。

依照二项分布与 Beta 分布的关系，假设

$$a=n_i-x_i \tag{7-16}$$

式中，n_i 为第 i 阶段开展的试验总数。

将式 $E[n_i]=\dfrac{x_i}{E[\hat{q}_i(x)]}$ 代入式(7-15)得

$$E[\hat{q}_i(x)]=\frac{x_i}{E[n_i]}=\frac{x_i}{n_i}=\frac{a+x_i-1}{a+b+n_i-1} \tag{7-17}$$

整理得

$$b = \frac{n_i(n_i - 1)}{a} - 2n_i + a + 1 \tag{7-18}$$

由式(7-16)、式(7-17)以及式(7-15)便可以得到测试性指标的跟踪值。

对于考虑试验规划信息的测试性增长数学模型,该模型在选择 Beta 先验分布的参数简单易行,但是这种方法对规划信息的精确性要求较高,如果规划信息有错将导致跟踪出现很大的误差。那么如何在不知道先验信息或没有准确的先验信息下,解决测试性增长的跟踪问题?本节将进行论述。

7.2.1 多层先验分布的确定

当利用Bayesian方法进行测试性增长数学模型建模时,除了7.2节所论述关于试验规划信息的问题,还存在以下问题:如果仅知道故障检测率 q_i 在(0,1)区间内,而没有其他更多的信息,则一般可以取均匀分布 $U(0,1)$ 作为 q_i 的先验分布。假设存在专家信息,那么可以根据专家经验给出 q_i 一个取值下界 q_L,即 $0 \leqslant q_L \leqslant q_i < 1$。这时取分布 $U(q_L,1)$ 作为 q_i 的先验分布会有更好的置信水平。然而实际问题中有时专家经验不能准确确定 q_L 的具体值,只能给出 q_L 的一个界限。

为了解决这一问题,Lindley 提出了多层先验分布,即当所给 Beta 先验分布中超参数难以确定时,可以把超参数 a 与 b 看作一个随机变量并给出 a 与 b 的先验分布,即超先验。当先验和超先验共同存在时就形成了多层先验。采用多层先验可以减小当一步给出先验不准确时所冒的误差风险。

对先验Beta分布的参数 a、b 取值不同时,Beta函数的形状也会不同,可分为以下四种情况。如图7-1所示:当 $a>1,b>1$ 时,密度函数呈单峰状;当 $a<1,b<1$ 时,密度函数呈U形;当 $a>1,b\leqslant 1$ 时,密度函数是严增函数;当 $a\leqslant 1,b>1$ 时,密度函数是严格的减函数。

一般情况下,随着测试性增长试验的进行,设备测试性设计缺陷逐渐得到纠正,故障检测率 FDR 不断提升。如式(7-1),在满足序化约束关系下,随着测试性增长试验的进行,故障检测率 FDR 逐渐增大的概率会更大,而故障检测率减小的概率较小,故应选取 FDR 的增函数作为测试性水平的先验分布。

要进一步确定先验分布中参数 a、b 的具体数值通常并不容易,因为这两个超参数并不可观,且实际试验数据无法确定 a、b 值,但我们可以确定它们的取值范围。从图7-1可知,只有在 $a>1$ 且 $b<1$ 时,先验密度函数是 q 的增函数。故可以取 a、b 的超先验分布如下:

$$\begin{cases}\pi_2(a) = U(1,c) \\ \pi_2(b) = U(0,1)\end{cases} \tag{7-19}$$

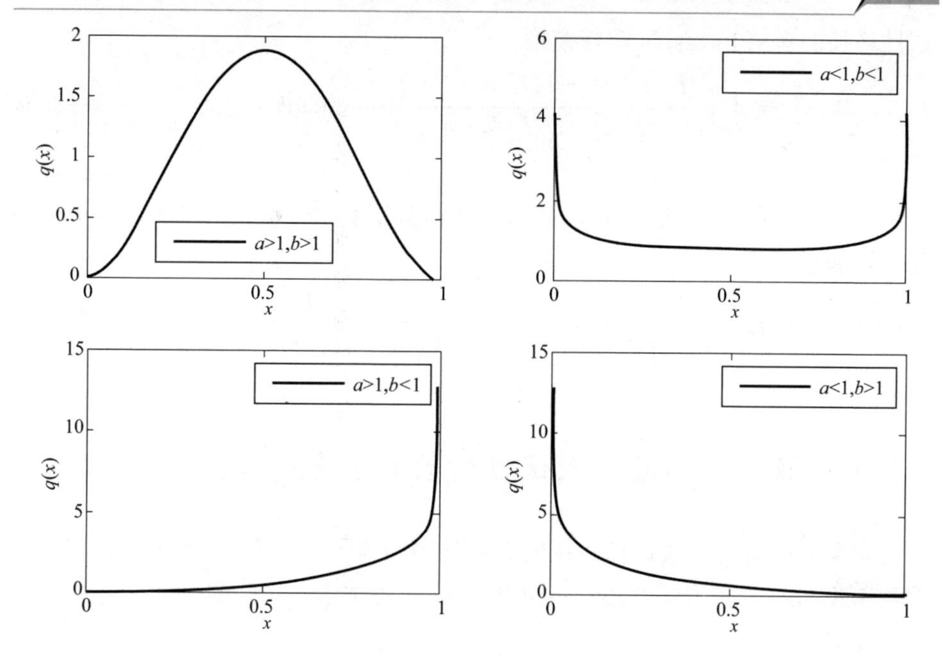

图7-1　几种典型的Beta密度曲线

式中,c为常数。

在$0 < b < 1$时,a越大,Beta分布的密度函数尾部越窄,这将导致测试性增长跟踪的稳健性变差。为了保证估计的稳健性,c通常取值在2～8之间。

7.2.2　测试性增长的多层Bayesian模型

当$a > 1$且$b < 1$时,超参数a,b的先验密度函数为

$$\pi(a,b) = \frac{1}{c-1} \tag{7-20}$$

根据式(7-19)可知q_i的多层先验分布为

$$\pi(q_i) = \frac{1}{c-1}\int_0^1\int_1^c \frac{1}{B(a,b)} q_i^{a-1}(1-q_i)^{b-1}\mathrm{d}a\mathrm{d}b \tag{7-21}$$

在给定上述多层先验分布后,根据Bayesian原理,已知先验分布,融合增长阶段试验数据即可实现对测试性增长的跟踪。可得q_i的多层后验分布:

$$g(q_i \mid a,b)_{\text{multi}} = \frac{\int_0^1\int_1^c q_i^{a+x_i-1}(1-q_i)^{b+n_i-x_i-1}\mathrm{d}a\mathrm{d}b}{\int_0^1\int_1^c B(a+x_i,b+n_i-x_i)\mathrm{d}a\mathrm{d}b} \tag{7-22}$$

式(7-22)即为故障检测率FDR的多层Bayesian跟踪模型。

根据熵损失函数最大条件下Bayesian的估计式(7-6),推导熵损失函数下测

试性增长的多层 Bayesian 跟踪模型。

$$E\left[\frac{1-q_i}{q_i}\mid n_i\right]=\int_0^1\int_1^c\frac{\Gamma(a+x_i-1)\Gamma(a+b-x_i+1)}{\Gamma(a+x_i)\Gamma(b+n_i-x_i)}\mathrm{d}a\mathrm{d}b=\int_0^1\int_1^c\frac{a+n_i-x_i}{b+x_i-1}\mathrm{d}a\mathrm{d}b \tag{7-23}$$

把式(7-23) 带入式(7-6) 可得熵损失函数下测试性增长的多层 Bayesian 跟踪模型如式(7-24) 所示。

$$\hat{q}_{\text{multi}}=\frac{1}{1+E\left[\frac{1-q_i}{q_i}\mid n_i\right]}=\frac{1}{1+\int_0^1\int_1^c\frac{a+n_i-x_i}{b+x_i-1}\mathrm{d}a\mathrm{d}b} \tag{7-24}$$

7.3 熵损失函数下测试性增长的 E-Bayesian 跟踪模型

多层 Bayesian 方法计算往往较为复杂,为了解决这一问题,韩明提出了一种多层 Bayesian 修正方法:“Expected Bayesian” 估计,记为 E-Bayesian。

定义:

$$\hat{q}_{i\mathrm{EB}}=\iint_D\hat{q}_i(a,b)\pi(a,b)\mathrm{d}a\mathrm{d}b \tag{7-25}$$

式中,$\hat{q}_{i\mathrm{EB}}$ 为 q_i 的 E-Bayesian 估计;$\hat{q}_i(a,b)$ 为 q_i 的 Bayesian 估计;$\pi(a,b)$ 是 a、b 在 D 上的密度函数。

从 $\hat{q}_{i\mathrm{EB}}$ 的定义可以看出:

$$\hat{q}_{i\mathrm{EB}}=\iint_D\hat{q}_i(a,b)\pi(a,b)\mathrm{d}a\mathrm{d}b=E[\hat{q}_i(a,b)] \tag{7-26}$$

式中,$\hat{q}_{i\mathrm{EB}}$ 为 q_i 的 Bayesian 估计 $\hat{q}_i(a,b)$ 对超参数 a、b 的数学期望。

将式(7-15) 带入式(7-26) 可得 q_i 的 E-Bayesian 估计为

$$\hat{q}_{i\mathrm{EB}}=\iint_D\hat{q}_i(a,b)\pi(a,b)\mathrm{d}a\mathrm{d}b=\frac{1}{c-1}\int_0^1\int_1^c\frac{a+x_i-1}{a+b+n_i-1}\mathrm{d}a\mathrm{d}b \tag{7-27}$$

式(7-27) 即为熵损失函数下测试性增长的 E-Bayesian 跟踪模型。

7.4 案例验证

为比较多层 Bayesian 增长模型和 E-Bayesian 模型的效果,检验所建测试性增长数学模型是否能够较好描述实际测试性增长试验,以某型机载稳定跟踪平台为对象,开展了测试性增长试验。平台及其 BIT 系统如图 7-2 所示,主要组成部件如表 7-1 所示。

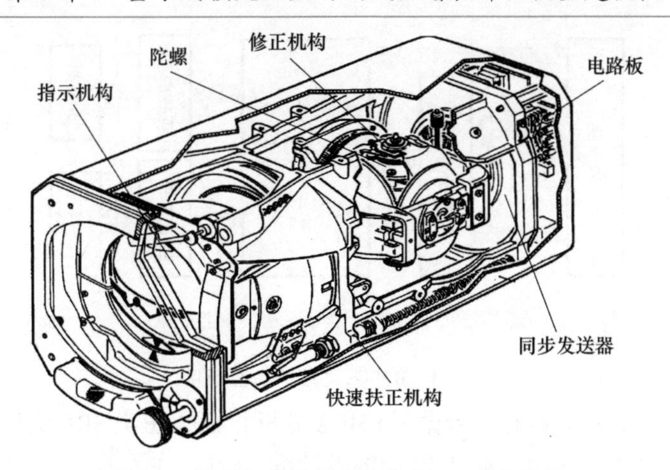

图 7-2　某型机载稳定跟踪平台 BIT 系统结构

表 7-1　稳定跟踪平台组成部件

28V 直流电源	26V 交流电源	指示机构	俯仰同步发送器	电路板
修正机构	快速扶正机构	静态变流器	倾斜同步发送器	陀螺

该稳定跟踪平台的功能为利用陀螺仪的定轴性和摆式修正机构对地垂线的选择性,在飞机上建立一个精确而稳定的水平基准,根据直升机与该基准的相对姿态变化,输出直升机的俯仰和倾斜姿态角。稳定跟踪平台功能结构框图如图 7-3 所示。

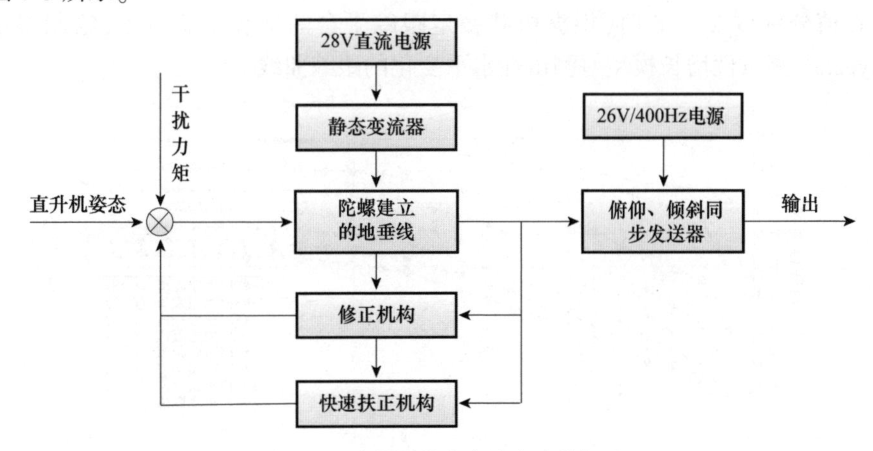

图 7-3　稳定跟踪平台功能结构框图

为实时监控其工作状态,有效检测并隔离故障,该平台设计了专门的 BIT 系统,详细设计见相关文献。该系统分别对表 7-1 中的部件进行检测,通过数码管输出相应的故障代码。BIT 系统结构功能框图如图 7-4 所示。

故障注入通过 1553B、ARINC-429、CAN 总线以及 RS232/422 等故障注入设

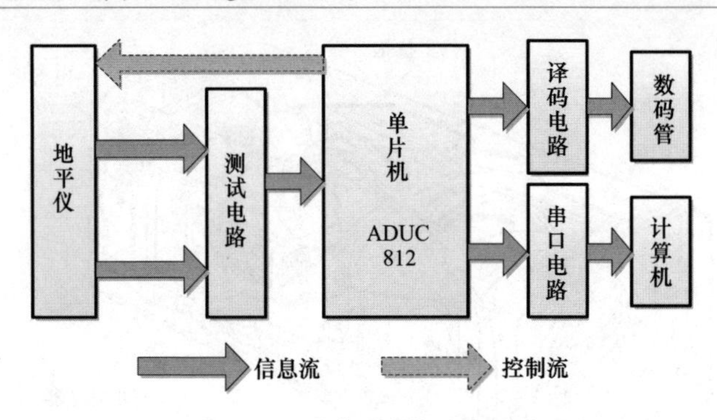

图 7-4 BIT 系统结构功能框图

备等实现。对该稳定跟踪平台做了 FMEA 分析并获得 16 类 SRU 级故障模式，累计注入故障样本 313 个。经过 12 周的设计论证阶段，注入的 203 个功能电故障模式中有 72 个测试性设计缺陷被识别。测试性设计人员分析 TDDs 形成的根本原因，并努力实施纠正，最后成功地纠正了 46 个测试性设计缺陷。另外，经过 12 周的测试性试验验证阶段，自然发生的 110 个故障模式中有 14 个测试性设计缺陷被发现，其中 9 个测试性设计缺陷被成功纠正。

7.4.1 熵损失函数下的多层 Bayesian 测试性增长数学模型有效性验证

如图 7-5 所示，熵损失函数下的多层 Bayesian 测试性增长数学模型(7-24)中 C 值分别取 2 ~ 8 时，根据机载稳定跟踪平台的增长试验数据，绘制多层 Bayesian 测试性增长模型对测试性水平变化的跟踪曲线。

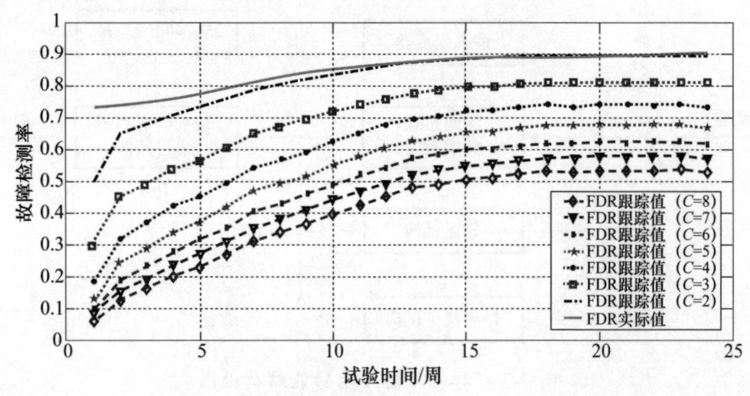

图 7-5 实际测试性增长曲线与跟踪曲线

从图 7-5 中可以定性地看出，当 $C=2$ 时，测试性增长跟踪效果较好。为了定量比较 C 取不同值时，测试性增长的跟踪精度作如下误差分析：

MSE 为均方误差值，MSE 定义为

$$\mathrm{MSE}=\frac{[q(t_i)-\hat{q}(t_i)]^2}{n} \tag{7-28}$$

C 值分别取 2 ~ 8 时，分别绘制多层 Bayesian 测试性增长模型跟踪误差变化曲线，如图 7-6 所示。

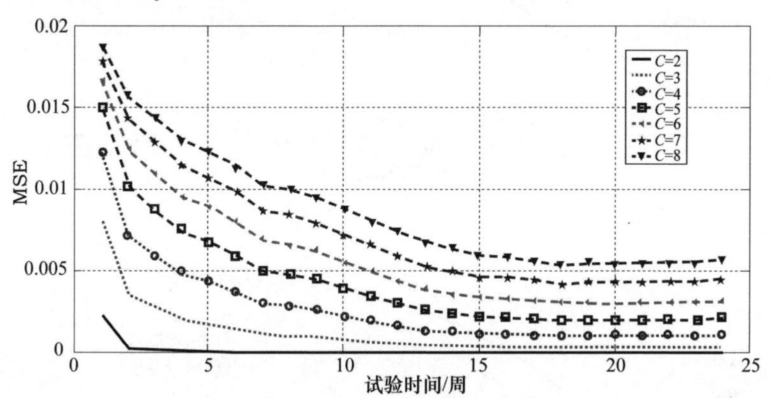

图 7-6　测试性增长试验过程中 MSE 情况

$$\mathrm{TMSE}=\frac{\sum_{i=1}^{n}[q(t_i)-\hat{q}(t_i)]^2}{n} \tag{7-29}$$

当 C 值分别取 2 ~ 8 时，绘制测试性增长试验跟踪误差 MSE 变化曲线如示，TMSE 值如表 7-2 所示。

表 7-2　TMSE 值

C 值	2	3	4	5	6	7	8
TMSE	0.0032	0.0288	0.0656	0.1041	0.1413	0.1762	0.2086

从表 7-2 和图 7-5 以及图 7-6 可以看出，$C=2$ 时测试性增长跟踪误差最小，TMSE 值为 3.2×10^{-3}。故对于该稳定跟踪平台测试性增长试验，在测试性增长的多层 Bayesian 跟踪模型下 C 值取 2 较为合适。

7.4.2　熵损失函数下的测试性增长 E-Bayesian 跟踪

熵损失函数下测试性增长的 E-Bayesian 跟踪模型为

$$\hat{q}_{i\mathrm{EB}}=\frac{1}{c-1}\iint_D \frac{a+x_i-1}{a+b+n_i-1}\mathrm{d}a\mathrm{d}b=\frac{1}{c-1}\int_0^1\int_1^c \frac{a+x_i-1}{a+b+n_i-1}\mathrm{d}a\mathrm{d}b \tag{7-30}$$

式(7-30)中 C 值分别取 2 ~ 8 时，绘制 E-Bayesian 测试性增长模型对测试性水平变化的跟踪曲线，如图 7-7、图 7-8 所示。

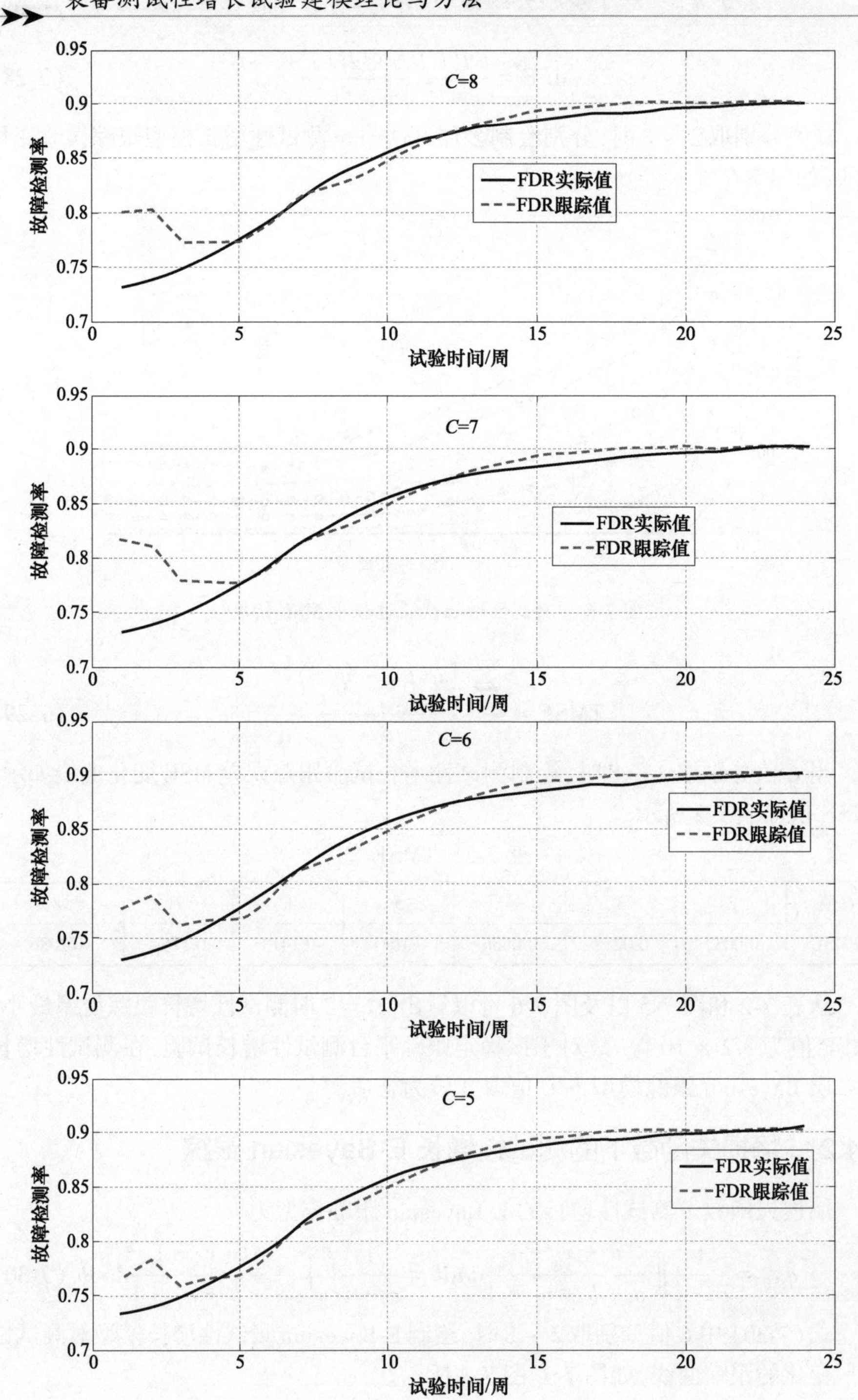

图 7-7　C 取 5 ～ 8 时实际测试性增长曲线与跟踪曲线

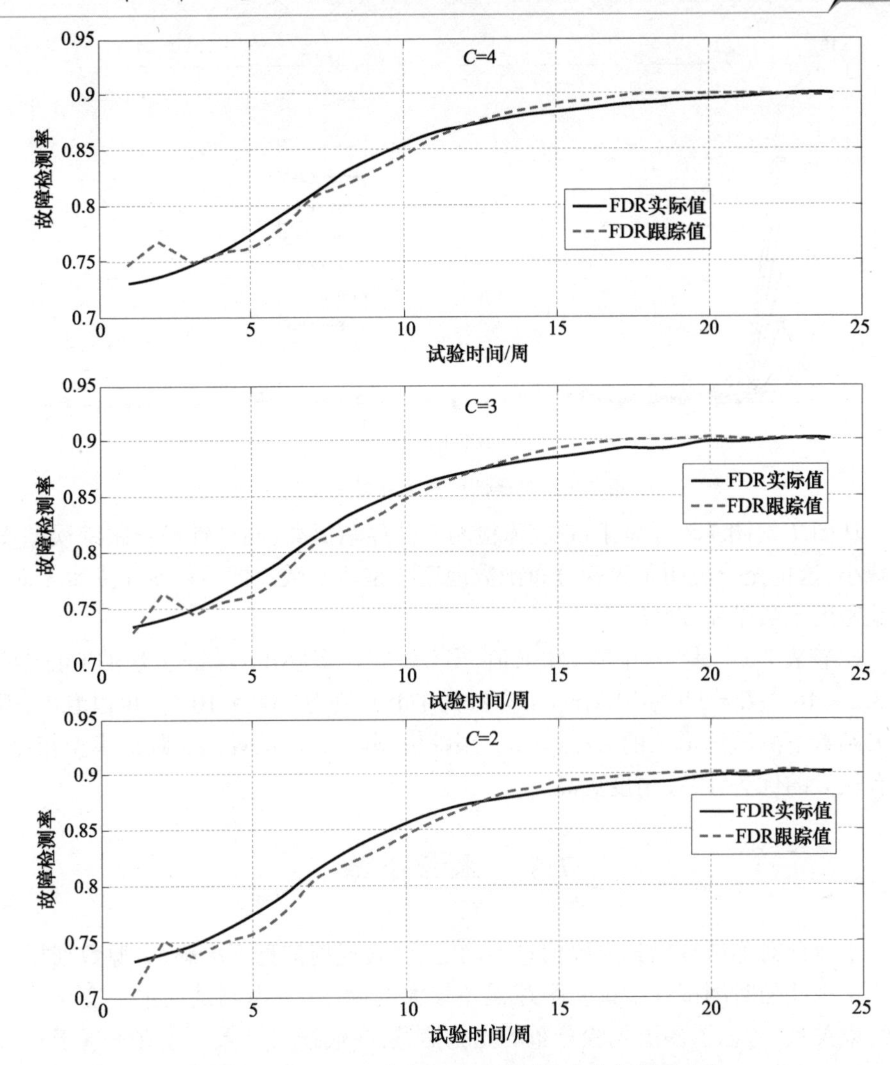

图 7-8 C 取 2 ~ 4 时实际测试性增长曲线与跟踪曲线

TMSE 值如表 7-3 所示。从表 7-3 可以看出，$C = 3$ 时测试性增长跟踪误差最小，TMSE 值为 8.08×10^{-5}。故对于该稳定跟踪平台测试性增长试验，在测试性增长的 E-Bayesian 跟踪模型下 C 值取 3 最为合适。

表 7-3 TMSE 值

C 值	2	3	4	5	6	7	8
TMSE	1.18×10^{-4}	8.08×10^{-5}	1.03×10^{-4}	1.61×10^{-4}	2.42×10^{-4}	3.36×10^{-4}	4.38×10^{-4}

C 值分别取 2 ~ 8 时，分别绘制 E-Bayesian 测试性增长模型跟踪误差 MSE 变化曲线，如图 7-9 所示。

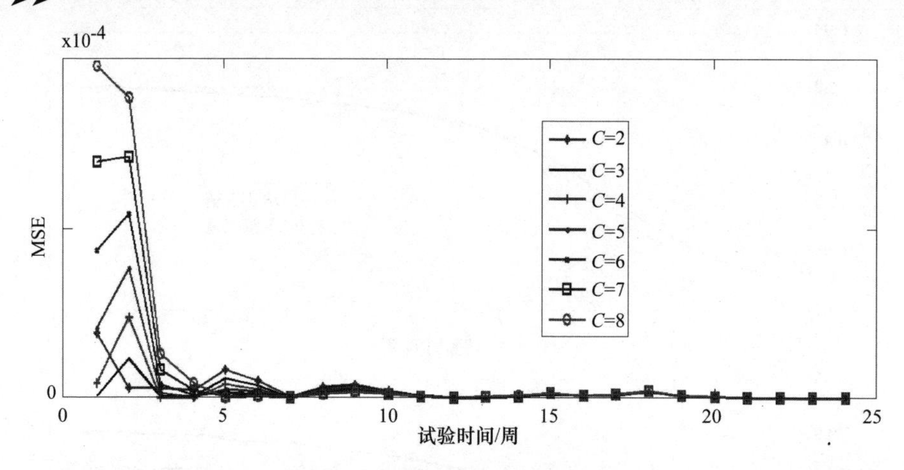

图 7-9　测试性增长跟踪误差变化

从图 7-7、图 7-8 可知，随着故障检测率的逐渐提高，测试性增长跟踪误差逐渐减小，这也充分说明了先验分布函数地选择是增函数。即当 $a > 1, b \leqslant 1$ 时，先验密度函数是 q_i 的增函数。

比较表 7-2 与表 7-3 中的 TMSE 值，当 $C = 2$ 时，多层 Bayesian 方法的 TMSE 值为 3.2×10^{-3}；$C = 3$ 时，E-Bayesian 方法的 TMSE 值为 8.08×10^{-5}。可以看出，熵损失函数下测试性增长的 E-Bayesian 跟踪模型与多层 Bayesian 跟踪模型相比，具有较大的优势，跟踪精度更高。

7.5　本章小结

本章针对测试性增长先验信息不确定、试验规划信息不准确、多源数据折合方法主观性强时测试性增试验跟踪误差较大的问题，考虑测试性水平变化的序化约束关系，考虑了多层先验分布的先验信息；在熵损失函数下建立了基于多层 Bayesian 和基于 E-Bayesian 方法的测试性增长跟踪模型；基于某型机载稳定跟踪平台的测试性增长试验数据对比了两类模型的测试性跟踪效果，验证所建模型的有效性。根据实际增长试验数据绘制了测试性增长跟踪曲线，多层 Bayesian 增长模型和 E-Bayesian 增长模型的测试性指标跟踪误差分别为 3.2×10^{-3} 和 8.08×10^{-5}，结果表明基于 E-Bayesian 方法的测试性增长数学模型具有更好的跟踪优势。

第 8 章　测试性增长试验实施技术

测试性增长试验目标的完成除了需要科学的试验管理之外，更主要是具体实现故障检测/隔离能力的提高，因此如何选择合适的测试性设计改进方式是需要研究的重要问题。测试性设计中的故障检测与隔离主要是通过具体的故障诊断方法设计实现的。在测试性总体设计、建模与分析相对固定的情况下，改善测试性水平很大程度上在于提高具体故障诊断算法的能力。故障诊断通常包括三个环节：信号拾取、特征生成与提取，以及诊断决策。每个环节均可能存在测试性设计缺陷。随着故障检测/隔离试验的实施，试验过程数据不断累积，为测试性增长的具体实施提供了宝贵的数据支撑。基于数据更新的一类诊断决策方法在测试性设计中广泛应用，利用新获取的试验数据对诊断决策算法进行迭代更新是提高故障诊断准确性，实现测试性增长的主要手段之一。本章将首先分析如何利用试验数据评估每个故障模式的故障检测/隔离能力，并据此给出测试性设计改进方式初选规则，然后针对基于试验数据的诊断决策算法进行重点研究，分析其在测试性增长过程中遇到的问题，并提出相应解决方案。

8.1　基于试验数据的设计改进方式选择

令状态向量 $\boldsymbol{S}=\{s_1,s_2,\cdots s_m,s_{m+1}\}$，其中 $\{s_1,s_2,\cdots,s_m\}$ 表示某设备具有的所有故障模式，s_{m+1} 表示设备正常状态；每一个状态有对应的先验发生概率，用 $P=\{p_1,p_2,\cdots p_m,p_{m+1}\}$ 表示，其中 $\{p_1,p_2,\cdots p_m\}$ 对应于各故障模式的故障率，p_{m+1} 为设备正常的概率。同时，设备具有 n 种测试项目，用 $T=\{t_1,t_2,\cdots,t_n\}$ 表示，各个测试项目的输出结果相互独立。于是设备第 i 个故障模式的故障检测概率 $P_{\mathrm{D}i}$、故障隔离概率 $P_{\mathrm{I}i}$、设备整体的故障检测率 $P_{\mathrm{D}}(X)$，以及故障隔离率 $P_{\mathrm{I}}(X)$ 可用式(8-1) 至式(8-4) 表示。

$$P_{\mathrm{D}i}=1-\prod_{j=1}^{n}(1-d_{ij})^{x_j} \tag{8-1}$$

$$P_{\mathrm{I}i}=\prod_{\substack{k=1\\k\neq i}}^{m+1}\left[1-\prod_{j=1}^{n}(1-d_{ij}-d_{kj}+2d_{ij}d_{kj})^{x_j}\right] \tag{8-2}$$

$$P_{\mathrm{D}}(X)=\frac{1}{1-p_{m+1}}\sum_{i=1}^{m+1}p_i\left[1-\prod_{j=1}^{n}(1-d_{ij})^{x_j}\right] \tag{8-3}$$

$$P_I(X)=\frac{1}{1-p_{m+1}}\sum_{i=1}^{m+1}p_i\left\{\prod_{\substack{k=1\\k\neq i}}^{m+1}\left[1-\prod_{j=1}^{n}(1-d_{ij}-d_{kj}+2d_{ij}d_{kj})^{x_j}\right]\right\} \tag{8-4}$$

式中，$d_{ij}\in[0,1]$ 表示故障发生时相应的测试输出为测试失败的概率，即

$$d_{ij}=Pr\{测试\ t_j\ 失败\mid 故障\ s_i\ 发生\} \tag{8-5}$$

式中，x_j 表示测试 t_j 是否被选择，当 t_j 被选择时，$x_j=1$，否则 $x_j=0$。

式(8-1) 至式(8-4) 是考虑非完美测试条件下进行测试性预计的基本公式。在非完美测试条件下，每个测试都不是完全可靠的，故障 - 测试之间的关联关系不是确定的 0 - 1 关系，而是处于[0,1] 之间的概率值。对于电子系统等测量结果受外界因素影响较小的设备，造成测试非完美的原因主要出现在信号传递过程中的数据丢包，数据延时等；对于机械系统等测量噪声较大的设备，非完美测试更多体现为测量信号受外界干扰波动较大，无法精确提取故障信号特征。

在测试性增长过程中，对故障 - 测试之间的相关性有以下假设：

(1) 对于自然发生的未分析到的故障模式，即使测试系统没有专门针对该故障模式设计专门测点，但考虑到故障信号的传递关系的影响，测试系统仍可能对该故障模式具有一定的检测能力，因此认为已有测试对其检测能力为处于[0,1] 之间的概率值；

(2) 对于已知的但完全不能检测的故障模式，包括测试未覆盖的故障模式以及故障 - 测试相关性分析错误的故障模式，认为已有测试对其检测能力为 0；

(3) 对于已知的但不能 100% 被检测到的故障模式，认为已有测试对其检测能力为处于[0,1] 之间的概率值。

在设备设计与研制过程中，造成设备测试性指标实际值低于设计值的多数原因均可以用非完美测试的概念进行统一描述，包括故障模式分析不全，故障 - 测试之间的对应关系错误，测试不确定等。测试性增长的过程就是逐渐发现并排除这些非完美因素，使非完美测试向完美测试过渡的过程。只要能发现故障 - 测试关联关系上的定性及定量关系错误或不足，对发现的测试性设计缺陷有针对性地加以纠正，提高已有测试对故障的检测能力或者增加测试点个数，就可以提高某特定故障的故障检测概率，从而提高整个设备的测试性指标，最终实现测试性增长。

测试性增长试验中累积的大量成败型数据和设备运行特征数据为获取测试的非完美程度，从而选择更合适的测试性增长实施方法提供了依据。利用试验数据获取故障 - 测试相关程度的方法是建立在数理统计基础上的，可以分为直接法和间接法两种。

直接法统计的数据仅为故障检测 / 隔离试验过程中测试通过 / 不通过数

据。直接法中应用最广的是极大似然法。该方法首先假设测试之间相互独立,即每个测试输出测试通过与否是条件独立,互不影响的。于是在统计数据完备的情况下,d_{ij} 的计算公式如式(8-6) 所示。

$$\hat{d}_{ij} = N_{ij1} / \sum_{k=0}^{1} N_{ijk} \tag{8-6}$$

式中,N_{ij1} 为系统处于状态 s_i 时测试 t_j 不通过的总次数;N_{ij0} 为测试通过的次数。

在统计数据不完备的情况下,可以首先应用 Gibbs 抽样方法或者期望最大化算法等将统计数据补充完整,然后再利用极大似然法进行估计。

间接法统计的数据是具体测试信号的概率密度函数。间接法首先计算系统在正常和故障情况下测试信号的概率密度函数,然后将预先设定的阈值与概率密度函数相比,阈值之外的累积概率密度就是该测试的漏检率。d_{ij} 的计算示意图如图 8-1 所示。

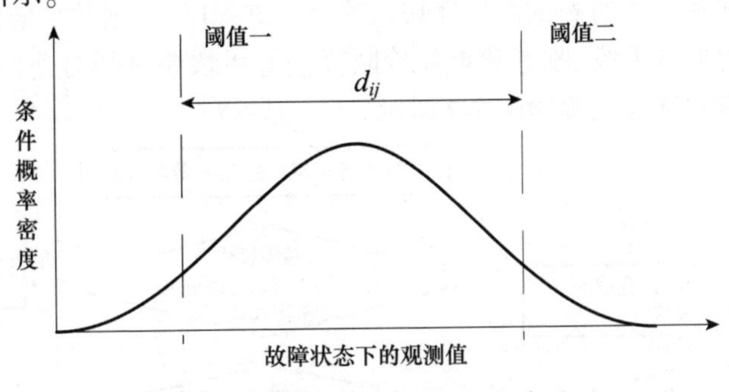

图 8-1　故障 - 测试相关性示意图

利用试验数据获取故障 - 测试相关程度的优点是不但简化了计算过程,而且能够较全面的考察各种因素对于非完美测试结果的影响,但是缺点也是显而易见的,那就是需要大量的故障检测 / 隔离试验结果。当试验样本数不足时,一般需要利用经验估计法辅助估计故障 - 测试相关程度。

目前仅有少量文献给出了故障 - 测试检测概率的经验估计方法。有研究者认为故障的可检测概率受到传感器的功能性能属性影响,其中功能属性包括传感器的数量以及故障率,性能属性包括信噪比、故障检测敏感性、故障检测时效性、故障可跟踪性等。d_{ij} 的取值可用式(8-7) 估计:

$$d_{ij} = R_j \times \rho_{ij} \tag{8-7}$$

式中,R_j 为测试 t_j 的功能属性;ρ_{ij} 为测试 t_j 对状态 s_i 的性能属性。具体计算如式(8-8) 和式(8-9) 所示。

$$R_j = 1 - r_j^{N_j x_j} \tag{8-8}$$

$$\rho_{ij}=\begin{cases}(1+e^{-10(SFDS_{ij}-0.5)})^{-1}\times(1+e^{-(SSNR_j-0.5)})^{-1}\times(1-SFDT_{ij})^{0.5}\times(SFT_{ij})^{0.2},\\ SFDT_{ij}<1\\ 0,SFDT_{ij}\geqslant 1\end{cases}\tag{8-9}$$

式中,SSNR 为传感器采集到的故障信号的信噪比;SFDS 为传感器对故障的检测敏感性;SFDT 为传感器对故障的故障检测时效性;SFT 为传感器对故障的故障可跟踪性。

经验估计法在取得试验数据之前具有重要的应用价值,但是该方法具有明显局限性:① 传感器性能属性仍然需要设计师根据经验给出;② 该方法并未考虑信号特征提取算法的能力。

在获得设备现有测试对设备的每个故障模式的检测概率之后,可以根据概率值的大小判断发现的测试性设计缺陷的可改进程度,并据此从增加测试点、选用更高精度的测试手段、改进和更新诊断算法等手段中选择合适的设计改进方式。具体判断和选择流程如图 8-2 所示。

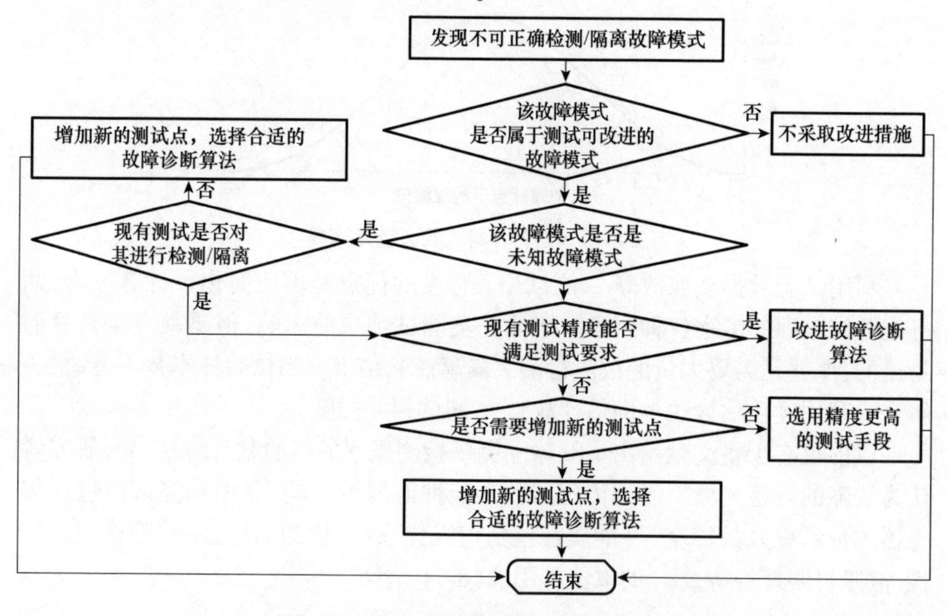

图 8-2　测试性设计改进方法初选流程

步骤 1:判断该故障模式否是属于测试可改进的故障模式,如果不是,则现阶段不对该故障模式进行测试性设计改进,如果是,则转入步骤 2;

步骤 2:判断该故障模式是否是自然发生的未知故障模式,如果是,转入步骤 3,如果不是,转入步骤 5;

步骤 3:判断现有测试能否对该故障模式进行检测/隔离,如果否,转入步骤

4,如果是,转入步骤 5;

步骤 4:通过增加新的测试点,并选择合适故障诊断算法的方式进行测试性设计改进,然后转入步骤 7;

步骤 5:判断现有测试精度能否满足测试要求,如果满足要求,则通过改进故障诊断决策算法的方式进行测试性设计改进,然后转入步骤 7,如果不能满足精度要求,则转入步骤 6;

步骤 6:判断是否需要增加新的测试点,如果需要,则通过增加新的测试点,并选择合适故障诊断决策算法的方式进行测试性设计改进,然后转入步骤 7,如果不需要,则通过选用精度更高的 BITE/ATE 的方式进行测试性设计改进,然后转入步骤 7;

步骤 7:测试性设计改进方法初选结束。

8.2　基于试验数据的诊断决策算法更新

8.2.1　问题分析

随着包含支持向量机(Support Vector Machine,SVM)、人工神经网络(Artificial NeuralNetwork,ANN)、人工免疫系统(Artificial Immune System,AIS)等在内的人工智能技术的发展,基于数据的分类算法在故障诊断决策中占据了越来越重要的地位。将系统实时运行数据与从历史数据中提取的知识作对比,即可及时确定系统故障状态与故障类型。对于大部分基于人工智能的诊断算法而言,充足的训练样本是保证高精度诊断效果的前提;只有利用足够多的正常/故障样本开展训练学习,诊断算法才能达到测试性设计要求。但是实际情况是:设备实际运行环境和负载应力往往都是多种多样的,由于设计时间和经费往往是有限的,故障注入是存在风险的,于是在设备测试性设计过程中,尤其对于新研制的系统,上述前提一般很难满足;尤其是设计初始阶段,往往不能得到故障状态的全样本空间,甚至对正常状态也是如此。在这种情况下,诊断决策算法一般是随着试验数据的累积而不断迭代更新的,在算法更新过程中会面临三个主要问题。

一是分类器的更新学习问题。目前常用的更新学习包括批量学习和增量学习两种。从算法的实现角度看,批量学习明显更占优势,但是其缺点也是显而易见的:需要存储所有的历史数据,并且学习开销也是非常可观的。相反,增量学习在每次更新学习时仅仅利用当前最新数据,克服了传统批量学习的不足。但是在传统的增量学习中可能会出现已有学习成果退化的情况。比如人工免疫系统在进行知识更新时会抛弃在目前状态下适应度不高的抗体;SVM 如果仅利用前一阶段的支持向量(Support Vector,SV) 和最新数据,则可能引入数据不平衡问题。对于故障诊断而言,上述问题是不可接受的,已有学习成果的异常变化有可能会造成在算法更新之后,系统故障检测率降低,而虚警率升高。

二是不同类型样本数据量不平衡问题。样本不平衡会使训练得到的分类结果偏向样本多的一方,虽然能够得到较高的整体分类准确度,但是对于样本少的一类,分类精度将非常低。对于可靠性高、系统组成复杂的系统而言,获得故障样本是困难的,因此,在训练样本库中,相对于正常样本的大数据特征,以及特定故障模式的故障样本数据量往往偏少,甚至低于正常样本数据量的1%。如果直接利用不平衡数据去训练分类器,在诊断决策时容易将故障模式判断为正常模式,一旦故障发生则有可能不能及时发现,造成较高的漏检率,失去了故障诊断系统本应有的效用。针对这个问题,目前主要有两种解决方法:考虑损失敏感的分类方法和数据重采样。但是没有任何一种方法可以解决所有的问题。比如以错误分类损失最小为目标函数的 SVM 在处理大数据时学习成本是巨大的;而重采样问题则可能引入不必要的噪声数据或者丢失重要数据。

第三个问题就是硬件条件限制。随着设计过程的推进,得到的系统运行数据也越来越多,于是就需要大量的内存来存储样本特征,包括SVM 中的SV,人工免疫系统中的 B 细胞等等。持续增加的样本特征对 BIT 硬件系统提出了更高的要求,诊断决策时间也相应变长。BIT 一般集成在系统设计中,虽然随着微电子技术的发展,设备电子系统的存储和计算能力都得到的极大的提升,但是受各种因素的限制,分配给故障诊断系统的硬件总是有限的。虽然没有文献专门研究,但是对于复杂系统的 BIT 设计而言,这是一个必须认真考虑的问题。要解决这个问题,最直接的方法就是研究如何控制样本特征的数量。

通过对上述三个问题的分析,本节试图提出一种合理的方案,解决如何在测试性增长过程中利用试验数据开展诊断决策算法更新,不断提高诊断准确性的问题。

8.2.2 问题解决

8.2.2.1 基于密度的数据压缩

对大样本数据进行数据压缩就是用若干代表样本表征完整样本集的大部分特征区域,这些样本在空间中分布越均匀越好。基于密度的聚类是一种常用的聚类方法,该方法利用核心对象和边界对象对数据进行聚类。令$V_\varepsilon(x_i)$ 表示 x_i 的邻域,它是以 x_i 为中心,以 ε 为半径的超球;令 $N_\varepsilon(x_i,X)$ 表示$V_\varepsilon(x_i)$ 包含的除 x_i 以外的X样本点个数。给定密度阈值q,若 $N_\varepsilon(x_i,X)\geqslant q$,则称$x_i$ 为核心对象,否则称 x_i 为边界对象。核心对象处于样本分布的高密度区域,代表了其邻域内样本点的平均特征,边界对象处于相对低密度区域,代表了样本集中孤立点的特征。将所有核心对象和边界对象组成代表样本集,则可以用空间中分布均匀的有限点表征样本空间特征。本节也基于此考虑,对大样本数据进行压缩,一方面可以缓解数据量不平衡问题,另一方面也可以解决算法更新学习时样本库不断增大的问题。

为了避免代表样本点选取的随机性,我们首先给出样本分布密度的定量衡量,然后基于分布密度开展代表点样本选取。

故障诊断中的样本往往是一个高维向量,每个特征值都代表一条测试信息,既包含实值特征,也包含属性特征。假设样本点 x 用 s 维空间特征向量表示为 $\boldsymbol{x}=\{x_1^r,\cdots,x_l^r,x_{l+1}^c,\cdots,x_s^c\}$,其中 $\{x_1^r,\cdots,x_l^r\}$ 为数值特征, $\{x_{l+1}^c,\cdots,x_s^c\}$ 为属性特征,则定义两个样本点 x_i 与 x_j 之间的距离测度 $d(x_i,x_j)$ 表示为

$$d(x_i,x_j)=\left(\sum_{t=1}^{l}(x_{i,t}^r-x_{j,t}^r)^2\right)^{\frac{1}{2}}+\lambda\sum_{t=l+1}^{s}\delta(x_{i,t}^c,x_{i,t}^c) \tag{8-10}$$

式中,右侧第一项为数值特征的欧氏距离;右侧第二项为属性特征的相异匹配测度;λ 为用于调整两种属性特征的权重;$\delta(\cdot)$ 为示性函数;且有

$$\delta(a,b)=\begin{cases}0,a=b\\1,a\neq b\end{cases} \tag{8-11}$$

显然 $d(x_i,x_j)$ 可以用来衡量两个样本之间的分散程度,当 $d(x_i,x_j)=0$ 时,两个样本最接近,随着 $d(x_i,x_j)$ 的增大,两个样本相似性变差。

于是当样本容量为 N 时,可以用式(8-12) 定义任意一个样本 x 点处的样本分布密度系数。

$$\rho(x)=\frac{1}{N}\sum_{i=1}^{N}d(x,x_i) \tag{8-12}$$

当 $\rho(x)$ 较大时,说明 x 点与其他样本点之间的相似性越大,其周围分布的样本越多;当 $\rho(x)$ 较小时,说明 x 点与其他样本点之间的相似性越小,周围分布的样本越少。

将待选样本按样本分布密度系数从大到小依次排列,得到待选样本集 X^m。令 P 表示代表样本点集,于是给出代表样本集生成方法如下所示。

```
初始化:P = x = X(1), X^un = X - {x}
While,X^un ≠ ∅, do
    For  i = 1:numel(X^un)
        If  N_ε(x,P) < q
            P = P + {x}
        End if
        X^un = X^un - {x}
```

```
  End for
End While
```

该方法能够保证按照先核心对象后边界对象的顺序生成张满空间的代表样本点,并且可以通过调整参数$\{\varepsilon, q\}$取值灵活的调整代表样本集的样本数量。在实际应用中,为了保证样本点分布的均匀性,往往令$q=1$,通过调整超球半径ε控制样本个数在允许范围之内。样本个数随着ε的增大而减少。

假设代表样本集容量为N_D,在得到代表样本集后,以距离测度最近为依据,将每个代表样本点看作原始样本集内次级聚类中心,对全体原始样本集分为N_D类。若x_i满足$k = \underset{j,p_j \in P}{\mathrm{argmin}}\{\,||x_i - p_j||\,\}$,则$x_i$属于第$k$类。令$N(p_k, X)$表示归属第$k$类的样本点总数,则样本点$p_k$的权重$\omega_k$可用式(8-13)计算。

$$\omega_k = \frac{N(p_k, X)}{N} \tag{8-13}$$

图8-3是对利用式(8-14)得到的仿真数据开展数据压缩的结果。其中初始样本集由300个数据点组成,每个数据点的纵横坐标并无实际物理意义。令$q=1, \varepsilon=1$,获得九个样本点。可以看出,虽然在空间中存在着样本分布密度不同的区域,但是代表样本集分布仍然比较均匀,较好的覆盖了原始样本集的特征空间。

$$\begin{cases} a = 5 + 2 \times \mathrm{rand}(0,1) \times \sin(t) \\ b = 5 + 2 \times \mathrm{rand}(0,1) \times \cos(t) \\ t = 0:2\pi/299:2\pi \end{cases} \tag{8-14}$$

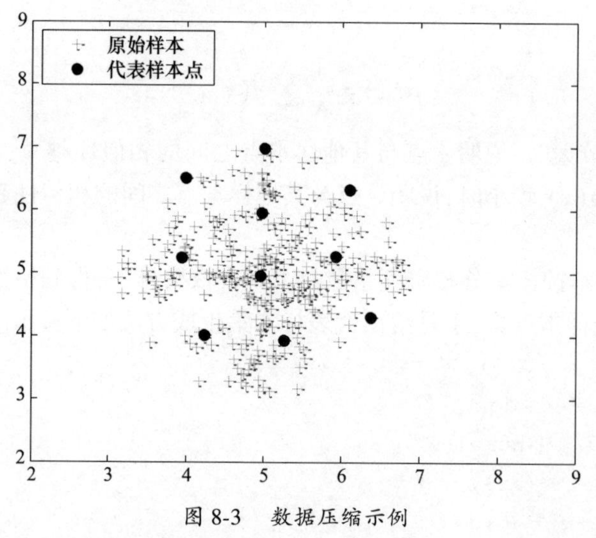

图8-3 数据压缩示例

8.2.2.2 基于人工免疫的数据扩充

为了克服简单样本复制的不足,一些学者提出了启发式数据扩充方法。启发式样本扩充的基础是样本特征联合分布密度函数。当数据量较小时,估计准确的分布函数明显不可能;并且当特征维数较高时,所建立的联合分布函数也会异常复杂。免疫系统是人体除了神经系统和遗传系统之外的另一个重要系统,免疫过程的一个重要环节是抗体的克隆与变异。与遗传系统中染色体全样本交叉,位点随机变异不同,免疫系统中抗体的变异是以原抗体为中心进行的“小生境”克隆变异;将原样本 x 看作抗原,免疫系统将生成大量抗体。将生成的抗原和抗体组成新的样本集,则可以实现数据量与数据多样性的同时扩充。该方法不要求显性给出分布函数,降低了数据扩充难度。本节受此启发,试图提出一种新的数据扩充方法,具体扩充流程如下所述。

步骤 1:首先计算抗原集 X 中的每个抗原 x 的样本分布密度系数 $\rho(x)$,并随机生成未成熟抗体种群 A;

步骤 2:对于抗原集 X 中的每个抗原 x 执行如下步骤:

步骤 2.1:计算 A 中每个个体 a_j 与抗原 x 的亲和度 $Af_j = 1/d(a_j, x)$,其中 $d(a_j, x)$ 是距离测度;

步骤 2.2:选出与抗原 x 有较高亲和度的 n 个最佳抗原 $\{a'_1, a'_2, \cdots, a'_n,\}$,并对这 n 个最佳个体进行克隆繁殖,个体 $a'_k, k = 1,2,\cdots,n$ 的克隆体个数满足 $n_k = \text{round}(T \times \rho(x) \times Af_k)$,$T$ 是允许克隆的最大个数,从而组成临时克隆种群 $C_i^* = \{a'_{11}, a'_{12}, \cdots, a'_{n_1}, \cdots, a'_{n1}, a'_{n2}, \cdots, a'_{nn_n}\}$;

步骤 2.3:对克隆种群 C_i^* 中的每个个体 $a'_{kl}, l = 1,2,\cdots,n_k$ 施加变异操作 $a''_{kl} = a'_{kl} + \alpha \times (a'_{kl} - x_i) \times \text{rand}(0,1)$,从而生成成熟抗体种群 $C_i = \{a''_{11}, a''_{12}, \cdots, a''_{1n_1}, \cdots, a''_{n1}, a''_{n2}, \cdots, a''_{nn_n}\}$,并将其置入记忆抗体库 $\bar{A} = [\bar{A}; C_i]$;

步骤 3:将记忆抗体库 $\bar{A}$ 与抗原集 X 合并,得到最终的扩充样本集 $X = [X, \bar{A}]$。

需要注意的是,由于属性特征取值是有限的,因此按照上述变异操作可能引入大量并不存在的属性特征值,从而造成更大的分类误差。于是本节认为:对于属性特征可以采用只繁殖,不变异的方式处理。

这种变异过程既能保持原有抗体的重要信息,又能发展出多种近似抗体。通过参数 n、T 可以控制扩充样本集的规模,利用参数 α 可以控制新样本点偏离原样本点的距离,$\alpha \in [0,1]$,α 取值越大,新样本点越靠近原样本点。图 8-4 是对利用式(8-15)得到的仿真数据开展数据扩展的结果,每个数据点的纵横坐标并无实际物理意义。其中初始样本集由 10 个数据点组成,令 $n = 10$、$T = 20$、$\alpha = 0.7$,获得 193 个样本点,既克服了简单复制不能增加数据多样性的缺点,又避免了新增数据分布的无规律变化。

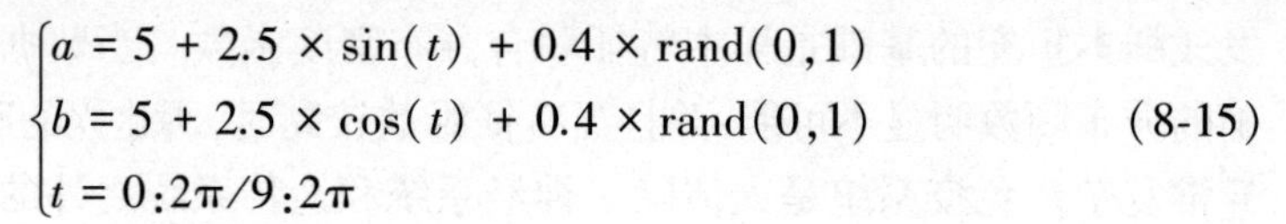

$$\begin{cases} a = 5 + 2.5 \times \sin(t) + 0.4 \times \mathrm{rand}(0,1) \\ b = 5 + 2.5 \times \cos(t) + 0.4 \times \mathrm{rand}(0,1) \\ t = 0:2\pi/9:2\pi \end{cases} \tag{8-15}$$

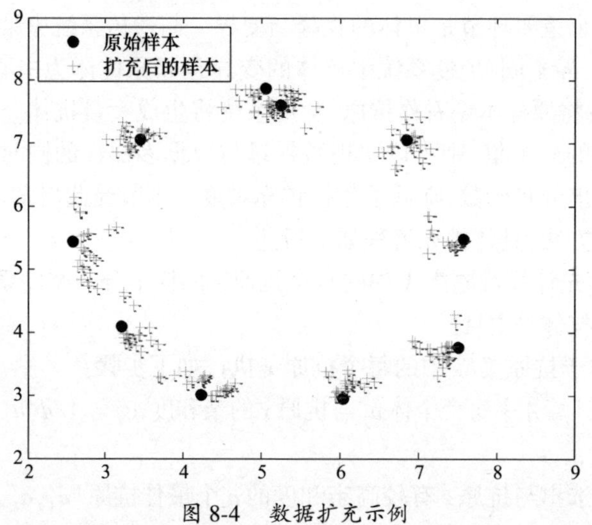

图 8-4　数据扩充示例

8.2.2.3　基于代表样本点的混合学习

获取新样本后需要对分类器进行更新。虽然传统的整批学习能够较好的解决支持样本容量与自己空间退化的矛盾，但其需要大量的样本存储空间和较长的学习训练时间。利用部分样本开展增量式批量学习可以缓解这个矛，既可以缓解样本存储和训练计算成本压力，又能较好的解决支持样本数量限制的问题。基于此，本节提出如下基于代表样本点的学习方法。由于该方法与传统的增量学习和整批学习都有所区别，本节称其为混合学习。

其中第 $i+1$ 次支持样本集与诊断算法更新过程如下：首先根据第 $i+1$ 批新增样本 X^{new} 的容量决定是否采用 8.2.2.2 节方法对新增样本进行扩充，将处理后的样本赋给 X^{un}，然后利用8.2.2.1 节提出的数据压缩方法对新增样本提取代表样本集 P'_{i+1}，并保存每个代表点的 $N(p'_{\mathrm{new}}, X)$。最后将新获取的代表样本集 P'_{i+1} 与已有的代表样本集 P_i 中距离最近的两个样本点按照式(8-16) 进行合并，得到新的临时代表点。不断重复合并过程直至新的代表集容量满足要求。从而获得用于算法第 $i+1$ 次更新训练的最终代表样本集 P_{i+1}。

$$\begin{cases} x_{\mathrm{new}}^{c} = x_{k}^{c}, k = \arg\max\{N(p_i, X), N(p_j, X)\} \\ x_{\mathrm{new}}^{r} = \dfrac{N(p_i, X)x_i^r + N(p_j, X)x_j^r}{N(p_i, X) + N(p_j, X)} \\ N(p_{\mathrm{new}}, X) = N(p_i, X) + N(p_j, X) \end{cases} \tag{8-16}$$

图 8-5 是利用混合学习得到的一个简单数值仿真示例，每个数据点的纵横坐标并无实际物理意义。在图 8-5(a) 中有两类原始数据，分别表示为 N 和 F，相邻数值点坐标差值为 0.5。其中 F 又分为两批，F_1 代表原始训练数据，F_2 代表得到的新增训练数据；对于模式 N 只有一批训练数据，没有新增数据。同时图 8-5(a) 中的所有数据都将作为测试数据使用。三类数据的生成函数分别为

$$N = \begin{cases} x^2 + y^2 > 9; \\ -5 \leqslant x \leqslant 5; \\ -5 \leqslant y \leqslant 5. \end{cases} \tag{8-17}$$

$$F_1 = \begin{cases} x^2 + y^2 \leqslant 9; \\ 0 < x \leqslant 5; \\ -5 \leqslant y \leqslant 5. \end{cases} \tag{8-18}$$

$$F_2 = \begin{cases} x^2 + y^2 \leqslant 9; \\ -5 \leqslant x \leqslant 0; \\ -5 \leqslant y \leqslant 5. \end{cases} \tag{8-19}$$

首先，使用 N 和 F_1 数据训练得到一个 SVM，测试结果如图 8-5(b) 所示。由于训练数据的不完整，F_2 类数据大部分被错误分类为 N 类，因此必须利用 F_2 类数据更新 SVM。在 SVM 更新时首先利用 SVM 的简单增量学习，即将上次学习得到的 SV 和 F_2 数据组成新的训练样本集更新分类器。由于图 8-5(b) 中 N 类样本的 SV 个数非常少，因此将 F_2 数据引入进行更新学习时，N 类样本容量明显比 F 类少，造成了新的数据不平衡现象，于是出现如图 8-5(c) 所示的测试结果。在图 8-5(c) 中，虽然 F 类的分类效果明显改善，但是原来能够正确识别的 N 类样本不能再被正确分类。如果利用本节提出的基于代表样本点的混合学习，测试结果如图 8-5(d) 所示。不难看出，虽然也有少量的 N 类和 F_1 类被错误分类，但是与图 8-5(b) 和图 8-5(c) 相比，分类结果改善还是非常明显的。

8.2.3　案例应用

推进系统是舰艇重要分系统之一，对其开展测试性设计有利于设备的战备完好性、维修性，以及保障的经济性。Combined Diesele Lectric And Gas 公司利用 Matlab 软件建立了某型护卫舰的推进系统仿真模型，并利用实物试验数据验证了模型的准确性。Andrea Coraddu 等人利用该模型开展了大量的仿真活动，得到了丰富的设备运行测试仿真数据，并将其公布在 UCI 数据库中供学者免费使用。本节利用这些数据来验证 8.2.2 节所研究方法的有效性。根据 Andrea Coraddu 的研究，燃气压缩机退化系数 kM_c 和燃气机总体退化系数 kM_t 两个参数能够较好的刻画舰艇推进系统的运行状态，但当这两个参数不能直接测试得到

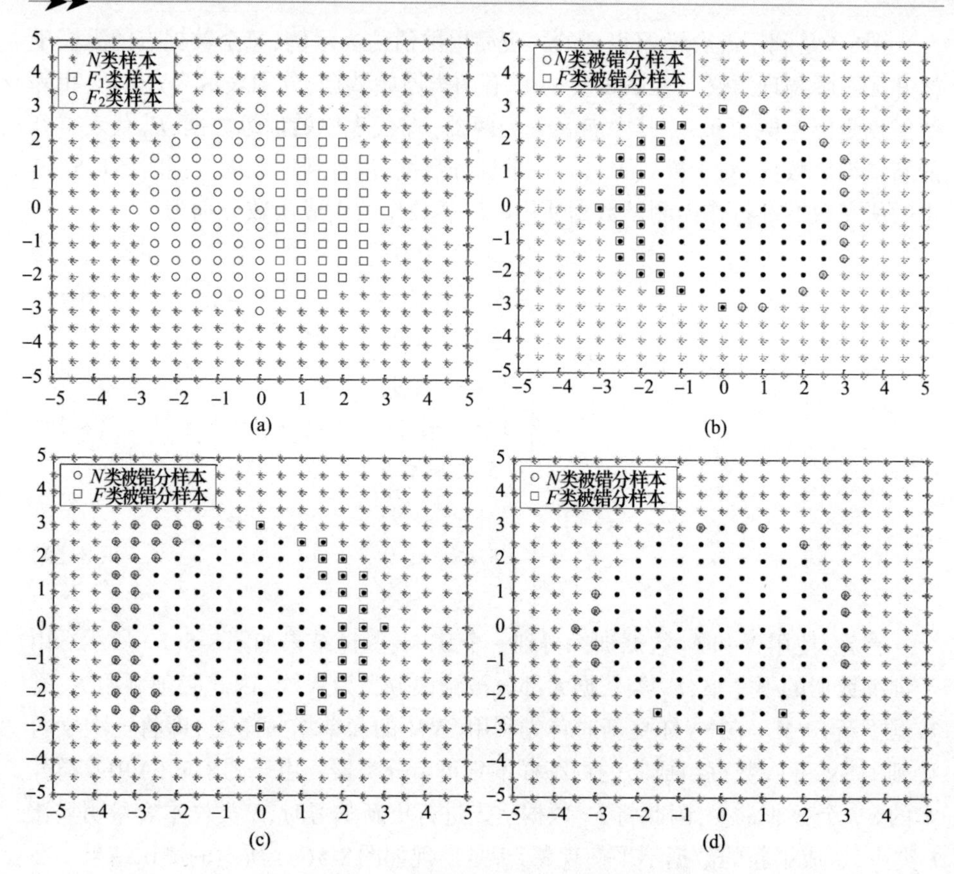

图 8-5　混合学习效果示例与比较

(a) 原始样本分布　(b) 使用 N 和 F_1 类样本训练 SVM 后分类效果

(c) 增加 F_2 类样本后利用传统增量学习得到的 SVM 分类效果

(d) 增加 F_2 类样本后利用混合学习得到的 SVM 分类效果。

时,需要根据如表 8-1 所示的 16 种监测信号综合评估获取。

表 8-1　推进器监测信号

编号	信号类型	编号	信号类型
1	操纵杆未知	9*	蒸汽压缩机入口空气温度
2	航速	10*	蒸汽压缩机入口空气温度
3	洤轮机扭矩	11*	泞轮机出口压力
4	浴轮机转速	12*	蒸汽压缩机入口空气压力
5	蒸汽机转速	13*	蒸汽压缩机出口空气压力
6	右侧螺旋桨推进扭矩	14	蒸汽机废气压力
7*	左侧螺旋桨推进扭矩	15	煳轮机喷射控制挡位

（续）

编号	信号类型	编号	信号类型
8*	涡轮机出口温度	16	燃油流速

本节根据研究需要，按照 kM_c 和 kM_t 的取值将系统的运行状态简单地分为故障与正常两种。当两个退化系数满足 $kM_c \in [0.95,0.97) \cup kM_t \in [0.975, 0.985)$ 时，认为推进系统处于故障状态，监控系统需要及时报警（W），而其他状态都被认为是正常状态（H），无需报警。当利用试验数据训练得到用于故障诊断的 SVM 之后，只要输入各测点获取的运行参数，维修人员就可以快速获取推进器的跟踪状态，并且做出相应决策反应。

8.2.3.1　数据准备

在进行模式识别时，并不是利用的特征越多越好。经过筛选，本节选用了七种测试信号作为推进系统故障诊断的特征量，如表8-1中星号所示。为了有一个直观的感受，本节在后续阶段将利用 7 号和 8 号特征来绘制二维图形，展示状态特征的分布特点。

数据库中共包含 11934 个数据样本，按照行驶速度可以分为九类。$lp_k = 5$ 的航速在舰艇的运行过程中是使用最为频繁的速度设定，对处于这种设定下的舰艇使用情况进行状态监控具有重要意义。在航速设定为 5 的 1326 个样本中，有 1126 个样本处于正常状态，只有 200 个告警状态。正常与告警状态具有明显的数据量不平衡。按照这些样本在原始数据集中的顺序，本节首先将这些样本编号为 1 ~ 1126 和 1 ~ 200。这些样本的空间分布如图 8-6 所示。

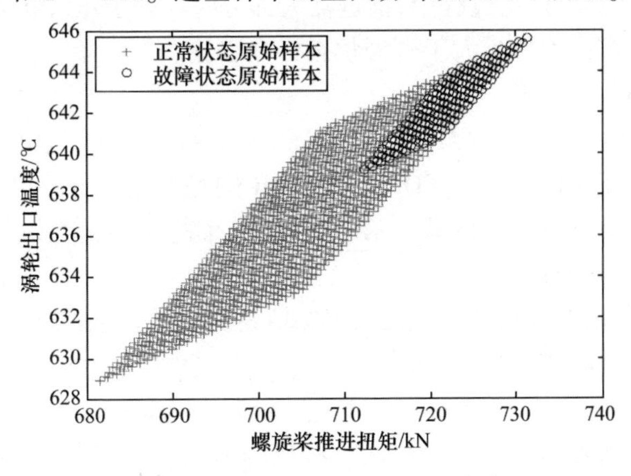

图 8-6　完整的原始数据空间分布情况

为了模拟测试性增长中“试验 - 分析 - 纠正 - 试验”的迭代过程，本节将原始训练数据分为两批。第一批数据类似于已有的训练数据，而第二批数据则是在分析失败原因，改进设计过程中累积的新增加训练数据。

为了验证本节所提方法的有效性,验证案例同样有两个。案例 A 中的示例用来表明所提方法在处理不平衡数据,提高分类效果方面的应用;案例 B 中的示例则用来体现混合学习方法在推进器状态分类器改进设计中的应用。两个案例中分别用到了上述的两批训练数据。每批数据的数据量如表 8-2 所示。

表 8-2　不同批次训练样本与测试样本容量

批次	正常状态		告警状态	
	训练数据	测试数据	训练数据	测试数据
第一批	226	9008	40	134
第二批	225	9008	40	134

上述数据量的分配基于如下考虑和假设。

(1) 原始数据库包含的样本是极其详细的,因此,本节假设数据库中的样本能够覆盖到舰艇推进器在实际使用过程中遇到的所有情况;

(2) 受限于设计时间与经费,本节假设在诊断系统 BITE 设计和改进过程中只能获取部分操作数据。因此,通过均匀抽样的方式,我们提取了两批训练数据。对于第一批数据,样本具有 $i = 1 + 5k, k = 0,1,2,\cdots$ 编号;对于第二批数据,样本具有 $i = 3 + 5k$ 编号;

(3) 外场试验时间明显会长于 BITE 的设计时间,因此,本节假设测试样本容量远远大于训练样本容量。为了模拟实际使用环境中推进器状态的随机性,测试样本通过随机抽样的方式得到;

(4) 考虑到实际使用过程中,推进器大部分时间处于正常状态,本节设定在测试样本中,正常样本容量大于告警状态样本容量。

8.2.3.2　评价标准

对于不平衡数据分类效果的研究,查全率,查准率以及 F 测度是普遍使用的评价标准;而对于 BITE 设计,FDR 以及 FAR 则是常用指标。FDR 类似于查全率,衡量了故障检测成功的概率;FAR 则是查准率的余集,定义了正常状态被错误识别为故障状态的概率。

对于维护费用有要求的系统而言,如式(8-20) 所示的损失函数则是对 FAR 和 FDR 的综合衡量,类似于 F 测度。

$$\mathrm{FL} = \alpha \cdot \mathrm{FAR} + \beta \cdot (1 - \mathrm{FDR}) \tag{8-20}$$

式中,α 与 β 分别表示由于虚警和漏检造成的损失,因此既可以是实际损失,也可以是实际损失的定量刻画。

因为仅是示意性验证,本节假设 α 与 β 为实际损失,并假设 $\alpha = 2, \beta = 2$。后文利用 FDR、FAR、损失函数与 F 测度来评价所提方法的有效性,所用分类器为 SVM。为了评价标准的客观性,本节并未专门研究 SVM 算法的改进,仅仅是直接利用 Matlab 2010a 中提供的 svmtrain( ) 函数和 svmclassify( ) 函数。虽然从图 8-6 看来,正常与告警状态是线性可分的,但是实际分类结果表明,利用线性核函数得到的分类器 FAR 偏高。因此本节使用高斯核函数,方差设定为 0.2,而分类超平面分类函数采用 SMO 优化函数。

8.2.3.3 性能评估

(1) 案例 A。

Case1:首先利用基于人工免疫的数据扩充方法扩大告警状态的训练样本量,使得告警状态具有与正常状态相当的数据量。然后利用基于密度的数据压缩方法对正常状态样本和扩充后的告警状态样本进行数据压缩,使得代表样本点的数量限制在 90 ~ 100 个。最后利用代表样本点对 SVM 进行训练。

Case2:利用 Case1 中得到的正常状态代表样本点和原始告警状态样本组成训练样本集,训练 SVM。

Case3:利用 Case1 中得到的告警状态扩展样本集和原始正常状态样本组成训练样本集,训练 SVM。

Case4:直接利用原始训练数据进行 SVM 的训练。

在训练得到 SVM 分类器之后,利用第一批测试数据进行分类效果测试。为了避免数据处理过程中随机过程对测试效果的干扰,本节进行了 20 次 SVM 训练和测试,故障诊断效果的平均结果如表 8-3 所示。

表 8-3 案例 A 诊断分类平均结果

情况	FDR	FAR	FL	F 测度	SV 个数
Case1	0.5377	0.0186	0.9619	0.0358	180.25
Case2	0.4254	0.2192	1.5876	0.3178	73.00
Case3	0.6735	0.0318	0.7166	0.0580	453.10
Case4	0.4101	0.0000	1.1791	0.0000	253.00

在 Case1、Case2 和 Case3 中正常状态与告警状态的数据量之比分别为 91:90、45:40、200:226。数据不平衡问题利用这三种方式都得到了较好的解决。但是 Case2 的 FDR 与 Case4 接近,并且 FAR 明显偏高,于是可以得到结论 Case2 中的数据处理方法不适用于本节所研究案例。与 Case4 相比,Case3 中的 FDR 提高了有 50% 之多,同时保持了极低的 FAR。如果不考虑 SV 的个数的话,可以认定 Case3 中的方法最适合于本节所研究对象。利用 Case1 中的数据处理方法,FDR 同样可以得到 25% 的提高,并且与 Case3 相比,SV 的个数得到了明显的降低。因此可以说,Case1 中的数据处理方法在提高分类器分类效果的同时,降低了对于 BITE 硬件系统内存的要求,缩短了分类时间,提高了诊断的及时性。

对比四个示例中的F测度不难发现,Case3明显差于Case1和Case4。由于Case4的FAR为零,直接导致其F测度为四个示例中最优的。如果在实际应用中仅利用F测度来评价数据处理的好坏,对于本案例而言明显会得到不公正的评价效果。从故障诊断分类的角度出发,损失函数则较好地平衡了FAR和FDR之间的关系,更适合于故障诊断效果的评价。但是必须指出的是,利用损失函数评价时必须合理的给出两类分类错误损失。

通过上述分析可知,利用本节提出的数据处理方法,无论是采用单侧处理还是双侧处理,都能得到较好的结果,但是在实际应用中采用哪种处理方法,取决于评价标准的选择。

(2) 案例B。

Case1:利用案例A中Case4得到的SV和第二批原始训练数据组成新的训练样本集,重新训练更新SVM分类器。

Case2:利用本节所提混合学习方法重新训练分类器,每个状态的代表样本集容量限制在90 ~ 100之间。

Case3:将两批原始数据进行合并,组合成新的训练样本集,利用传统的批量学习方法和更新后的训练样本集更新SVM。

在训练得到更新后SVM分类器之后,利用第二批测试数据进行分类效果测试。为了避免数据处理过程中随机过程对测试效果的干扰,本节进行了20次训练和测试,故障诊断效果的平均结果如表8-4所示。从表中不难看出,由于训练样本量的扩充,以及分布状态的丰富,无论采用哪种更新学习方式,推进系统的故障诊断效果与案例A的Case4相比都得到了明显的改善。

表8-4　案例B诊断分类平均效果

情况	FDR	FAR	FL	F-measure	SV数量
Case1	0.6567	0.0833	0.8532	0.1341	469.00
Case2	0.6698	0.0082	0.6768	0.0160	196.85
Case3	0.6567	0.0833	0.8532	0.1341	465.00

首先,图8-7直观地表示了案例A中Case4的SV分布情况。除了少量告警状态数据之外,绝大部分原始数据都作为SV保存到了案例B中。因此可以认为本案例中Case1和Case3的训练数据几乎相同,于是两个示例具有相同的评价结果也不足为奇。尽管8.2.2节中简单示例的极端情况在推进系统故障诊断中没有得到体现,但是我们还是可以看出传统SVM增量学习的另一个不足:在训练数据分布复杂的情况下,所需要存储的SV个数也相应增加。极端情况下,增量学习的优势将会消失。

将两批原始数据合并之后得到的完整训练样本集如图8-8中原始数据所示;

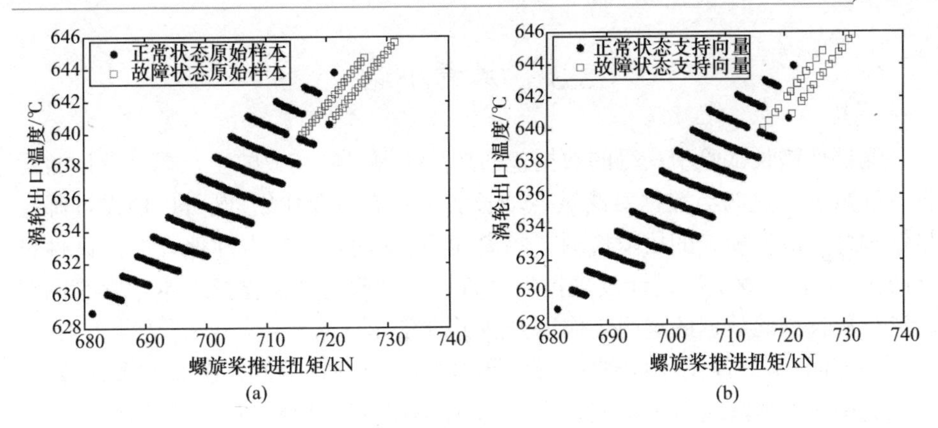

图 8-7　原始训练数据与支持向量分布情况

(a) 原始样本的 7 号与 8 号特征分布特点　(b) 支持向量的 7 号与 8 号特征分布特点

而 Case2 得到的更新代表样本集也同样在图 8-8 中得到了体现。从图中可以看出代表样本集最大限度地保留了原始数据的分布类型和分布特征。比较表 8-4 所示的分类结果可知:无论是与传统的批量学习(Case3)相比,还是与简单增量学习(Case1)相比,Case2 的 FDR 都保持了较高的数值,并且 FAR 得到了进一步的降低,需要存储的 SV 数量也被控制在允许范围之内。

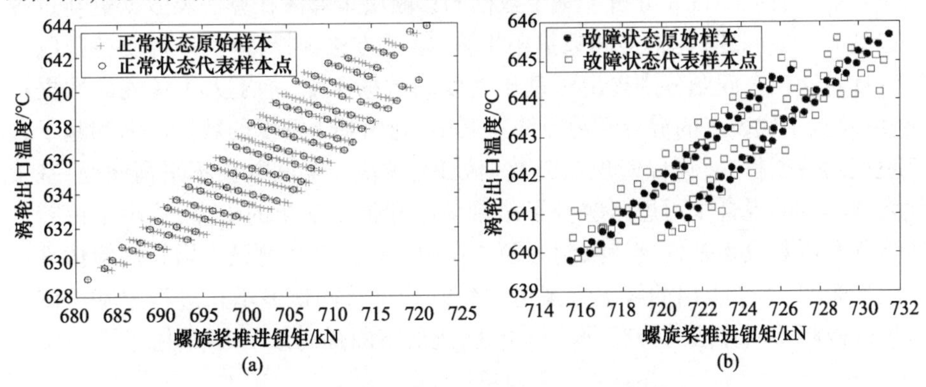

图 8-8　完整原始数据与代表样本集分布情况

(a) 正常状态下原始样本与代表样本点的 7 号与 8 号特征分布特点

(b) 故障状态下原始样本与代表样本点的 7 号与 8 号特征分布特点

通过上述分析我们可以得到结论:由于仅需存储上一步中得到的历史代表样本集,而非全部历史训练数据,数据存储问题得到了较好的解决。利用代表样本集对分类器进行训练,可以得到与整批学习相当的分类效果。因此,本章所提混合学习融合了传统批量学习和增量学习的优点,较好地解决了基于数据的诊断算法更新问题。

8.3 本章小结

测试性增长试验中获得的数据包括故障检测/隔离成败型数据以及设备运行特征数据。这两类数据对测试性增长实现具有重要作用,既可以使设计师定量掌握每个故障模式的故障检测/隔离能力,从而更有针对性地开展测试性设计改进,又能为测试性设计改进提供最直接的经验与数据支持。本章紧紧围绕测试性增长试验数据的这两个作用开展了研究。

一方面,本章首先针对测试性设计中故障-测试之间相互关系的多样性,对非完美测试的概念进行了扩充,为定量描述测试性设计缺陷打下了基础,并认为测试性增长的过程,就是使测试从非完美向完美过渡的过程。然后介绍了如何利用试验数据和设计师经验定量计算故障-测试相关性的方法。最后针对测试性设计缺陷的具体特点,给出了如何根据单故障模式故障检测/隔离能力估计值进行测试性增长方式初选的一般规则。

另一方面,鉴于基于数据更新的诊断算法在故障检测/隔离中广泛应用的情况,本章对如何利用试验数据更新诊断决策算法,从而提高故障检测/隔离准确性开展了研究。首先分析了基于数据的诊断决策算法在算法及数据更新过程中遇到的主要问题:包括类间数据不平衡,学习方法选择,以及硬件支持限制。然后针对这三个问题分别提出了基于密度的数据压缩,基于人工免疫的数据扩充,以及基于代表点的混合学习方法。其中,利用基于密度的数据压缩和基于人工免疫的数据扩充,可以实现双向数据处理,解决了类间数据不平衡问题;基于代表样本点的混合学习思路融合了增量学习和批量学习的优点,解决了诊断算法更新和诊断设备硬件支持限制问题。在舰艇推进系统测试性增长试验仿真中的应用表明,本章提出的解决方案可以较好地支持测试性增长过程中基于试验数据的故障诊断算法的持续学习与更新,进而不断提高诊断准确性。

参考文献

[1]田仲，石君友. 系统测试性设计分析与验证[M]. 北京：北京航空航天大学出版社，2003:1-20.

[2]周新，刘福胜，单志伟. 装备采办风险管理风险源分析[J]. 装甲兵工程学院学报，2008，1：14-17.

[3]温熙森，邱静，刘冠军. 装备可测性设计与评估技术综述[J]. 国防科技，2009，1：1-5.

[4]Hall. J B Methodology for evaluating reliability growth programs of discrete systems[D]. College Park：University of Maryland，2008.

[5]刘琦. 液体火箭发动机可靠性增长试验评定方法研究[D]. 长沙：国防科学技术大学，2003:5-26.

[6]王超. 虚实结合的测试性试验与综合评估技术[D]. 长沙：国防科学技术大学，2014:2-22.

[7]张勇. 装备测试性虚拟验证试验关键技术研究[D]. 长沙：国防科学技术大学，2012:1-18.

[8]杨鹏. 基于相关性模型的诊断策略优化设计技术[D]. 长沙：国防科学技术大学，2008:3-48.

[9]龙兵. 多信号建模与故障诊断方法及其在航天器中的应用研究[D]. 哈尔滨：哈尔滨工业大学，2005：36-59.

[10]代京，张平，李行善，等. 航空机电系统测试性建模与分析新方法[J]. 航空学报，2010，31(2)：277-284.

[11]陈世，连可，王厚军. 采用多信号流图模型的雷达接收机故障诊断方法[J]. 电子科技大学学报，2009，38(1)：87-91.

[12]连光耀，黄考利，吕晓明，等. 基于混合诊断的测试性建模与分析[J]. 计算机测量与控制，2008.5，16(5)：601-603.

[13]李永春，连光耀，陈建辉，刘仲权. 基于虚拟样机的仿真测试技术研究[J]. 仪表技术，2008，9(9)：33-35.

[14]张勇，邱静，刘冠军，杨鹏. 面向测试性虚拟验证的功能-故障-行为-测试-环境一体化模型[J]. 航空学报，2012，33(2)：273-286.

[15]高凤岐，连光耀，黄考利，等. 基于半实物仿真的电路板故障注入系统设计与实现[J]. 计算机测量与控制，2009，17(2)：275-277.

[16]高锁利，刘延飞，李琪，等. 基于 Multisim 9 的电子系统设计、仿真与综合应用[M]. 北京：人民邮电出版社，2008:25-100.

[17]王立兵，马彦恒，李泽天. PSPICE 仿真的测试性验证方法[J]. 火力与指挥控制，2009，34(12)：131-134.

[18]Liu J S. Monte carlo strategies in scientific computing[M]. Beijing：World Books Publishing Corporation，2005:52-100.

[19]石君友. 测试性分析与验证[M]. 北京：国防工业出版社，2010:1-57.

[20]曾天翔. 电子设备测试性及诊断技术[M]. 北京：航空工业出版社，1996:1-120.

[21]徐萍. 测试性试验方法与试验平台研究[D]. 北京：北京航空航天大学，2006:1-26.

[22]Wang C，Qiu J，Liu G J，et al. Testability evaluation using prior information of multiple sources[J]. Chinese Journal of Aeronautics，2014，27(4)：867-874.

[23]Wayne M. Methodology for assessing reliability growth using multiple information sources[D]. College Park：

University of Maryland, 2013:1-59.

[24]吴祺. 小子样理论在武器装备精度鉴定和可靠性增长分析中的应用[D]. 长沙：国防科学技术大学，2006:1-25.

[25]李欣欣. 基于 Bayes 变动统计的精度鉴定与可靠性增长评估研究[D]. 长沙：国防科学技术大学，2008:68-90.

[26]李学京，杨军. 基于可靠性增长试验信息的可靠性综合验证方法[J]. 宇航学报，2008，29(3)：1074-1079.

[27]明志茂，张云安，陶俊勇，等. 研制阶段系统可靠性增长的 Bayesian 评估与预测[J]. 机械工程学报，2010，46(4)：150-156.

[28]邢云燕，武小悦. 可靠性增长下的 Bayes 序贯检验方法[J]. 航空动力学报，2010，25(10)：2201-2205.

[29]王新峰. 机电系统 BIT 特征层降虚警技术研究[D]. 长沙：国防科学技术大学，2005:36-90.

[30]吕克洪. 基于时间应力分析的 BIT 降虚警与故障预测技术研究[D]. 长沙：国防科学技术大学，2008:1-16.

[31]钱彦岭. 测试性建模技术及其应用研究[D]. 长沙：国防科学技术大学，2002.

[32]石君友，纪超. 扩展 FMECA 方法应用研究[J]. 测控技术，2011，30(5)：110-114.

[33]Kumar S, Dolev E, Pecht M. Parameter selection for health monitoring of electronic products[J]. Microelectronics Reliability, 2010, 50(2): 161-168.

[34]杨述明. 面向装备健康管理的可测性技术研究[D]. 长沙：国防科学技术大学，2012:1-32.

[35]谭晓栋. 面向健康状态评估的可测性设计关键技术研究[D]. 长沙：国防科学技术大学，2013:18-26.

[36]陈希祥. 装备测试性方案优化设计技术研究[D]. 长沙：国防科学技术大学，2011:1-33.

[37]连光耀. 基于信息模型的装备测试性设计与分析方法研究[D]. 石家庄：军械工程学院，2007:54-60.

[38]Zhang G F. Optimum sensor localization/selection in a diagnostic/prognostic architecture[D]. Georgia: Institute of Technology, 2005:1-8.

[39]Zhang S G, Pattipati K R, Hu Z, et al. Optimal selection of imperfect tests for fault detection and isolation[J]. IEEE Transaction on Systems, Man and Cybernetics: Systems, 2013, 43(6): 1370-1384.

[40]Yang S M, Qiu J, Liu G J. Sensor optimization selection model based on testability constraint[J]. Chinese Journal of Aeronautics, 2012, 25(2): 262-268.

[41]吴丽娜. 基于模型的不确定系统鲁棒故障检测与估计方法研究[D]. 哈尔滨：哈尔滨工业大学，2013:1-28.

[42]Perhinschi M G, Napolitano M R, Campa G, et al. An adaptive threshold approach for the design of an actuator failure detection and identification scheme[J]. IEEE Transactions on Control Systems Technology, 2006, 14(3): 519-525.

[43]Johanssona A, Baska M, Norlanderb T. Dynamic threshold generators for robust fault detection in linear systems with parameter uncertainty[J]. Automatica, 2006, 42: 1095-1106.

[44]Alkaya A, Eker I. Variance sensitive adaptive threshold-based PCA method for fault detection with experimental application[J]. ISA Transactions, 2011, 50: 287-302.

[45]Santos D A D, Yoneyama T. A bayesian solution to the multiple composite hypothesis testing for fault diagnosis in dynamic systems[J]. Automatica, 2011, 47: 158-163.

[46]Basseville M, Nikiforov I V. Detection of abrupt changes: theory and application[M]. France: Prentice-

Hall, Inc., 2011:36-42.

[47]Liu B, Xia Y. Fault detection and compensation for linear systems over networks with random delays and clock asynchronism[J]. IEEE Transactions on Industrial Electronics, 2011, 58(9): 4396-4406.

[48]Lavigne L, Cazaurang F, Fadiga L, et al. New sequential probability ratio test: Validation on A380 flight data[J]. Control Engineering Practice, 2014, 22: 1-9.

[49]Shakeri M, Raghavan V, Pattipati K R. Sequential testing algorithms for multiple fault isolation[J]. IEEE Trans. on SMC Part A - Systems and Humans, 2000, 30(1): 1-14.

[50]陈刚勇. 复杂系统分层诊断策略优化技术研究[D]. 长沙: 国防科学技术大学, 2008:28-45.

[51]Ying J, Kirubarajan T, Pattipati K R. A hidden markov model-based algorithm for online fault diagnosis with partial and imperfect tests[J]. IEEE Transactions on SMC: Part C, 2000, 30(4): 463-473.

[52]Zhang S G, Pattipat K R, Hu Z, et al. Dynamic coupled fault diagnosis with propagation and observation delays[J]. IEEE Transactions on Systems Man and Cybernetics: Systems, 2013, 43(6): 1424-1439.

[53]王华伟. 液体火箭发动机可靠性增长管理研究[D]. 长沙: 国防科学技术大学, 2003:86-92.

[54]刘飞. 固体火箭发动机可靠性增长试验理论及应用研究[D]. 长沙: 国防科学技术大学, 2006: 69-92.

[55]Nicholls J L. Reliability frowth of multi-stage single shot systems[D]. Washington: George Washington University, 2011:14-20.

[56]Gaver D P, Jacobs P A. Probability models for sequential-stage systems reliability growth via failure mode removal[J]. International Journal of Reliability, Quality and Safety Engineering, 2003, 10(1): 15-40.

[57]郭建英, 孙永全, 于晓洋. 可靠性增长技术发展动态诠释[J]. 哈尔滨理工大学学报, 2011, 12(6): 1-11.

[58]Hall J B, Ellner P M, Mosleh A. Reliability growth management metrics and statistical methods for discrete-use systems[J]. Technometrics, 2010, 52(4): 379-389.

[59]Maloof M A, Michalski R S. Incremental learning with partial instance memory[J]. Artificial Intelligence, 2004, 154: 95-126.

[60]Altosole M, Benvenuto G, Figari M. Real-time simulation of a COGAG naval ship propulsion system[J]. Proc IMechE, Part M: J Engineering for the Maritime Environment, 2009, 223(1): 47-62.

[61]李军. 不平衡数据学习的研究[D]. 长春: 吉林大学, 2011.